CARL AUER

W0184170

Die Weisheit des Unbewußten

Jeffrey K. Zeig

Hypnotherapeutische Lektionen bei Milton H. Erickson

1995

Aus dem Amerikanischen übersetzt von Martina Lesch, Dipl.-Psych.
Über alle Rechte der deutschen Ausgabe verfügt Carl-Auer-Systeme Verlag und Verlagsbuchhandlung GmbH Heidelberg
Fotomechanische Wiedergabe nur mit Genehmigung des Verlages
DTP-Management: Peter W. Gester
Satz: Adriana Carcu
Umschlagentwurf: WSP Design, Heidelberg
Printed in Germany 1995
Gesamtherstellung: Druckerei Kösel GmbH, Kempten

Reihe Systemische und hypnotherapeutische Praxis
Herausgeber: Gunthard Weber
Erste Auflage, 1995

Die Deutsche Bibliothek - CIP-Einheitsaufnahme

Zeig, Jeffrey K.:
Die Weisheit des Unbewussten: hypnotherapeutische Lektionen bei Milton H. Erickson / Jeffrey K. Zeig. - Heidelberg : Carl-Auer-Systeme, Verl. und Verl.-Buchh., 1995
(Reihe Systemische und hypnotherapeutische Praxis)
ISBN 3-927809-43-8

Inhalt

Vorwort zur deutschen Ausgabe

Das Buch von Jeff Zeig über die Arbeit und den Menschen Milton H. Erickson ist ein ungewöhnliches Buch. Es bietet einerseits die einmalige Möglichkeit nachzuvollziehen, auf welch unübliche Art Erickson gelehrt, ausgebildet und therapiert hat. Andererseits fügt es dem bekannten Bild über Erickson viele unbekannte Facetten hinzu.

Jeff Zeig kam 1973 als junger Therapeut zu Erickson, um von ihm zu lernen. Es wurde rasch ein intensives Lehrer-Schüler-Verhältnis. Die letzten Jahre bis zu Ericksons Tod zog Zeig dann ganz nach Phoenix. Da er die Ausbildung nicht bezahlen konnte, unterrichtete ihn Erickson all die Jahre, ohne etwas dafür zu verlangen. Die 1. Internationale Konferenz für Ericksonsche Hypnose und Psychotherapie im Dezember 1979 wurde von Jeff Zeig dann als Dank und Geburtstagsgeschenk noch zu Lebzeiten von Milton Erickson initiiert und vorbereitet. Erickson hätte auf dieser Konferenz seinen 79. Geburtstag gefeiert. Er starb leider 8 Monate vorher, hat aber das sich abzeichnende große Interesse an dieser Konferenz noch miterlebt. Um diese Konferenz zu organisieren, wurde die Milton Erickson Foundation gegründet. In den nächsten 6 Jahren entwickelte sich die Foundation zu einer einflußreichen und angesehenen Institution. 1983 fand die 2. Internationale Erickson-Konferenz statt und 1985 versammelten sich auf Jeff Zeigs Initiative in Phoenix auf der 1. Evolution of Psychotherapy-Konferenz erstmalig die führenden Köpfe der wichtigsten Psychotherapie-Schulen. Jeff war der Motor der vielfältigen Aktivitäten der Milton Erickson Foundation. Unterstützt wurde er dabei von seiner Frau Sherron Peters und Kristina Erickson M.D., der jüngsten Tochter von Milton Erickson. Die Arbeit der ersten 6 Jahre war völlig ehrenamtlich. Wie er mir einmal sagte, sei das sein Verständnis von Ausgleich. Erickson habe ihn ohne

Bezahlung 6 Jahre unterrichtet und gefördert, und er habe dann 6 Jahre ohne Bezahlung für die Erickson Foundation gearbeitet. Noch heute arbeitet er für ein minimales Gehalt als Direktor der Erickson Foundation, und die Erträge der meisten seiner 13 Bücher fließen ebenfalls in diese Stiftung.

Beim Lesen dieses Buches spürt man Jeff Zeigs Begeisterung und Bewunderung, die er Erickson und seiner Arbeit entgegenbringt.

Die Sufis, die Mystiker des Islam, sagen, die Beziehung zu einem Meister durchlaufe drei Stadien: Bewunderung, Zurückweisung, realistische Sichtweise. Diese Stadien konnte ich bei vielen Freunden und Kollegen beobachten. Jeff Zeig kenne ich seit Anfang 1979 und wir sind seit Anfang der 80er Jahre eng befreundet. Dabei habe ich mich immer mal gefragt, wie es bei ihm mit diesen Stadien ist. Seine Beziehung zu Erickson schien relativ gleichbleibend über diese Jahre: Begeistert und bewundernd, was Ericksons kommunikative Fähigkeiten betrifft. Gleichzeitig hatte Jeff jedoch immer eine abgegrenzte Haltung und vor allem einen eigenen therapeutischen Stil, der im Gegensatz zu anderen Schülern Ericksons wenig bis keine identifikatorische Nachahmung erkennen ließ. Seine Begeisterung für die therapeutische Kunst und Effizienz schien eher eine Begeisterung für die formale Brillanz und die damit verbundenen menschlichen Qualitäten und weniger eine persönliche Idolisierung zu sein. Diese Haltung, sich für die therapeutische Kunst eines Altmeisters zu begeistern, und von ihr zu lernen, hat dann wohl auch zu der Idee beigetragen, die anderen AltmeisterInnen der Psychotherapie zu der Evolution of Psychotherapy zusammenzurufen.

Diese Einstellung von Jeff Zeig ist in diesem Buch an vielen Stellen spürbar. Jeff Zeig gibt zuerst einen Einblick in seine Sichtweise der Arbeit und Person von Milton Erickson.

Hier sind sowohl viele der bekannten Fakten über Erickson zusammengefaßt als auch viele neue Facetten und Einblicke einem Bild hinzugefügt, welches nur aus seinem jahrelangen intensiven persönlichen Kontakt mit Erickson und seiner Familie in dieser Art entstehen konnte.

Spannend auch in Kapitel 3 die Befragung ehemaliger Patienten von Erickson. Hier findet man nicht nur die Skizzen einiger unbekannter Fälle, sondern auch überraschende Vorgehensweisen. So war mir bisher nicht bekannt, daß Erickson seinen Patienten auch einmal Träume deutete. In einigen der dort skizzierten Fällen war die

Therapie nicht erfolgreich, obwohl die Interventionen ähnlich faszinierend wie bei Ericksons bekannten Erfolgsfällen waren. Oder wie sagte Jeff Zeig einmal nach der Schilderung einer ihm nicht so recht gelungenen Therapiestunde? „Hervorragende Technik, aber leider der falsche Klient dafür." Dieses Kapitel enthält ferner auch Beispiele für Supervisionen, die Zeig von Erickson erhalten hatte, sowie Therapien, die er selbst beobachten konnte.

Besonders berührend ist der Fall des jungen schizophrenen Mannes, den Erickson über Jahre täglich (!) abends zum Fernsehen empfing und ihn dabei in Gesprächen mit Hilfe eingestreuter therapeutischer Suggestionen stabilisierte. Zusätzlich hat Erickson ihm einige Dutzend Briefe geschrieben, d.h. genauer gesagt, hat Ericksons Hund Brief an den Hund des Patienten geschrieben. Einige dieser Briefe ebenso wie die vielen Limericks, die Erickson für diesen Patienten verfaßt hat, sind ein beeindruckendes Beispiel für Ericksons Ausdauer, Geduld und Verantwortlichkeit. Erickson gilt ja als der Vater moderner lösungsorientierter Kurzzeittherapie. An diesem Beispiel zeigte sich, daß Erickson so lange und so intensiv arbeitete wie es die Situation und der Klient erforderte.

Der für mich wertvollste Teil des Buches ist jedoch das vollständige Transkript der ersten drei Unterrichtstage, die Erickson Jeff Zeig angedeihen ließ. Wenn man dieses Transkript studiert, läßt sich erahnen, warum Jay Haley die Arbeit von Erickson mit Zen-Praktiken verglich oder wie manche vermuteteten, daß Don Juan bei Castaneda eigentlich Milton H. Erickson sei.

Als ich das Buch vor 10 Jahren zum ersten Male las, habe ich – rückblickend betrachtet – in diesem Abschnitt nur Teile davon verstanden. Ich selbst beschäftige mich jetzt annäherend 20 Jahre recht intensiv mit Ericksons Arbeit, aber dieses Transkript bietet immer noch Ansatzpunkte für neue Ideen bezüglich der Möglichkeiten und vor allem auch der Grenzen psychotherapeutischen Handelns.

Unterdessen sind mehr als 20 Jahre vergangen, seit Jeff Zeig bei Erickson seine „Lehre" begann. Hat sich Ericksons Engagement für den mittellosen jungen Psychologen gelohnt? Und hat sich Jeff Zeigs Begeisterung für die therapeutischer Kunst alter Meister und insbesondere sein Studium der Arbeit Milton Ericksons ausgezahlt? Mir scheint ja. Dieser Tage wurde mir die Statistik über die Verkaufszahlen der Videobänder der Hamburger „Evolution"- Konferenz für das

Jahr 1994 vorgelegt. Bezüglich des Verkaufs von einzelnen Bändern liegt auf Platz 1 das Band des Hauptvortrages von Viktor Frankl. Auf Platz 2 folgt bereits das erste Band von Jeff Zeig. Bei den Gesamtverkaufszahlen, geordnet nach den Referenten, liegen auf Platz 1 exakt gleichauf Alexander Lowen und Jeff Zeig.

Wer dieses mit Kopf und Herz geschriebene Buch liest, weiß warum.

Bernhard Trenkle
Rottweil im Januar 1995

Vorwort zur amerikanischen Ausgabe

„Ericksonsche Psychotherapie" ist der Sammelbegriff für bestimmte Techniken, die größtenteils auf die Vorlesungen, Seminare, Workshops und Schriften von Dr. Milton H. Erickson, dem vielleicht ersten Praktiker der Hypnose in den Vereinigten Staaten, zurückgehen. Wichtiger als die konkreten Techniken sind sowohl die Philosophie, die hinter den Methoden steht, als auch die verschiedenen Taktiken des interpersonellen Zugangs zum Patienten, die dazu dienen, seine Selbsthilfepotentiale freizusetzen, sei es in Hypnose oder im Wachzustand (Erickson u. Rossi 1980; Haley 1973). Einmal ganz abgesehen von dem Mythen und Anekdoten über Erickson, die ja so häufig von Anhängern und Kritikern charismatisch erscheinender Menschen ausgehen, hat die Ericksonsche Psychotherapie einen bedeutenden Einfluß auf tausende von Fachleuten gewonnen und ist dabei, die Entwicklung der amerikanischen Psychotherapie entscheidend mitzugestalten. Das zeigt sich an den vielen Aufsätzen und Büchern über Erickson, die schon veröffentlicht wurden, und solchen, die laufend neu erscheinen (Hammond 1984; Rossi u. Ryan 1985; Rossi et al. 1983; Zeig 1980, 1982, 1985a, 1985 b).

Das vorliegende Buch, das weitgehend ein persönlicher Bericht des Autors über die Erfahrungen ist, die er mit Erickson gemacht hat, leistet einen wichtigen Beitrag zum Verständnis vieler Einstellungen, Haltungen und Methoden, die Erickson im Umgang mit seinen Patienten eingenommen und angewendet hat. Einige seiner Interventionen waren ein Ergebnis von Coping-Techniken, die er eingesetzt hat, um den Schmerz und die Körperbehinderungen infolge seiner in der Jugendzeit erlittenen Kinderlähmung zu mildern. Die Anstrengungen, die er zur Überwindung seiner Behinderungen unternahm, führten zu einer einzigartigen Mischung aus Ressourcenreichtum, Flexibilität, Findigkeit, List und Improvisationsgabe. In

Verbindung mit einem unorthodoxen Stil und einer Neigung zu äußerster Risikobereitschaft haben diese ein Modell der Psychotherapie geschaffen, das spannend und anregend ist; vom durchschnittlichen Therapeuten, der in den herkömmlichen Behandlungsmethoden ausgebildet wurde, ist es jedoch nur schwer nachzuvollziehen. Dennoch kann man viel lernen, nicht nur von der geschickten Art, wie Erickson mit sich selbst und seinen Patienten umging, sondern auch von den spektakulären Auswegen, die dieser begabte Neuerer ersonnen hat.

Erickson ging mit jedem Patienten verschieden um, als Berater, als Analytiker, als Sachverständiger, als Richter, als Verteidiger, Anreger, Mentor, als akzeptierende Autorität oder strafender Elternteil, und er betonte so die Einzigartigkeit einer jeden individuellen Person, die, motiviert durch bestimmte Bedürfnisse und ihre ideosynkratischen Abwehrmechanismen, schöpferische Ansätze erforderte, und nicht einen orthodoxen, phantasielosen und dogmatischen Stil. Er betrachtete sich und seine Worte, seine Intonationen, Sprechweisen und Gesten als Medien der Einflußnahme, die eine Veränderung fördern konnten. Da er sich mehr für die Praxis als für die Theorie interessierte, hielt er die traditionelle Theorie eher für ein Hindernis, das Therapeuten Zuflucht zu hoffnungslosen Unwägbarkeiten nehmen läßt. Und daher suggerierte, schmeichelte und taktierte er mit unzähligen individuellen Vorstößen von Mehrebenenkommunikation, verbalen und nonverbalen, die er erfand, um den Patienten zu beeinflussen, ohne daß dieser so ganz bemerkte, daß er manipuliert wird. Manchmal mißlang es ihm, aber das spornte ihn nur von neuem an, Wege zu finden, wie er die Weigerung des Patienten, latente Ressourcen und Veränderungspotentiale zu nutzen, überwinden konnte.

Häufig arbeitete Erickson mit dem offenkundigen Widerstand des Patienten und ergriff scheinbar Partei für dessen Krankheit und Abwehr, oder er übertrug dem Patienten Aufgaben, die eigentümlich und belanglos wirkten. Er gab hausbackene Ratschläge und bot Heilmittel an, die dem gesunden Menschenverstand entsprachen und das Offensichtliche nutzten. Umgekehrt verwendete er auch Metaphern und beschränkte Schlußfolgerungen, die nicht genau den Kern der Sache trafen. Er arrangierte Situationen, „in denen Leute spontan ihre Fähigkeiten zur Veränderung wahrnahmen, die sie zuvor nicht gekannt hatten" (Zeig 1985b). Doch diesen Kunstgriffen lag eine Absicht zugrunde: Sie sollten die Patienten, wenn nicht mehr, so doch immerhin genügend verwirren, um sie zu zwingen, sich für eine andere Sicht der Dinge zu öffnen. Techniken wurden nicht im voraus ausgewählt, sondern nach den Erfordernissen der unmittelbaren Situation maßgeschneidert. Wenn Erickson sich auch weigerte, sich mit irgendeiner der bekannten Psychotherapieschulen zu identifizieren, verwendete er im Rahmen seiner einzigartigen Vorgehensweisen doch oft verhaltenstherapeutische, kognitive, analytische und andere Methoden. Hypnose kam zum Einsatz, wenn er sie für nützlich erachtete, um die Therapie voranzubringen. Seine unmittelbaren Ziele waren Symptomerleichterung und Problemlösung, wenngleich er auch die Veränderung von Persönlichkeit und Werten als Idealziele ansah, die sich früher oder später auch erreichen ließen.

Unter Psychotherapeuten gibt es einige, die Erickson mit einer Ehrerbietung huldigen, die an Idolverehrung grenzt. Jedem Wort, jedem Gefühl, jeder Meinung oder Handlung wird eine inspirierte Bedeutung zugemessen. Solche Vergöttlichung, die in Erwartung zeitloser Macht und Omnipotenz wurzelt, kann letztendlich zu Enttäuschung und Ernüchterung führen. Gleichermaßen in Vorurteilen befangen sind jene, die Erickson als einen Einzelgänger betrachten, dessen ungeheuerliche Methoden eine vorübergehende Mode sind, die schließlich im Papierkorb für überholte Schemata landen. Diese Haltungen tun einem in hohem Maß kreativen, phantasievollen und originellen Menschen Unrecht, der neue Zugänge zu einigen der rätselhaftesten Probleme der Psychotherapie entwickelt hat. Ericksons unglaublich einflußreiche Kunstfertigkeit bildete sich in den Jahren des Kampfes aus, in denen er seine schmerzhafte körperliche Behinderung meisterte. Sein Mut, seine Sensibilität, seine Auffassungsfähigkeit und seine einzigartigen Bewältigungsstrategien machten ihn, mit Haleys Worten (1973), zu einem „ungewöhnlichen Therapeuten". Doch seine Ansätze, die unlösbar mit seiner „ungewöhnlichen" Persönlichkeit und seinem Arbeitsstil verbunden sind, lassen sich nicht so leicht von anderen verdauen, umsetzen und benutzen.

Eine harsche Kritik der strategischen Therapie Ericksons behauptet, daß sie von all jenen überschätzt werde, die meinen, clevere Taktiken könnten eine disziplinierte Ausbildung ersetzen. Technische Arbeitsweisen sind nur ein Teil dessen, was die Gestalt eines Psychotherapieprogrammes ausmacht. In erster Linie müssen wir wissen, wie wir mit einer großen Zahl von Variablen umgehen, die sich auf die Abwehrmechanismen, die Glaubenssysteme und charakterlichen Eigenheiten von Patienten beziehen und die die Wirkung aller unserer strategischen Interventionen negieren und aufheben können.

Erickson war ein Experte der listigen Umgehung von Widerständen, weil er, als er heranwuchs, seinen Verstand an hartnäckigen und eigentlich unüberwindbaren Hindernissen geschärft hat. Ich erinnere mich an ein Beispiel, als er anläßlich einer Reise nach New York mich genau zu dem Zeitpunkt besuchte, als ein Patient zu einer Sitzung bei mir eintraf. Der Patient war ein junger Mann mit Zwangsgedanken, der sein Leben und das Leben anderer um ihn herum durch sein beleidigendes Verhalten und die sich ihm aufdrängenden Gedanken über Krankheit, Tod und Zerstörung unglücklich machte. Seit seiner frühen Kindheit hatte sich eine eindrucksvolle Reihe von Psychoanalytikern, Verhaltenstherapeuten und Hypnotiseuren um ihn gekümmert, die er nach und nach mit seinen dauernden Klagen, durch ihre Dienste eher Schaden zu nehmen als Hilfe zu bekommen, zermürbt hatte. Er wurde schließlich zur Hypnosebehandlung an mich überwiesen, denn keinem der anderen Therapeuten, die Hypnose anwendeten, war es gelungen, ihn in Trance zu versetzen. Auch ich selbst scheiterte kläglich, und nach einigen Monaten mit nutzlosen Sitzungen freute ich mich auf den Tag, an dem ich ihn an jemand anderen überweisen und mich friedlich in die lange Reihe der frustrierten Therapeuten einreihen würde, die den Versuch aufgegeben hatten, ihm zu helfen.

Ein glücklicher Zufall ließ es geschehen, daß Erickson gerade hereinkam, als eine weitere unglückliche Sitzung beginnen sollte. „Milton", fragte ich ihn zweifelnd und eigentlich im Spaß, „glaubst du, daß du diesen jungen Mann hypnotisieren kannst?" Erickson liebte Herausforderungen, und er konnte diese nicht ungenutzt vorbeigehen lassen, vor allem weil es schien, daß der Patient gegenüber jeglichen weiteren Versuchen, ihn in Trance zu versetzen, negativ eingestellt war. In kürzester Zeit gelang es Erickson, den Patienten zu motivieren, mit ihm in einen Raum nebenan zu gehen, in dem er fast drei Stunden lang mit ihm blieb. Immer wieder einmal spähte ich in das Zimmer hinein, um dort vorzufinden, was ich erwartet hatte, vor allem, daß der Patient ein mächtiger Gegner war, der, völlig wach, darüber grinste, daß es Erickson nicht gelang, viel mit ihm zu machen. Aber Erickson gab niemals auf, und nach zwei Stunden gelang es ihm, zu meinem Erstaunen, und ich bin sicher, auch zum Erstaunen des Patienten, eine somnambulistische Trance zu induzieren, während derer der Patient suggerierte Gegenstände und Tiere halluzinierte. Ich war von Ericksons Ausdauer angesichts seines anfänglichen Mißerfolgs ebenso beeindruckt wie von seinen Induktionsfertigkeiten.

Nach dieser Demonstration hatte ich einen ziemlich kranken Jungen vor mir, der, wahrscheinlich, weil er zum ersten Mal zugelassen hatte, daß jemand Kontrolle über ihn ausübt, zur Bestürzung seiner Eltern in einen Zustand größter Angst geriet. Doch diese Situation bot mir die Gelegenheit, einen bedeutungsvollen Kontakt zu ihm herzustellen, so daß wir Aspekte seiner Todesangst durcharbeiten konnten. Es gelang ihm dann schließlich, eine beachtliche Symptomerleichterung zu erreichen. Ich führe diesen Fall an als ein Beispiel für Ericksons große Fähigkeit, sich auf Widerstände einzulassen, und sie im Sinne seiner therapeutischen Absicht aufzulösen.

Andere Variablen beziehen sich auf besondere Begabungen oder mangelnde Eignung von Patienten, Techniken, die verschrieben werden, zu nutzen, und hier zeigte Erickson eine ungeheure Fähigkeit, das Lernen eines Patienten zu beschleunigen. Viele Therapeuten übersehen, daß eine beträchtliche Zahl von Patienten in einer ihnen ganz eigenen Weise auf einige Interventionen reagieren, die dann trotz sorgfältiger Ausführung paradoxe Wirkungen haben können. Das Arbeiten mit dieser Dimension kann manchmal für eine beachtliche Zeitspanne die wichtigste therapeutische Aufgabe sein. Ericksons einzigartige Genialität beruhte auf seiner Fähigkeit, mit außerordentlicher Leichtigkeit nicht nur die dysfunktionalen Bereiche zu erkennen, die der Korrektur bedurften, sondern auch die inneren Blockierungen festzustellen, die verhinderten, daß es dem Patienten besser ging. Mit erstaunlicher Schnelligkeit fand er dann passende Interventionen, um diese Störungen zu beheben. Jeffrey Zeig liefert hier viele Beispiele dafür, wie Erickson dabei vorging. Entsprechend ist dieses Buch ein wertvoller weiterer Beitrag zu der wachsenden Literatur über eine der interessantesten Persönlichkeiten in unserem Metier.

Lewis R. Wolberg, M.D.,
Gründer und emeritierter Vorstand des
Postgraduate Center for Mental Health
New York City

Einleitung

Dieses Buch vermittelt einen Einblick in die hypnotische Psychotherapie von Milton H. Erickson, M.D. Es besteht aus drei Essays sowie dem Transkript eines Gespräch mit Erickson aus dem Jahre 1973. Das Buch ist eine subjektive Darstellung und ein persönlicher Bericht; es beansprucht nicht, eine objektive oder kritische Bewertung zu bieten. Ich befinde mich nicht in einer Position, von der aus ich Erickson kritisieren könnte, und es ist schwierig, ihm gegenüber objektiv zu sein; er war ein Mann, der starke Reaktionen hervorrief. Ich denke, es könnte helfen, einige grundlegende Aspekte Ericksonscher Methoden zu verstehen, bevor wir uns in Ericksons Stil vertiefen.

Die Ericksonsche Psychotherapie ist ein pragmatischer struktureller Ansatz, der auf der Feststellung und Veränderung vorhandener Muster von Fehlanpassungen beruht; Veränderung zu fördern hat Vorrang vor der Klärung der Vergangenheit oder vor der Einsicht in die Bedeutung oder Funktion von Symptomen. Der Therapeut, der eine Veränderung unterstützen möchte, die von der Patientin oder vom Patienten ausgeht, begegnet ihr oder ihm in ihrem oder seinem Bezugsrahmen, und er individualisiert seine therapeutische Mehrebenenkommunikation, um die Ressourcen der Patientin/des Patienten zu erkennen, sie hervorzulocken, zu entwickeln, sie neu mit einander zu verbinden und nutzbar zu machen. Therapeutische Techniken werden zwar von wirksamen hypnotischen Methoden abgeleitet, eine förmliche Hypnose wird jedoch nicht immer durchgeführt. Naturalistische Techniken (Hypnotherapie ohne ein regelrechtes Ritual der Tranceinduktion) werden bevorzugt, weil sie im allgemeinen wirksamer sind.

Der Ansatz legt großen Wert auf Flexibilität; es gibt keine verbindliche Richtschnur für die Anzahl von Sitzungen, die erforderlich sind. Die Behandlung ist jedoch eher kurz und problemorientiert.

Wenn möglich, bestimmt sich sogar die Länge der einzelnen Sitzung nach der Aufgabe, die jeweils zu bewältigen ist, und nicht nach dem Stundenzeiger der Uhr.

Im allgemeinen bestimmt der Therapeut die Ziele, und häufig bietet er Deutungen und Ratschläge, die mit gesundem Menschenverstand nachvollziehbar sind, so an, daß Patienten darauf therapeutisch reagieren können. In der Regel ist dazu der Gebrauch von indirekten Techniken erforderlich.

Wie wir noch sehen werden, bestehen indirekte Techniken darin, daß man zur Kommunikation eine Stufe wählt, die einen Schritt vor der direkten Benennung der Dinge liegt. Das führt oft zu einer „parallelen Kommunikation". Anstatt Probleme und Lösungen direkt anzusprechen, bringt der Therapeut eine Parallele durch den Gebrauch von solchen Techniken wie zum Beispiel dramatischen Anekdoten und Analogien. Der Therapeut kann auch einen Rat geben und ihn so formulieren, daß er ihn durch Verknüpfungen und therapeutische Implikationen so verfremdet, daß der Bezug indirekt bleibt. Durch ein solches indirektes Vorgehen wird weniger Widerstand erzeugt, und der Patient treibt die Therapie voran, indem er bewußt oder unbewußt auf die indirekten Suggestionen reagiert.

Ziel dieses Buches ist es nicht so sehr, technische Aspekte von Ericksons Methoden zu erläutern, sondern vielmehr Ericksons Stil und seine psychotherapeutische Ausrichtung vorzustellen. Das entspricht Ericksons eigener Philosophie: Als Lehrender legte er keinen großen Wert auf Technik und Theorie, weil er beides für einschränkend hielt. Psychotherapeuten, die versuchen, eine spezielle Theorie zu bestätigen, oder die sich darum bemühen, eine besondere Technik anzuwenden, werden einen Weg finden, wie sie ihr Ziel erreichen, auch wenn sie dafür die Psyche des Patienten zurechtstutzen müssen, damit sie sich ihrer vorgefaßten Theorie oder Methode anpaßt. Ich glaube, es war Mark Twain, der sagte, wenn man einen Hammer benutzen will, sehen verdammt viele Dinge wie Nägel aus.

Wie sich noch zeigen wird, lehrte Erickson eine geistige Ausrichtung. Jay Haley (1982), einer von Ericksons wichtigsten Befürwortern, bemerkte, daß sich in der Psychotherapie völlig neue Perspektiven auftun würden, wenn er Ericksons geistige Ausrichtung wirklich verstehen könnte. Dieses Buch soll neue Möglichkeiten des Verstehens schaffen, wie Therapeuten ihren Patienten helfen können, effizienter zu leben.

Als ich dieses Buch schrieb, hatte ich besonders den Therapeuten vor Augen, der ein Neuling in seinem Beruf ist. Viele der Erfahrungen mit Erickson, von denen ich berichte, habe ich gemacht, während ich selbst als Therapeut ein Anfänger war, und daher kann man auch sehen, wie Erickson die Ausbildung eines beginnenden Praktikers angepackt hat. Ericksons enttäuschende Einfachheit sollte jedoch genügen, sogar den perfektesten Praktiker zu verblüffen.

Bei einer anfänglichen Begegnung mit Erickson drängen sich einem Therapeuten, unabhängig davon, wie erfahren in seinem Beruf er ist, häufig drei Kritikpunkte auf: 1. die Idee der Manipulation; 2. die Schwierigkeit, Ericksons Methode in der eigenen therapeutischen Arbeit anzuwenden, und 3. Erickson als eine Kultfigur. Ich will auf jeden dieser Punkte gesondert eingehen.

„Manipulation" hat einen negativen Beigeschmack. Wie Kommunikationsanalytiker wie z.B. Watzlawick jedoch zeigen, ist es unmöglich, nicht zu manipulieren. Interpersonaler Austausch basiert auf Manipulation. Manipulation ist unvermeidlich; die Frage ist nur, wie man konstruktiv und therapeutisch manipulieren kann.

Eine Schwierigkeit, Ericksons Ansatz in die eigene Arbeit zu integrieren, besteht darin, daß das eine gewaltige Anstrengung erfordert. Erickson war in seinen Methoden sehr diszipliniert, und er arbeitete ständig daran, sich als effizienter Kommunikator zu entwickeln. Seine Therapien ließen sich mit größerer Genauigkeit analysieren als die eines jeden anderen Praktikers. Jedes taktische Vorgehen verbaler und nonverbaler Art bereitete er sorgfältig vor, um maximale therapeutische Reaktionen zu erzielen. Seine Wirksamkeit beruhte auf seiner entwickelten Fähigkeit, Nuancen wahrzunehmen. Er übte sich darin, die minimalen Spuren aufzugreifen, in denen sich die Stärken eines Patienten abzeichnen, Stärken, die zur Lösung von Problemen eingesetzt werden können. In gewisser Hinsicht ging er an seine Fälle wie ein Detektiv heran. Sobald Ericksons Lösung vorliegt, wird klar, daß die entscheidenden Hinweise für einen, dem es wichtig war, darauf zu achten und seinen gesunden Menschenverstand zu gebrauchen, immer schon sichtbar waren.

Was „Sekte" und „Kultfigur" betrifft, so ist dazu zu sagen, daß Studierende der Psychotherapie einen echten Magier als Vater gesucht haben, der fähig ist, die besten humanen Werte zu verkörpern, nach denen die Psychotherapie strebt. Milton Erickson genügte diesen Ansprüchen in vielerlei Hinsicht; er kämpfte unermüdlich darum, aus sich und all jenen, mit denen er zu tun hatte, das Beste herauszuholen. Von starken Persönlichkeiten geht eine große Anziehungskraft aus; sie stoßen aber auch auf ebensoviel Ablehnung. Psychotherapeutische Bewegungen sind oft im Umfeld dynamischer Persönlichkeiten entstanden. Es gab immer wieder Lästerer, die solche Bewegungen als „Sekten" verunglimpften.

Dieses Etikett kann bequem sein, wenn man eine wichtige Arbeit ablehnen will, ohne sie zu prüfen und sich über ihre Bewertung wirklich Gedanken gemacht zu haben. „Sekten" gelten automatisch immer als geistlos und kurzsichtig – und man muß sie um jeden Preis meiden.

Psychotherapie war schon immer ein fruchtbarer Boden für sektiererische Bewegungen. Angefangen mit Freud, sind legendäre Figuren der Psychotherapie vergöttert worden, und um ihre Persönlichkeiten und Theorien herum sind Bewegungen entstanden.

Erickson bot sich nicht als Führer einer Sekte oder einer Bewegung an. Er war eine in hohem Maße einzigartige Person, und es war ihm ein Anliegen, seine eigene Individualität und die Individualität anderer zu fördern. Er hatte nicht einmal den Wunsch, eine Psychotherapieschule zu gründen.

Es wird deutlich werden, wie sehr ich Erickson verehrt habe. Er war ein beeindruckender Neuerer, der mit Besonnenheit von der Tradition abwich, und der in Sachen Psychotherapie Neues zu sagen hatte. Viele hervorragende Fachleute waren von Erickson beeindruckt und suchten sowohl persönlich als auch beruflich mit ihm zusammenzuarbeiten, wie z.B. Margaret Mead, Gregory Bateson, Jay Haley, John Weakland, Ernest Rossi, Stephen Lankton und Joseph Barber.

Anders als *A Teaching Seminar with Milton H. Erickson* (1980), in dem ich darstellte, wie Erickson eine Gruppe von Studierenden gelehrt hat, zeigt dieses Buch, wie Erickson mit mir als einzelnem arbeitete. Ich beschreibe hier meine persönlichen Reaktionen. Es ist die Ansicht eines Insiders über Milton Erickson. Viele haben versucht, Erickson in einem objektiven Licht darzustellen; die meisten Autoren bemühen sich darum, ihre Persönlichkeit aus ihren Büchern herauszuhalten. Ich habe nicht diese Absicht.

Da vieles in diesem Buch sich auf die eins-zu-eins Interaktion zwischen Erickson und mir bezieht, ist es ein persönliches Buch. Und weil es sehr persönlich ist, hoffe ich, daß es Therapeuten Gelegenheit bietet, sowohl sich persönlich zu identifizieren als auch beruflich dazuzulernen.

Es gibt mehrere Menschen, denen ich danken möchte. Meine Herausgeberin, Deborah Laake, und meine Sekretärin, Barbara Bellamy, waren mir beim Schreiben dieses Buches behilflich. Mein aufrichtiger Dank gilt auch Frau Elizabeth Erickson, Sherron H. Peters, Kristina K. Erickson, Stephen Lankton, John Moran, Larry Gindhart und Michael Yapko, die verschiedene Abschnitte lasen und mir wichtige Hinweise gaben, die ich in das Manuskript aufgenommen habe.

Jeffrey K. Zeig
Phoenix, Arizona
August 1985

1. Ericksons Kreativität

Der Ausdruck „Genie" bezieht sich auf die geistige Potenz einer Person. Er meint auch eine Person, die mit außergewöhnlicher geistig-seelischer Begabung und Erfindungsgabe ausgestattet ist. Ericksons Genie hatte seinen Ursprung darin, daß er Intelligenz, Menschlichkeit, Wißbegierde, Erfindungsgabe und Wahrnehmungsvermögen in sich vereinte. Außerdem war er eifrig darum bemüht, seine Fähigkeiten zu entwickeln und zu verfeinern.

Ericksons Genie zeigte sich in vier Bereichen: als Hypnotiseur, als Psychotherapeut, als Lehrer und als Mensch, der in der Lage war, körperliche Benachteiligung in einen Vorteil zu verwandeln. Betrachtet man all die Leistungen, die er in diesen vier Bereichen erbracht hat, so erscheint er als eine Person, die über sich hinauswuchs.

Der Hypnotiseur

Wenn man die Geschichte der Hypnose studierte, so würde man wahrscheinlich zuerst etwas über Mesmer, den Praktiker aus dem 18. Jahrhundert lesen. Und dann über Charcot, Braid, Liébault und Bernheim, die alle im 19. Jahrhundert mit Hypnose gearbeitet haben.

Im 20. Jahrhundert schließlich würde man über Erickson lesen. Er war der Vater der modernen medizinischen Hypnose. Seine Kreativität im Erfinden neuer Induktions- und Anwendungsmethoden der Hypnose war außerordentlich. Er war Mit-Autor von fünf Büchern zum Thema und veröffentlichte mehr als 130 Fachartikel, davon die meisten über Hypnotherapie. Er war der Gründer und erste Präsident der Amerikanischen Gesellschaft für Klinische Hypnose, und er hat das offizielle Organ, die Amerikanische Zeitschrift für Klinische

Hypnose (The American Journal of Clinical Hypnosis) ins Leben gerufen und zehn Jahre lang herausgegeben. Er unternahm weite Reisen, vor allem in den Vereinigten Staaten, um Fachleute in Hypnose zu unterrichten, wo er allgemein als „Mr. Hypnosis“ bekannt war (Secter 1982, S. 453). Erickson legitimierte die Hypnose, so daß sie nicht länger nur als „Hofnarr in den heiligen Hallen der Orthodoxie“ galt (Watzlawick 1982, S. 148).

Vor Erickson war die Hypnotherapie keine eigene Disziplin und kein primäres therapeutisches Werkzeug. Hypnose war jedoch ein wichtiger Keim für die Entwicklung verschiedener Richtungen der Psychotherapie. Der Psychoanalytiker Sigmund Freud, der Gestalttherapeut Fritz Perls, der Verhaltenstherapeut Joseph Wolpe und der Transaktionsanalytiker Eric Berne – sie alle waren mit Hypnose vertraut, verwarfen sie dann aber zugunsten der Entwicklung ihrer eigenen Therapieansätze und der Förderung ihrer Persönlichkeits- und Veränderungstheorien. Erickson blieb bei der Hypnose, weil er ein Pragmatiker war und sah, daß Hypnose Patienten beeinflussen konnte, sich zu verändern. Er entwickelte keine spezielle Theorie der Hypnose, aber er wich radikal vom traditionellen Gebrauch der Hypnose ab, nach dem der Hypnotiseur ein passives Subjekt mit Suggestionen gleichsam zwangsernährte. Seine Methode war es statt dessen, innere Ressourcen ans Licht zu bringen und sie nutzbar zu machen (vgl. Hammond 1984).

Ericksonsche Hypnose wird angewendet, um therapeutische Reaktionen hervorzurufen, die im wesentlichen darin bestehen, daß der Patient sich zur Kooperation motivieren läßt. Patienten begeben sich in Psychotherapie, weil sie Schwierigkeiten haben, Aufgaben, die sie sich selbst stellen, zu ihrer Zufriedenheit zu erledigen. Die Aufgabe des Therapeuten besteht nun darin, den Patienten oder die Patientin dazu zu bringen, daß er oder sie sich so weit wie möglich die eigenen Wünsche erfüllen kann, und hierbei kann Hypnose oft helfen, Sackgassen zu überwinden. Sie macht Patienten ihre eigenen Selbsthilfepotentiale verfügbarer.

Obwohl die formelle Hypnose ein herausragendes Modell der Einflußnahme durch Kommunikation ist, beschränkte Erickson sich nicht auf sie, vielmehr leistete er bahnbrechende Arbeit auf dem Gebiet der naturalistischen Methoden, d.h. er nahm Techniken der Hypnose und wandte sie erfolgreich auf die Psychotherapie an, ohne dazu ein Induktionsritual zu benötigen. Tatsächlich benutzte er die formelle Hypnose nur bei einem Fünftel der Fälle, die er behandelte (Beahrs 1971); hypnotische Techniken setzte er jedoch immer ein, auch wenn er nicht „hypnotisierte". (Die Fälle von John, Joe und Barbie, auf die ich später zurückkomme, sind Beispiele hierfür.) Der naturalistische Ansatz war die Quintessenz von Ericksons strategischer Kurztherapie, dem zweiten Bereich seiner genialen Begabung.

Der Psychotherapeut

Mit der Publikation von Jay Haleys Buch Uncommom Therapy (1973; deutsch: Jay Haley (1978), Die Psychotherapie Milton H. Ericksons. Neue Ideen – verblüffende Methoden, München: Pfeiffer) wurde Erickson weithin bekannt als der Vater kurzer strategischer Ansätze in der Psychotherapie. Als ein ungewöhnlich erfolgreicher Praktiker dieser Ansätze ergänzte er die Literatur über strategische Kurztherapie um eine enorme Zahl neuer Fälle und Methoden, und noch immer werden auf Mitschnitten alter Vorlesungen neue Fälle entdeckt (zum Beispiel Rossi, Ryan & Sharp, 1983; Rossi & Ryan, 1985).

Haley (1980) schrieb, Therapie sei ein Problem, nicht eine Lösung. Das Problem ist, daß Patienten in Therapie sind. Die Lösung besteht darin, sie so schnell wie möglich aus der Therapie herauszubringen und sie zu befähigen, ihr eigenes unabhängiges Leben zu leben. Erickson hätte dem zugestimmt. Seine strategische Therapie war ein Ansatz aus gesundem Menschenverstand, der sich in der Regel am Problem orientierte, so wie es sich darbot. Während seine strategischen Techniken, oberflächlich betrachtet, ungewöhnlich erschienen, so war es eigentlich vor allem sein gesunder Menschenverstand, der ungewöhnlich war.

Es ist ein wenig seltsam, eine phobische Person auf eine Couch zu legen und sie aufzufordern, 50 Minuten lang frei zu assoziieren. Es entspricht dagegen dem gesunden Menschenverstand, Phobiker dazu zu bringen, ihre Phobie zu durchbrechen, indem man sie in einer Weise der gefürchteten Situation aussetzt, daß sie lernen können, diese zu meistern. Auf diese und andere Art war Erickson einer der ersten modernen Praktiker, welche die Therapie aus dem Reich der Seele eines Patienten (und aus dem Behandlungszimmer) herausgenommen und sie zu einem Teil seines realen Lebens gemacht haben. Die Leichtigkeit, mit der er das tat, war ein Aspekt seiner großen Erfindungsgabe und Kreativität.

Eine weitere Abweichung von der Tradition war Ericksons Lehrmethode. 1980 veröffentlichte ich *A Teaching Seminar with Milton H. Erickson* (1980a), ein Transkript von einem einwöchigen Seminar für Fachleute, das seine ungewöhnlichen Lehrmethoden zeigte. Er erzählte interessante Geschichten, hauptsächlich über erfolgreiche Psychotherapie, aber auch über seine Familie, und er führte hypnotherapeutische Demonstrationen durch. Ausbildungskandidaten supervidierte er nicht, indem er sich Tonbänder von ihren Sitzungen anhörte oder indem er sie beobachtete und Therapien, die sie durchführten, anleitete. (Sechs Jahre lang war ich bei Erickson in Ausbildung, und er hat viele Patienten an mich überwiesen, aber er hat nie gesehen oder gehört, wie ich eine Hypnoseinduktion oder eine Therapiesitzung durchgeführt habe.) Erickson lehrte statt dessen, indem er durch Mehrebenenkommunikation Einfluß nahm und durch sie Reaktionen hervorrief; auf dieselbe Weise machte er Psychotherapie, und genauso auch Hypnose. Er verwischte die Grenzen zwischen „Hypnose", „Lehren" und „Psychotherapie". Wenn er lehrte, machte er Hypnose; wenn er eine Hypnose durchführte, machte er Psychotherapie.

Erickson war ein konsequenter Mensch, daher war es sein Ziel, die meiste Zeit über so sachdienlich wie möglich zu kommunizieren. Er kommunizierte, um die jeweils erforderliche maximale Wirkung zu erhalten. Und er verfolgte immer ein Ziel. Eine Anekdote kann seine Philosophie des Lehrens erhellen. Als Antwort auf meine Bemerkung, daß eine Aufzeichnung von einer seiner alten Vorlesungen aus den 50er Jahren mir wie eine lange hypnotische Induktion erschien, sagte er, daß er sich seine Tonbänder und Videocassetten nicht anschaue: „In der Regel habe ich keine Inhalte gelehrt; ich lehrte zu motivieren."

Nach Ericksonscher Auffassung sollte es keinen großen Unterschied zwischen Hypnose, Lehren und Psychotherapie geben, weil man sich in allen drei Bereichen auf das unbewußte Lernen verlasse. Dem liegt die Philosophie zugrunde, daß jeder Mensch schon die Ressourcen in sich trägt, die er braucht, um eine Veränderung zu vollziehen. Psychotherapie und Hypnose – und zu einem großen Teil auch das Lehren – sind Prozesse, durch die Ressourcen herausgefordert und entwickelt und Personen unterstützt werden, ihre Ressourcen auf neue und wirksamere Weise miteinander zu verbinden.

So originell Erickson als Hypnotiseur, als Psychotherapeut und Lehrer auch war, so war er noch mehr ein Original in der Art, wie er sein Leben lebte. Beweise dafür gab er stündlich, doch besonders gut kam seine Individualität darin zum Ausdruck, wie er überwältigende körperliche Hindernisse auf seinem Weg zu einem erfüllten Leben überwand.

Seine Frau, Elizabeth Erickson, berichtet in einem Brief, der auf den 10. Dezember 1984 datiert ist und der im folgenden wiedergegeben wird, über die zahlreichen physischen Probleme ihres Mannes. Ein Student, der selbst an Kinderlähmung erkrankt war, hatte ihr geschrieben und ihr Fragen zu Ericksons Kampf mit der Krankheit gestellt. Obwohl der Bericht, mit dem sie ihm antwortete und ihre Erinnerungen niederschrieb, nicht so gedacht war, ist er doch ein beredtes Zeugnis für diesen vierten Bereich von Ericksons Genie, der die anderen drei noch in den Schatten stellt.

Seine physischen Anstrengungen

Mein verstorbener Mann, Milton H. Erickson, erkrankte im Alter von 17 Jahren (das war 1919) zum erstenmal an Kinderlähmung. Es war eine äußerst schwere Infektion. Er war völlig gelähmt und konnte nur noch sprechen und seine Augen bewegen. Er wußte, daß man nicht damit rechnete, daß er überleben würde. Seine Mutter und eine ambulante Krankenschwester pflegten ihn auf der Farm, wo er zuhause war. Als die Lähmung ein wenig abgeklungen war, wandte diese Krankenschwester aus eigener Initiative die Art von Therapie an, die später durch die australische Krankenschwester, Sr. Kenny, (gegen viel Opposition aus Medizinerkreisen) Verbreitung fand. Die Therapie bestand darin, daß sie ein Behandlungskonzept mit heißen Packungen, Massage und Bewegung der gelähmten Gliedmaßen entwickelte und den Patienten zur Mitarbeit motivierte.

Milton selbst entwickelte ein System der geistigen Konzentration auf eine minimale Bewegung, indem er eine solche Bewegung mental immer wieder aufs neue durchlebte. Als er wieder mehr zu Kräften kam, nutzte er jede Gelegenheit, immer mehr Muskeln zu trainieren, um sie zu stärken und um zu lernen, an Krücken zu gehen, auf dem Fahrrad das Gleichgewicht zu halten und damit zu fahren. Zuletzt schließlich plante er für einen ganzen Sommer eine Kanufahrt. Er besorgte sich ein Kanu, einen Basis-Lebensmittelvorrat, eine Campingausrüstung und ein paar Dollars und fuhr auf dem See in der Nähe des Campus der Universität von Wisconsin los, dem Wasserweg zum Mississippi folgend und weiter südlich bis über St. Louis hinaus und kehrte anschließend flußaufwärts auf demselben Weg zurück.

Ein Freund hatte vor, ihn zu begleiten, sagte aber im letzten Moment ab. Milton machte sich trotz seiner körperlichen Behinderungen allein auf den Weg, sagte seinen Eltern aber nichts davon, daß er allein reisen würde. Nach vielen Abenteuern und nachdem er mit vielen Problemen fertiggeworden war und viele interessante Leute, die ihm zum Teil auch halfen, kennengelernt hatte, beendete er seine Reise bei viel besserer Gesundheit mit mächtig entwickelten Schultermuskeln, bereit, aufs College zu gehen und die medizinische Hochschule zu besuchen.

Viele Jahre später sagte er mir, daß sein dauernder Verlust von Muskelgewebe, vor allem auf der rechten Seite, normalerweise dazu geführt hätte, daß seine linke Schulter viel höher gewesen wäre als seine rechte und daß er einen sichtbar gedrehten Oberkörper gehabt hätte. Mittels bloßer körperlicher Anstrengung durch Übungen vor einem Spiegel gelang es ihm, seine Schultern auf gleiche Höhe zu bringen, wodurch er jedoch die Wirbelsäulenkrümmung um ein Vielfaches verstärkte, die in jedem Fall eine Folge der Kinderlähmung gewesen wäre, wenn auch in geringerem Ausmaß. Er fand, daß die Mühe sich lohnte, sein Aussehen der normalen Erscheinung so nah wie möglich anzugleichen. Während des Zweiten Weltkrieges wurde er sehr gründlich medizinisch untersucht, weil man feststellen wollte, ob er für einen eingeschränkten Dienst als Militärarzt tauglich war. Röntgenaufnahmen, die in dieser Zeit von seiner Wirbelsäule gemacht wurden, stießen bei den Spezialisten, die die Untersuchung durchgeführt hatten, auf Erstaunen und Unglauben.

Während er berechtigtermaßen stolz war auf seine Leistung, beide Schultern auf gleiche Höhe zu bringen, muß man rückblickend doch sagen, daß es vielleicht einige ungute Langzeitwirkungen hatte. In seinen späteren Jahren hat einer seiner kenntnisreicheren Ärzte mir gesagt, daß seine wiederholt auftretenden Zeiten völliger Invalidität, progressiven Muskelschwunds und großer Schmerzen zumindest teilweise auf Knochensenkungen der verdrehten Wirblsäule zurückzuführen seien, die sich durch arthritische Veränderungen noch verschlimmert und Quetschungen und weitere Degeneration der noch vorhandenen Teile gesunder Rückenmarksnerven zur Folge gehabt hätten.

Ich lernte Milton 1935 kennen, und wir heirateten 1936. Er war damals ein vitaler, aktiver Mann, der rechtsseitig deutlich hinkte. Er ging an einem

Stock, aber er konnte damit weite Strecken zurücklegen. Er hatte breite, mächtige Schultern.

Er hatte manchmal für kurze Zeit Muskel- und Gelenkschmerzen, aber bis in die späten Vierzigerjahre nichts Ernstes, woran ich mich erinnern könnte. Während des Krieges wurden aufgrund von Personalmangel die Zahl der Bereitschaftsdienste des Teams am Eloise-Krankenhaus (später bekannt als Allgemeinkrankenhaus von Wayne County und Krankenhaus in Eloise) stark erhöht. Milton unterrichtete auch Personal, das in Eloise wohnte, sowie Medizinstudenten des Ausbildungskurzprogramms an der medizinischen Fakultät der Universität Wayne in der Innenstadt von Detroit. Außerdem brachte er viele Stunden (entweder vor oder nach einem vollen Arbeitstag am Eloise-Krankenhaus) damit zu, an der städtischen Einberufungsstelle Militärrekruten psychiatrisch zu untersuchen. Für die Wege hin und zurück nahm er den Bus, weil wir kein Benzin hatten. All diese Arbeit machte ihm nichts aus.

Ich möchte an dieser Stelle jedoch ausdrücklich sagen, daß seine wiederholten Anfälle meist, wie es schien, durch schweren körperlichen Streß ausgelöst wurden. Im Spätsommer oder im frühen Herbst 1947 fuhr er mit dem Fahrrad von unserer Wohnung, die in der Ebene lag, zu seinem Büro, (das in einiger Entfernung ebenfalls in der Ebene lag). Er tat das, um sich zu trainieren. Ein Hund lief ihm ins Rad und er stürzte, wobei er sich Schrammen und oberflächliche Schnitte, einige davon im Gesicht, zuzog, die verschmutzten.

Er war noch nie gegen Tetanus geimpft worden, und deshalb beschloß er, trotz des Risikos (wegen seiner lebenslangen multiplen Allergien) sich die Tetanusinjektionen alten Stils geben zu lassen. Ungefähr zehn Tage später bekam er eine schwere Serumkrankheit, die mit Muskelschmerzen, einem komaähnlichen Zustand und anderen Symptomen einherging. Er erholte sich zum Teil, nahm seinen Dienst und einen Teil seiner Lehrtätigkeit wieder auf, bis er aufs neue erkrankte.

Im Frühjahr 1948 schließlich wurde er so krank, daß er in die Universitätsklinik von Michigan in Ann Arbor eingeliefert werden mußte. Keiner der Ärzte, auch nicht die hervorragenden Neurologen dort, wußten Rat, außer daß der naßkalte Winter in Michigan mit seinen vielfältigen Herbst- und Frühjahrsallergien Miltons Zustand verschlechtert hatte, und daß wir erwägen sollten, auf den Sommer hin wegzufahren, um ihn in einer trockenen, warmen Gegend mit sauberer Luft zu verbringen, wo es die Allergene von Michigan nicht gäbe.

Wir entschieden uns für Phoenix, Arizona, weil dies der einzige Ort in Arizona, Nevada oder New Mexico war, wo wir jemanden kannten. Der Direktor des Arizona State Hospital (im ganzen Staat mit einer Bevölkerung von weniger als 800.000 die einzige Institution, welche die Geisteskranken, Alkoholiker, Dementen und stark geistig Behinderten sowie die „kriminell Gestörten" in einer gesonderten Abteilung versorgte) war Dr. John Larson, ein alter Freund und zuvor ein prominenter Psychiater und Forscher auf dem Gebiet der Physiologie in Detroit. Er war um der Gesundheit seines kleinen Sohnes willen in den Westen gekommen und leitete diese kleine, mit geringsten Mitteln unterstützte Institution in veralteten Gebäuden mit einem älteren medizinischen Personal in minimaler Besetzung; und er leistete dort unglaublich gute Arbeit, um das Krankenhaus zu einer der progressivsten und bestgeführten Institutionen im Südwesten zu machen. Milton war froh, daß er helfen konnte. Ende Juni fuhr ich mit den vier jüngsten Kindern nach Arizona. Die beiden älteren Söhne, damals 17 und 19 Jahre alt, blieben in Michigan.[1] *Wenige Tage nach meiner Abreise wurde Milton aus dem Krankenhaus in Ann Arbor entlassen und von einem Freund zum Flugzeug gebracht, um nach Arizona zu reisen, wo Dr. Larson ihn abholte und bei sich aufnahm, bis ich einige Tage später dort eintraf. Milton war auf dem Weg der Genesung. Eine Woche lang blieben wir in einem Motel und mieteten uns dann ein kleines Landhaus für den Sommer.*

Während dieser Zeit erinnere ich mich nur an einen Rückfall, der ziemlich kurz war, und Milton fühlte sich so gesund, daß er beschloß, sich dem Team am Arizona State Hospital anzuschließen. Ich flog für ein paar Tage nach Hause und bereitete unseren Umzug vor, und als ich zurückkehrte, zogen wir auf das Gelände des Krankenhauses. Der 17jährige Sohn kam mit dem Bus nach. Bis im Frühjahr 1949 arbeitete Milton hart, mit Begeisterung und viel Energie und bewirkte fortschreitende Veränderungen innerhalb des Krankenhauses. Dr. Larson hatte dann jedoch einen Zusammenstoß mit einer Politikergruppe der Kontrollbehörde des Staates Arizona, gab seine Stelle auf und verließ den Staat. Auch Milton gab daraufhin seine Stelle auf und beschloß, eine Privatpraxis zu eröffnen.

Wir kauften ein Haus in Phoenix und standen kurz vor dem Umzug, als er für kurze Zeit schwer erkrankte. Er kam während des Umzugs für ein paar

1 Drei der insgesamt acht Kinder Ericksons stammten aus seiner ersten Ehe, die er 1925, im Alter von 23 Jahren, geschlossen hatte. 1934 wurde diese Ehe geschieden. Der Hinweis findet sich bei Ernest Rossi (1983): Healing in Hypnosis. The Seminars, Workshops and Lectures of Milton H. Erickson. New York: Irvington, S. 22 - 26, in einem Kapitel zur Biographie Milton Ericksons. (Anm. d. Ü.)

Tage in die Klinik und danach nach Hause, wo er langsam wieder zu Kräften fand, während er seine Praxis aufbaute. Wir hatten ursprünglich vorgehabt, ein richtiges Büro in einem medizinischen Versorgungszentrum zu mieten, aber zu diesem Zeitpunkt wurde uns klar, daß er sich körperlich weniger anstrengen und mehr ruhen sollte. Wir erkannten, wie praktisch und vorteilhaft es war, ein Zimmer im Haus als Studier- und Büroraum zu nutzen, denn er konnte sich hinlegen, wenn er zum Beispiel eine freie Stunde hatte und das dann tun wollte. Von da an bis zu seinem Tod hatte er sein Büro daher im Hause.

Im Herbst 1949 kam er zweimal in die Klinik; bei diesen beiden wiederholten Erkrankungen ging man von einem Wiederaufflackern der Serumkrankheit aus, die von Allergien verursacht war, und zwar auf örtliche Allergene, für die er sensibel geworden war, aber auch auf Staub und einige Nahrungsmittel. Er hatte einen sehr guten Allergologen, der ihn mehrere Jahre lang behandelte und Antigen-Injektionen empfahl, sowie eine möglichst staubfreie Umgebung und die Identifikation und Meidung von Nahrungsmitteln, auf die er allergisch reagierte.

Zur nächsten und schwersten Erkrankung kam es 1953. Die ortsansässigen Ärzte waren mitfühlend, wußten aber keinen Rat. Ein befreundeter Arzt am Johns Hopkins Krankenhaus sagte, er würde dafür sorgen, daß Milton dort zur Behandlung aufgenommen werde, wenn ich es schaffen könnte, ihn hinzubringen. Ich konnte ihn nicht begleiten, da ich zwei kleine Kinder hatte, die 1949 und 1951 geboren worden waren, neben den anderen Kindern, die noch zuhause wohnten. Wir arrangierten, daß zwei junge Medizinstudenten, die im Krankenhaus von Arizona wohnten, ihn im Zug begleiteten; ein Krankenwagen holte ihn dann ab, und die jungen Männer flogen nach Hause zurück.

Milton blieb eine Zeitlang in der Klinik in Maryland, erholte sich und wurde von Neurologen, Orthopäden und vielen anderen Spezialisten untersucht. Danach schien es ihm wieder gut zu gehen, aber man sah sich auch dann noch immer nicht in der Lage, eine Diagnose oder Prognose zu stellen. Es wäre den Ärzten lieber gewesen, wenn er zu weiteren Untersuchungen unbefristet dortgeblieben wäre, doch er bat um seine Entlassung, die ihm auch gewährt wurde, und kam nach Hause.

Es war offensichtlich, daß er, trotz des subjektiven Gefühls, wieder in Ordnung zu sein, ein weiteres Mal viel Muskelgewebe verloren hatte. Einige Monate später, als er bereits wieder sein volles Arbeitspensum aufgenommen hatte, bekam ein befreundeter Orthopäde Besuch von einem berühmten Neurologen. Dieser Arzt untersuchte Milton und sagte, daß es nach Ein-

kraft ein paar weniger Zwischenrippenmuskeln und eines halben Zwerchfells; er hatte eine Arthritis der Wirbelsäule, litt an Gicht und einem leichten Emphysem. Als ich ihn 1973 kennenlernte, konnte er seine Arme nur eingeschränkt gebrauchen; zum Schreiben mußte er manchmal die rechte Hand mit der besser koordinierten linken Hand führen. Im Gebrauch seiner Beine war er schwer behindert; er konnte sich nur für die kurzen Momente abstützen, die er benötigte, um vom Rollstuhl auf seinen Bürostuhl zu wechseln. Ungefähr seit 1976 tat er das nicht mehr, sondern blieb in seinem Rollstuhl. Er war jedoch nicht verbittert oder resigniert; Erickson war zufrieden mit dem, was er hatte.

In den Jahren nach seinem 70. Geburtstag waren die Morgenstunden besonders beschwerlich für ihn. Manchmal brauchte das Anziehen und Rasieren so viel Energie, daß er ein Nickerchen halten mußte, ehe er Leute empfangen konnte. Die Schmerzen schienen früh am Tag schlimmer zu sein. Man konnte es an seinem Gesicht ablesen, und er sprach auch offen darüber. 1974 sagte er einmal zu mir: „Heute Nacht hatte ich das Gefühl, ich müßte um vier Uhr morgens sterben. Um die Mittagszeit war ich froh, am Leben zu sein, und seither ist es so geblieben."

Seinen ungeheuren körperlichen Beschwerden zum Trotz war Erickson einer der lebensfrohesten Menschen, die man sich vorstellen kann. Dieser Aspekt seiner Persönlichkeit trug in hohem Maß zu seiner Wirksamkeit als Therapeut und Lehrer bei. Erickson hatte aber auch noch andere Facetten, die ihm zu seinem Erfolg verhalfen.

Über Erickson: Sein persönlicher Stil im Verhältnis zu seinem Berufsleben

Dies hier ist ein Buch über Milton Ericksons einzigartige Beiträge zur Psychotherapie, und die genaue Schilderung seiner schlechten Gesundheit hat mehr als nur anekdotische Bedeutung. Daß Erickson angesichts ungeheurer physischer Schwierigkeiten guter Dinge war, hatte eine direkte rehabilitative Wirkung auf seine Patienten. Sie wußten, daß ihre Probleme nicht schlimmer sein konnten als das. Sie konnten sehen, daß es Hoffnung auf ein produktives Leben gab, ganz gleich, mit welchen Hindernissen sie konfrontiert waren.

Wenn Patienten, die an Schizophrenie, Unsicherheit oder Schmerzen litten, Erickson aufsuchten, betraten sie ein Zimmer, wo sie einen Therapeuten sahen, der nicht heuchlerisch oder hypothetisch daherredete. Sie sahen einen Therapeuten, der sich mit Schmerzen und ungeheuer vielen Einschränkungen herumschlug, der aber dem allem zum Trotz offensichtlich gern lebte.

Erickson hatte im Hinblick auf seine Situation viel Sinn für Perspektive. Er sagte immer, die Kinderlähmung sei die beste Lehrmeisterin in Sachen menschliches Verhalten gewesen, die er je hatte (Zeig 1980a, S. XX). Und er fügte dem hinzu: „Den Schmerz nehme ich in kauf – die Alternativen mag ich nicht." Ergänzend zur Selbsthypnose wandte er auch seine Technik der Umdeutung, des „Reframing", auf sich selbst an. Ein Teil des Erfolgs mit anderen kam vielleicht durch den Erfolg, den er bei sich selbst hatte, wenn er seine Techniken anwandte.

Ericksons Orientierung nach außen half ihm auch, seine eigenen Schmerzen zu kontrollieren. Seiner Umwelt begegnete er mit lebendiger Aufmerksamkeit (Zeig, 1980a, S. 16); er schien sich nie in sich selbst zu verlieren. In seiner Gegenwart spürte man, daß er sich einem mit voller Aufmerksamkeit zuwandte. Das war schmeichelhaft und gleichzeitig tröstend; manchmal war es aber auch entnervend.

Eine soziale Zurückhaltung in Verbindung mit der Position des „interessierten Beobachters" war für Erickson charakteristisch. Er war nicht jemand, mit dem man sich über Tagesereignisse oder Sport unterhielt.

Wenn er jedoch arbeitete, gab er sich nicht distanziert und zurückhaltend, sein Kontakt war intensiv und persönlich. Das soll nicht heißen, daß eine Person sich dadurch völlig sicher fühlte. Völlige Sicherheit steht im Widerspruch zu Veränderung. Wenn ich mich auch in der Sicherheit seines Mitgefühls sonnen und fühlen konnte, daß er mir zu helfen versuchte, meine eigenen Talente auf meine eigene, unverwechselbare Weise zu entwickeln, so fühlte ich mich bei ihm doch nie ganz im Gleichgewicht. In Ericksons Nähe fühlten sich viele verwirrt (Zeig 1980a, XXVII). Das kam zum Teil daher, daß er sich dessen so bewußt war, daß er eine starke Einwirkung auf einen hatte (vgl. Haley 1982, S. 7). Es war jedoch eine Unsicherheit, die in Ordnung war. Auch wenn man aus dem Gleichgewicht geraten war, spürte man, daß die Unsicherheit zu einem persönlichen Gewinn führen würde.

Und das tat sie auch. Ich erinnere mich, wie ich einmal wie im Fieber mit 78 Umdrehungen pro Minute herumhastete, um unbe-

hat, als daß er es gesucht hätte. Einige Zeit später habe er einen Artikel noch einmal gelesen und darin Material gefunden, das er im „verlorenen“ Artikel hätte einarbeiten sollen. Er fand ihn schließlich und veröffentlichte ihn (Zeig 1985a).

Ein Grund, weshalb Erickson sich so für das Unterbewußte und für Hypnose interessierte, liegt vielleicht darin, daß beides so direkt sein von Schmerzen verfolgtes Leben betraf. Zur Schmerzkontrolle setzte er Hypnose ständig ein. Wenn Erickson zu diesem Zweck Selbsthypnose machte, stellte er für sich kein Programm auf; statt dessen gab er seinem Unbewußten die Idee des Wohlbefindens vor und folgte dann den Suggestionen, die er im weiteren Verlauf empfing. Er berichtete mir auch von einem sorgfältig ausgearbeiteten Zeichensystem, das er benutzte. In seinen späteren Jahren notierte er jeden Morgen nach dem Aufstehen die Stellung seines Daumens. Befand er sich zwischen dem kleinen und dem Ringfinger, so bedeutete das, daß er in der vorherigen Nacht viel Schmerzen unter Kontrolle gebracht hatte. Stand der Daumen zwischen dem Ringfinger und dem Mittelfinger, so hatte er weniger Schmerzen unter Kontrolle gebracht, und noch etwas weniger Schmerzen dann, wenn der Daumen zwischen Mittelfinger und Zeigefinger lag. Auf diese Weise beurteilte er, wieviel Energie er noch den Tag über für seine Arbeit haben würde. Er wußte, daß das Unbewußte freundlich und autonom funktionieren kann.

Als weitere Gabe konnte Erickson seine außergewöhnliche Kreativität in seine Praxis einbringen. Die Kreativität bewahrte ihm den Scharfsinn. Wenn ich ihm eine Frage stellte, die mit ja oder nein zu beantworten war, schien er sich oft einen Spaß daraus zu machen, eine Antwort zu finden, mit der er ein „Ja“ oder „Nein“ vermeiden konnte, auch wenn sie dadurch länger wurde. Margaret Mead (1977, S. 94) schreibt, daß er sich immer darum bemühte, neue Lösungen zu finden und an jede Sitzung heranging, als wäre sie etwas völlig Neues. (Erickson wiederholte zwar seine Geschichten und Induktionen, aber er achtete darauf, sie so zu verändern, daß sie für die jeweilige Person paßten. Er hatte nichts gegen Wiederholungen. In einer frühen Supervisionssitzung ermunterte er mich, jeweils eine Induktion immer wieder zu benutzen, um die Verschiedenheit der Reaktionen zu erleben.)

Seine Kreativität und Neugier erfrischten ihn vielleicht. In seinen jüngeren Jahren schien er nie müde zu sein. Er arbeitete zu Hause immer viele Stunden lang. Wenn er reiste, um Vorlesungen zu halten, traf er oft Kollegen, behandelte Patienten und führte nach den Arbeitsstunden in Workshops noch Einzeltherapien für Workshopteilnehmer durch. Er hatte ein bemerkenswertes Gedächtnis und ein enormes Konzentrationsvermögen.

Ericksons Menschlichkeit ist in der Literatur nicht voll zur Darstellung gekommen, aber sie war ein ganz wichtiger Teil seiner Therapie und ein wichtiger Teil seines Erfolgs. Einer der Gründe, weswegen er nicht im negativen Sinn manipulativ erschien, lag vielleicht darin, daß er mit seiner Zeit und in seiner Zuwendung so großzügig und aufmerksam war.

Und in seiner Großzügigkeit zeigte er oft eine erstaunliche Aufmerksamkeit für Details. Mir fällt da ein Beispiel ein, über das ich in A Teaching Seminar (Zeig 1980a, S. 312) berichtet habe. Als sein 26. Enkelkind, Laurel, noch im Neugeborenenalter Phoenix besuchte, bat Erickson mich, ein Photo zu machen. Er wollte auch, daß die kleine Eule aus Hartholz aufs Bild kam, die er ihr zur Geburt geschenkt hatte, das erste Geburtstagsgeschenk ihres Lebens. (Laurel hieß mit Spitznamen „Screech"[4], weil sie kräftig schreien konnte.) Erickson erklärte mir später, daß die Eule dem Bild enorm viel Menschlichkeit verleihe und daß sie eine bedeutsame Wirkung auf Laurel haben werde, wenn diese ins Teenageralter komme und Erickson schon lang tot sein werde.

Erickson tat jeden Tag in der Therapie unerwartete Dinge. Man konnte fast sicher sein, daß er das Gegenteil von dem machte, was man erwartet hätte. Haley (1982) hat im einzelnen besprochen, inwiefern Ericksons Praxis der Praxis traditioneller Therapeuten zuwiderlief. Für ihn zum Beispiel war es nicht ungewöhnlich, daß er einen Patienten anrief, um ihm zu sagen, er solle zu einer Konsultation zu ihm kommen. In Supervisionen ermunterte er die Studierenden, Hypnose in der ersten Hälfte der Therapiesitzung zu machen und nicht bis zur zweiten Hälfte zu warten, wie es sonst üblich ist. Nicht selten geschah es, daß er bei einem Erstgespräch mit einem Studierenden oder Patienten eine Induktion durchführte und während des Induktionsprozesses diagnostische Information sammelte.

Als Mensch und als Therapeut interessierte Erickson sich nicht sehr für Geld. Als er 1980 starb, betrug das übliche Stundenhonorar

4 *Screech-owl* ist der gebräuchliche Gattungsname für verschiedene Eulenarten (*screech*:: dt. „schreien", „kreischen").

nur 40 Dollar. Wenn er mit Studierenden eine Gruppensitzung hielt, sagte er meist: „Wenn ihr zu zehnt seid, soll jeder 4 Dollar bezahlen; wer mehr Geld hat, soll mehr bezahlen, wer weniger hat, weniger." (Zeig 1980a). Seinen Studenten riet er dringend, ihr Honorar am Ende jeder Sitzung zu verlangen mit dem Hinweis, daß dieser Modus den Therapeuten ansporne, etwas zu bieten, wofür er eine sofortige Belohnung erhalte. Er kam aus der wissenschaftlichen Schule, die den Grundsatz vertrat, daß Wissen nur geteilt, nicht verkauft werden könne. Bei mehr als nur einer Gelegenheit sagte er zu Patienten: „Ich interessiere mich für Ihr Leben, nicht für Ihre Moneten."

Dies waren die fast leutseligen Dinge, die man von ihm zu hören gewohnt war. Sein Ansatz war pragmatisch, bodenständig. Er benutzte Worte, die jeder verstehen konnte, aber wie beim zeitgenössischen Künstler Paul Klee hatten die einfachen Linien Tiefe und Reichtum. Seine Aufmerksamkeit für sprachliche Details war vorzüglich (vgl. Rodgers 1982, S. 320), und sie machte seine Therapie reich. Wie das Transkript in der zweiten Hälfte dieses Buches zeigen wird, war seine Artikuliertheit bemerkenswert; er sprach größtenteils in grammatikalisch korrekten und vollständigen Sätzen.

Dennoch war Erickson kein Intellektueller in der Art, wie man das von einem Akademiker annehmen würde, obwohl er sehr belesen war. Insbesondere hatte er ein außergewöhnliches Gedächtnis und war sehr versiert in Literatur, Landwirtschaft und Anthropologie. Bei der Behandlung seiner Patienten machte er von seinem Wissen auf diesen Gebieten reichlich Gebrauch.

Wie Erickson sich selbst ausbildete

Vieles in Ericksons Leben war eine Sache der Kreativität, die er in seine Familie, seine Lebensgestaltung und in seine Arbeit einbrachte. Aber ist eine solche Kreativität nur das undisziplinierte Überschießen des Genies? Nun, ja und nein. Erickson besaß viel persönliches Genie, doch seine Gewandtheit war auch das Produkt eines unermüdlichen und sorgfältigen Trainings, durch das er sich selbst ausbildete. Er ging bei seinen Patienten in die Schule und konnte sich auf einen Erfahrungsreichtum von vielen Jahren klinischer Praxis stützen: In der Zeit, als ich ihn kennenlernte, hatte er von allen möglichen klinischen Fällen schon jeweils 50 gesehen. Er fragte einmal einen

Kollegen, David Cheek, ob er eine Ahnung habe, wo Erickson sein sich ständig erweiterndes psychiatrisches Wissen erwerbe? Und Cheek berichtete: „Er gab in seinem gewöhnlichen Tonfall die Antwort selbst: ‚Von Patienten'." (Berichtet in Secter, 1982, S. 451.) Da Erickson sich das Wesentliche selbst erarbeitet hat, war er von früheren Behandlungsmodellen unbelastet und konnte neue Wege bahnen. Ericksons medizinisch-psychiatrische Ausbildung an der University of Wisconsin in den Zwanzigerjahren erfolgte unter der Leitung eines Chirurgen, der nicht viel von Psychiatrie hielt. Nach dem Medizinstudium absolvierte er ein Jahr als Assistenzarzt am Colorado Psychopathic Hospital unter dem bekannten Psychiater, Dr. Franklin Ebaugh, dem Direktor der Klinik. Erickson hat jedoch nie jemanden als seinen Lehrer anerkannt (Haley & Weakland 1985, S. 603); er hatte keine psychoanalytische Ausbildung oder Supervision, wenngleich er die Literatur dieses Gebiets sehr gut kannte. Er brachte sich auch Hypnose selber bei.

Nach Abschluß seines Medizinstudiums benutzte er viele Methoden, um sich zu üben und fortzubilden. Ein Schwerpunkt seines Selbststudiums waren Einfluß und Bedeutung der Sozialisation.

Jahrelang konnte Erickson die geistig-seelische Verfassung eines Patienten untersuchen und dann dessen hypothetische Sozialisationsgeschichte schreiben – das heißt, er dachte darüber nach, was für eine Sozialisationsgeschichte der Patient theoretisch gehabt haben könnte. In einem nächsten Schritt besorgte er sich beim Sozialdienst die wirkliche Sozialisationsgeschichte und verglich sie mit seiner intuitiven Version. Er arbeitete auch in umgekehrter Richtung, indem er sich eine echte Sozialisationsgeschichte besorgte, daraufhin eine hypothetische psychiatrische Untersuchung der jeweiligen Person zusammenstellte und sie schließlich mit den Ergebnissen einer wirklichen psychiatrischen Untersuchung dieser Person verglich. Er wandte diese Technik bei einer großen Zahl von Patienten an, bis er ein gutes Verständnis der sozialen Entwicklung gewonnen hatte.

Erickson arbeitete zwar überwiegend mit Einzelnen, aber er bezog die Familie eines Klienten oder einer Klientin immer mit ein; er war ein durch und durch systemischer Denker und erachtete diese Sichtweise als wichtigen Aspekt der Therapie. Ich fragte ihn zum Beispiel einmal um Rat, als ich 1974 im Behandlungszentrum eines Wohnviertels mit schwer gestörten Patienten arbeitete. Er riet mir, als erstes dafür zu sorgen, daß ich an Daten über die jeweilige Familienkonstellation herankomme.

Ich erwarte von Experten in Sachen Familientherapie, daß sie schon nach einem einmaligen Kontakt mit einer Person deren Familiensysteme und sogar innerpsychische Dynamiken und Beziehungsdynamiken in früheren Generationen genau beschreiben können. Wie wir noch sehen werden, besaß Erickson diese Fähigkeit und nutzte sie, zum Beispiel um wirksame Interventionen in Form von Vorhersagen zu machen.

Erickson arbeitete auch viel und mit strenger Disziplin, um Hypnose zu lernen. Zu Beginn seiner Laufbahn geschah es nicht selten, daß er für einen bestimmten Patienten eine 15 Seiten lange Induktion schrieb, die er dann kürzte, zunächst auf zehn Seiten, dann auf fünf, dann auf zwei, bis er sie dem Patienten präsentierte. Er studierte Suggestionen sogar vor dem Spiegel ein (Hammond 1984, S. 281). Wenn er den Eindruck hatte, daß ein Freund oder eine Freundin seiner Kinder eine für die Hypnose interessante Versuchsperson war, bat er die Eltern um ihr Einverständnis, mit dem Kind arbeiten zu dürfen, und führte dann abends hypnotische Experimente durch.

Er war in seinen Bemühungen nicht nur sorgfältig, sondern geradezu übergenau. Im Jahre 1939 schrieb Margaret Mead ihm einen Brief von zwei Seiten Länge, in dem sie ihm Fragen zur Beziehung zwischen Hypnose und Trancephänomenen in primitiven Kulturen vorlegte. Er antwortete mit Briefen im Umfang von 14 und 17 Seiten. Seine Genialität und seine Sorgfalt müssen sie beeindruckt haben, denn im folgenden Jahr reiste Margaret Mead nach Michigan, um Erickson zu treffen. Damit setzte sie den Anfang für eine Freundschaft, die bis zu ihrem Tod dauerte.

Wie ich von Ericksons Schwester Bertha weiß (persönliche Mitteilung, 1984), war diese Art hart zu arbeiten schon immer charakteristisch für ihn. Schon sehr früh in seinem Leben strebte Erickson danach, die Dinge zu meistern. Als Kind beispielsweise war er bekannt als „Mr. Dictionary“, weil er das Lexikon viele Male ganz las und dadurch über einen enormen Wortschatz verfügte.

Vielleicht am überraschendsten war sein brillianter Scharfsinn in seinem Gespür für Nuancen – und wiederum, war dies kein totes Kapital, sondern etwas, das zu beherrschen er sich abverlangte. In seinen reifen Jahren war seine gewaltige Beobachtungsgabe legendär. Er konnte zum Beispiel sehen, wie eine Frau sich auf eine bestimmte Art bewegte, und denken: „Diese Frau ist schwanger“, obwohl ihr Äußeres nicht sichtbar verändert war. Er schrieb dann seine Vorhersage auf und gab sie seiner Sekretärin, die sie versiegelte und in einer abgeschlossenen Schublade aufbewahrte. Später bestätigte sich seine Beobachtung.

Seine Art, sich zum Lernen und zur Vervollkommnung anzutreiben, blieb bis in seine späteren Jahre erhalten. Als seine Sehkraft nachließ und er nicht mehr lesen konnte, schaute er sich Sendungen am Fernseher an. Einer seiner Studierenden berichtete, daß im Fernsehen einmal eine Leichtathletikveranstaltung ausgestrahlt wurde und Erickson sich selbst auf die Probe stellen wollte, indem er einen Gewinner vorhersagte. Er beobachtete die Läufer, wie sie sich aufwärmten. Einige schauten umher und ließen sich durch das Publikum ablenken. Er sagte voraus, daß diese nicht gewinnen würden. Einzig denen, die sich voll und ganz konzentrierten und sich sammelten, räumte er Gewinnchancen ein.

Eine wichtige Facette von Ericksons Persönlichkeit war sein Lerneifer; er war in dieser Hinsicht einer der unersättlichsten Menschen, denen ich jemals begegnet bin. Ich fragte ihn einmal, ob es für ihn nicht manchmal langweilig werde, den Gruppen von Studierenden, die sein Lehrseminar besuchten, Woche für Woche dieselben Geschichten zu erzählen. „Langweilig?“ fragte er. „Nein. Es ist für mich total spannend, was ich dabei lernen kann.“

Die Fallgeschichte von John und Barney

Was ein Chronist schreibt, kann überdauern, und doch kann er einen Menschen niemals so zeigen, wie es dieser Mensch selbst vermag. Gegen Ende seines Lebens nahm Erickson sich eines Falles an, der als ein Höhepunkt seines eigenen Lebens und seiner Stärken erschien, ein Fall, der deutlich zeigte, was für ein Mensch Erickson war.

Im Fall von John und Barney vereinten sich Ericksons permanente Selbstausbildung, seine größten Innovationen und Einsichten – wie das Einbeziehen des Kontextes, die Fähigkeit der Kommunikation, um eine bestimmte Wirkung zu erzielen und seine spielerische Art, mit der er Therapien durchführte – mit seiner großartigen Menschlichkeit.

Es war in den frühen sechziger Jahren, als Erickson mit John zu arbeiten begann. John litt an Schizophrenie, und es war klar, daß dies eine Langzeitbehandlung werden würde. Ziele waren, dafür zu sorgen, daß John nicht hospitalisiert werden mußte, und ihn zu befähigen, außerhalb des Krankenhauses ein produktives Leben zu führen – Ziel war jedoch nicht, ihn zu heilen. Wenn Erickson jemanden als Patienten annahm, tat er buchstäblich alles, was er konnte, um dem Patienten um jeden Preis zu helfen, solange es eine echte Motivation zur Veränderung gab. Und so begann Erickson zu schuften und sich mit jedem Aspekt von Johns Leben zu befassen. Eine der ersten von Ericksons Interventionen bestand darin, John, der ein Einzelkind war, von seinen Eltern zu trennen. Er tat dies, weil sich nach einigen anfänglichen Sitzungen herausstellte, daß diese Familie als Einheit nicht funktionierte und auch nicht funktionieren konnte. Die Eltern erhielten Anweisung, für John ein Konto mit einem Pflegegeldfonds einzurichten, damit er unabhängig sein konnte und sie mit ihm nicht wegen seines Lebensunterhaltes in Kontakt treten mußten. Erickson erhielt jeden Monat einen kleinen Geldbetrag für Johns Behandlung, und John bekam ein kleines Taschengeld für das, was er zu seinem Lebensunterhalt brauchte.

Anfangs fuhr John zu den Sitzungen mit Erickson hin, aber nach einiger Zeit konnte er wegen seiner Schizophrenie nicht mehr fahren. Erickson und seine Frau sorgten deshalb dafür, daß John eine Wohnung bekam, von der aus er Ericksons Haus zu Fuß erreichen konnte.

Wie im nächsten Kapitel noch genauer ausgeführt wird, ist Zielgerichtetheit der Eckpfeiler des Ericksonschen Ansatzes. Welche Ziele konnte Erickson für diesen Patienten haben? Man kann sagen, daß es vier typische Verhaltensweisen gibt, die sich gehäuft bei schizophrenen Patienten beobachten lassen:

1. Sie knüpfen keine befriedigenden Beziehungen.
2. Sie übernehmen keine Verantwortung.
3. Sie reden nicht direkt und offen.
4. Sie mögen es nicht, wenn man ihnen eine bestimmte Rolle zuschreibt. Zum Beispiel sind sie Opfer des Lebens, aber sie können das nicht zugeben oder sich eingestehen.

Will man also mit schizophrenen Patienten eine Psychotherapie durchführen, dann entsprechen die Ziele der Therapie den genannten Verhaltensmustern: Man muß sie dazu bringen, Beziehungen einzugehen, Verantwortung zu tragen, direkt und offen zu reden und produktive Rollen zu übernehmen. Das Problem, die Patienten dazu zu bringen, diese Ziele zu erreichen, liegt darin, daß sie selten auf direkte Suggestionen reagieren. Ganz allgemein tun sie nur selten etwas direkt – sie triangulieren mit etwas anderem. So kommunizieren sie zum Beispiel durch ihre „Stimmen" und nicht direkt.

Wenn Schizophrene Experten der indirekten oder Dreieckskommunikation sind, dann kann der Therapeut auf eine ähnliche Art kommunizieren und dadurch den Patienten in ihrem jeweiligen Bezugsrahmen begegnen (vgl. Zeig 1980b). Erickson wollte eine indirekte Kommunikation dadurch zustandebringen, daß er für John einen Hund beschaffen ließ. Nachdem John schließlich damit einverstanden war, einen Hund zu haben, schickte Erickson Kristi, seine jüngste Tochter, die damals Medizin studierte, mit John zusammen auf den Weg, einen Hund zu besorgen.

Wo aber findet man nun einen Hund für einen schizophrenen Patienten? Man geht nicht in eine Tierhandlung und kauft einen reinrassigen Hund mit Stammbaum. Das wäre doch einfach nicht passend. Ein geeigneter Ort, um für einen schizophrenen Patienten einen Hund zu finden, ist das Tierheim, das auch Hunde beherbergt, die dort Dauergäste sind, bis sie eines Tages ihre letzte „Thorazin"-Spritze bekommen. Nun, John betrat das Tierheim, hörte ein Bellen und entschied sich sofort für einen Beaglewelpen, den er „Barney" nannte. John rettete Barney vor einem längeren Heimaufenthalt und davor, schließlich getötet zu werden.

Zunächst konnte John Barney in seiner Wohnung halten, aber bald wurde klar, daß die Wohnung für den Hund zu klein war. Wo konnte er ihn denn nur unterbringen? Erickson erklärte sich bereit, den Hund in seinem Haus zu halten, aber das sollte nicht heißen, daß er dann Ericksons Hund werden würde – er sollte Johns Hund sein. Er würde zweimal am Tag herüberkommen müssen, um Barney zu füttern und sich um ihn zu kümmern.

Durch die Interaktionen mit Barney wurden Rollen auf subtile Art neu definiert. John kam nun nicht mehr als Patient in Ericksons Haus, sondern er kam, um sich um den Hund zu kümmern. Während er dies tat, machte er gleichzeitig einige Schritte in Richtung Verantwortung.

Erickson ging beim Neudefinieren der Rollen noch einen Schritt weiter. Er bestellte John nicht mehr zu bestimmten Stunden; John wurde ein Freund der Familie, der zu Besuch kam. Neben seinen Besuchen am Morgen kam er jeden Abend von acht Uhr bis zehn Uhr, um mit Dr. Erickson und Frau Erickson fernsehzusehen. John hatte so Gelegenheit, am Familienleben teilzunehmen, und Erickson konnte seine Mehrebenenkommunikation einsetzen, um therapeutische Elemente einzustreuen. Ein Teil von Ericksons Therapie bestand darin, Barney zu „terrorisieren" und dadurch eine Beziehung zwischen John und Barney zu festigen.

Abends benutzte Erickson eine Zange, um Hundekuchen in Hälften zu teilen. (Er mußte dazu eine Zange benutzen, weil seine Hände ihm nicht gehorchten oder er nicht die Kraft hatte, die Hundekuchen ohne die Zange durchzubrechen. Und selbst dann noch war es für ihn schwierig, und seine Hände zitterten vor Anstrengung.) Frau Erickson durfte die Hundekuchen nicht durchbrechen, und auch ich durfte es nicht, wenn ich da war. Erickson mußte es tun. Er gab dann John eine Hälfte, der sie an Barney weitergab. Wenn Barney zu Erickson kam, schlug dieser mit einer Fliegenpatsche nach ihm oder er drückte auf eine Hupe, die er extra an seinem Rollstuhl hatte anbringen lassen, und er schrie Barney an: „Husch, verschwinde, du bist Johns Hund!" (Erickson wählte gelegentlich auch sanftere Töne. Er sah Barney zum Beispiel an und sagte: „Wessen Hund bist du?" Und dann konnte man sehen, wie John vor Stolz strahlte.)

Betrachten wir einmal die Rollendynamik in dieser Situation. Wenn Erickson zum Verfolger wird und Barney zum Opfer, dann bleibt für John nur noch eine Rolle übrig, die des Retters (vgl. Karpman, 1968). Und sobald John diese Rolle übernimmt, übernimmt er auch mehr Verantwortung. Als ein Ergebnis dieser Interventionen begann John, seine erlernten Beschränkungen zu durchbrechen.

Erickson ging mit Barney recht unbeschwert um. Er nannte ihn „diesen schlangenbauchigen Mischling aus Beagle und Jagdhund". Nach Ericksons Version war Barneys Name für Erickson „der komische alte Kauz", und Frau Erickson hieß „die Herrin des Hauses".

Nachdem alle diese Identitäten so akzeptiert und etabliert waren, begann Erickson Briefe von Barney an John zu schreiben. Erickson war entschlossen, mit allen nur möglichen Mitteln zu kommunizieren, und zweifellos kann man Briefe in therapeutischer Absicht schreiben. Außerdem ist dies ein weiteres Beispiel für den Einsatz von therapeutischer Dreieckskommunikation mit einer schizophrenen Person. (Briefe gehörten zur Ericksonschen Tradition: Wie es scheint, hat Ericksons Hund „Roger" Dr. Robert Pearsons Hund „Pepper" Briefe geschrieben, die Dr. Pearson über die Fälle informierten, die sein Herr behandelte. (Pearson 1982 S. 426). Roger war gewiß produktiv; auch Dr. John Corleys Hund erhielt Briefe [Corley 1982, S. 237] und ebenso Dr. Bertha Rogers Hund [persönliche Mitteilung, 1984]. Nachdem Roger gestorben war, schrieb sein Geist Briefe an die Familie „aus dem Jenseits", die an die Kinder und Enkel der Familie Erickson weitergeleitet wurden. Diese Briefe waren Ericksons Art und Weise, den Kindern seine elterliche Unterstützung zukommen zu lassen; sie besprachen Ereignisse, die die erweiterte Familie betrafen und enthielten Ideen zur moralischen Entwicklung und Gedanken darüber, wie man das Beste aus seinem Leben machen und das Leben genießen könne.)

Barney begann also Briefe zu schreiben, und John wurde nicht nur ein befreundeter Besucher, sondern ein „adoptiertes" Mitglied der Familie Erickson. Im folgenden gebe ich einen Brief aus dem Jahre 1972 wieder. Er war handgeschrieben, was für Erickson mit viel Schmerzen verbunden war:

Mai 1972

Lieber John,

heute morgen bin ich früh aufgestanden. Es war ein so schöner Tag, aber etwas gibt mir zu denken. Am Samstag erzählte Robert (Ericksons jüngster Sohn) Kathy (Ericksons Schwiegertochter) eine Geschichte, und auch die Herrin des Hauses hörte zu. Es war die Geschichte von so einem alten Kauz, der eine Heiratsannonce aufgab und einen Brief mit einer Zusage erhielt. Mit zwei Pferden fuhr er zum Flughafen, um die Frau abzuholen. Auf dem Weg zum Pfarrer stolperte sein Pferd, und der alte Kauz sagte nur „eins". Als sie den halben Weg zurückgelegt hatten, stolperte das Pferd wieder, und der alte Kauz sagte „zwei". Als sie beim Pfarrer ankamen, stolperte sein Pferd noch einmal. Der alte Kauz stieg von seinem Pferd, nahm den Sattel ab, sagte „drei" und erschoß das Pferd auf der Stelle. Die zukünftige Braut sagte: „Warum begehst du ein so abscheuliches Unrecht und erschießt das Pferd, nur weil es gestolpert ist?" Der alte Kauz sagte darauf nur „eins".

Ich habe nicht gehört, wie die Geschichte weiterging, doch ich hörte, wie die Herrin des Hauses flüsterte: „Versprich mir, daß du

diese Geschichte nicht dem – du weißt schon, wen ich meine – erzählst."
Was hat das zu bedeuten, John?

Barney

Am nächsten Tag kam ein weiterer Brief. Achten Sie beim Lesen auf Ericksons Mehrebenen-Einstreutechnik, durch die er mehr als nur eine Botschaft gleichzeitig übermittelt. Er deutet die Idee des „Verrücktseins" um, indem er Synonyme des Wortes „verrückt" benutzt, die mit positiven Gefühlen verbunden sind. Außerdem verharmlost er auf eine humorvoll-dramatisierende Art die Angst, ein Gefühl, das John sicherlich vertraut war. Mitfühlend suggeriert er sogar, daß John nicht davon ausgehen könne, seine Probleme völlig zu überwinden. Er hebt Johns Bindung an Barney hervor und ebnet einem Bündnis mit Frau Erickson den Weg, der auch die Rolle als Barneys Beschützerin übertragen wird. Und es wird deutlich, daß es Erickson Vergnügen bereitete, diesen Brief zu schreiben.

Mai 1972

Lieber John,

Du weißt, was ich für dieses wunderbare, erstaunliche Mädchen Roxie (Ericksons zweitjüngste Tochter) empfinde und wie ich über sie denke. Dieses Wochenende ist sie nicht nach Hause gekommen; nicht einmal einen kleinen Knochen hat sie mir zum Trost geschickt. Ich fühlte mich deswegen so elend, daß ich versuchen mußte, mich selbst zu trösten. Auf leisen Sohlen schlüpfte ich in Kristis Zimmer. Und wirklich, es ging mir allmählich besser, als ich wunderschöne Träume von Roxie hatte, wie sie mir liebevoll den Kopf streichelte und mir einen schönen, saftigen Knochen gab, doch, stell Dir vor, ausgerechnet da kam der alte Kauz vorbei und sah mich. Ich genoß meinen Traum so sehr, daß ich seinen Rollstuhl nicht gehört hatte. Es war schrecklich, einfach schrecklich, John. Er kam herein mit seiner schrecklichen Hupe, und mit einem äußerst drohenden Ton in der Stimme sagte er: „Eins". Dann hupte er, so daß meine Knochen weich wie Pudding wurden und wie Espenlaub zitterten. Es schüttelte mich so sehr, so fürchterlich, daß ich nicht aus dem Zimmer rennen konnte. Ich zitterte nur und rutschte schließlich hinaus, als die Herrin des Hauses mir netterweise die Hintertüre öffnete und ich gleichsam nach draußen fiel. Es dauerte länger als eine Stunde, bis ich den Schwanz zwischen meinen Hinterbeinen herausbekam, wo er wie an Gelee festklebte, in das diese gräßliche Hupe meinen schönen schlangenartigen Bauch verwandelt hatte. Und es brauchte noch einmal Stunden, bis ich wieder mit dem Schwanz wedeln konnte. John, es war die schrecklichste Erfahrung meines Lebens, so dachte ich zumindest. Nun, John, Du weißt, wie unverhohlen verrückt ich nach diesem Mädchen Roxie bin, und Kristi mit ihrer netten Art treibt mich manchmal fast zum Wahnsinn. Auch die Herrin des Hauses hat die Gabe, mich sorglos zu machen und zu bewirken, daß ich überfließe vor Lebensfreude. Und Du hast mir erst die Würde des Hundseins vor Augen geführt durch die Bäder mit Lorbeeressenzen, die Du mir in Deiner Wohnung machst, und auch einfach dadurch, daß ich Dein Hund bin, ganz allein Dein Hund. Ja, John, alle diese wunderschönen Dinge, die Du in mein Leben gebracht hast, brachten mich aus der Fassung, nach allem, was der alte Kauz mir angetan hat. Ich machte mir Gedanken darüber, wie eine so nette Person wie die Herrin des Hauses sich jemals an so einen wie den alten Kauz hat binden können, und, nun ja, ich muß es mir wohl nicht so richtig überlegt haben, jedenfalls lief ich irgendwie in das Schlafzimmer, in dem der alte Kauz schläft, stand aber auf einmal neben dem Bett, in dem die Herrin des Hauses schläft – ich brauchte einfach verzweifelt nötig ein wenig Trost. Und da kriegte mich der alte Kauz wieder. Auf eine unbeschreiblich gräßliche Art sagte er: „Zwei", bevor er anfing auf die Hupe zu drücken. Ich hatte gedacht, das erste Mal sei schrecklich gewesen, doch jetzt weiß ich, was der schiere totale vernichtende Terror ist. Doch ich hatte Glück, denn die Herrin des Hauses eilte herbei und rettete mich. Ich konnte mich nicht von der Stelle rühren, ich war völlig eingeschüchtert. Die Herrin des Hauses rettete mir das Leben. Ich dachte, ich würde meinen John oder Roxie nie wiedersehen oder ich könnte nie mehr ein Bad mit Lorbeeressenzen nehmen oder mit John spazierengehen. Das reine Nichts starrte mir ins Gesicht.

Nun, John, ich weiß, daß nur wenig Hoffnung besteht, daß ein Kauz wie der alte Kauz sich bessert, aber ich bin einverstanden, daß Du ihm alle Nagestangen und Schweinskoteletten gibst, die Du mir mitbringst. Ich bin bereit, alle meine verbrieften Rechte – einfach alles – aufzugeben, damit ich auch weiterhin Johns Hund und unverhohlen verrückt auf Roxie sein kann.

Barney

Schließlich ging Erickson dazu über, Gedichte zu schreiben. Ich fand eine Sammlung von 44 Limericks, die Erickson John als Feriengeschenk gegeben hatte. Er hatte sie überschrieben mit „Limericks für Barney“, vom alten Kauz, 1973. Ihre Themen waren Johns Rolle als Barneys Beschützer, Ich-Bildung bei John, die Kunst, das Leben zu genießen und angemessene Werte zu haben sowie Ericksons Familie, mit der Absicht, bei John das Gefühl der Zugehörigkeit zu stärken. Einige der Limericks seien hier wiedergegeben:

Pinky, dieser wundervolle Sekretär vorderhand
Und dieser verstohlene Beagle-Mischling im braunen Gewand
Werden von Roger, dem Geist
Und dem alten Kautz, so dreist,
Noch völlig gebracht um ihren Verstand.

John ist ein anständ'ger Gefährt,
Und wenn sich die Zeit des Wiedersehens näh'rt,
Spitzt Barney das Ohr
Und wartet am Tor
Tut dann aber cool und abgeklärt.
Da ist etwas, was ich gleichsam gern
Hätte, meine liebe Tochter möcht' es hör'n:
Obwohl sie sonst nett ist
Und auch ganz adrett ist
Drängt sie mich in den Ruhestand, und ich kann mich nicht wehrn.
(Wie ist denn dieser Limerick hierher geraten?)

Nun, Barney ist ein glücklicher Hund,
Der den Squaw Peak hinaufjoggt' manche Stund'.
Doch 'nen Fehler hat der Proppen
Den niemand kann stoppen:
Daß er Johns ganze Liebe an sich bund!

Der Tisch des Alten Kautz knarrt
Bevor er mit seinem Rollstuhl rumkarrt:
Aus dem Himmel seiner Freundschaft
Fällt Barney, wird ganz zaghaft
Zieht auf Zehen zurück sich nach seiner Art.

John, der Wunderbare, mit viel Gefühl
Rettete Barney aus dem Tierasyl
Für ihn tut er alles
Im Falle eines Falles.
Barney baut auf John in jedem Gewühl.[5]

5 Anm. d. Ü.: Da die Limericks kaum in Form und Inhalt übersetzbar sind, wurde hier eine „Nachdichtung“ versucht. Der Originalwortlaut sei aber an dieser Stelle auch wiedergegeben.

That wonderful secretary named Pinky
And that brown-tick beagle-mix so slinky
Both By Ghost Roger
And the Old Codger
Are being driven completely to drinkee.

John is a handsome fellow,
And when it's time to say „Hello“
Barney waits
At the Gates
And then pretends to be cool and mellow.

There is something I would sorta
Like to say to my dear daughta
Although she is sweet
And also very neat
She does to my pensions what she hadn't oughta.
(Now how did this limerick get here?)

Now Barney is a fortunate dog
Who many miles up Squaw Peak did jog
But he does have one fault
Which no one can halt
It's this - all of John's affection he does hog.
The Old Codger's table creaks
There follow those wheelchair squeaks
From his haven
Very craven
Alert Barney, all tippytoes, retreats.

John the Wonderful has a hound
That he happily rescued from the pound
For him John does choose
Various things called chews
Barney thinks that it's wonderful to have John around.

Wenige Wochen nach Ericksons Tod starb auch Barney. Barney war ein medizinisches Wunder; er litt an disseminiertem Valley Fieber. Frau Erickson fuhr mit ihm viele Male zur Tierarztpraxis und gab hunderte von Dollars aus, um den Hund am Leben zu erhalten und um zu ermöglichen, daß es ihm zwischen Rezidiven der Krankheit unbehindert gut ging, weil er für John so wichtig war. Tatsache ist, daß Barney ein so ungewöhnlicher Fall war, daß der Tierarzt ihn bei einem Symposion über Kokzidioidomykose[6] bei Tieren vorstellte.

Nach Barneys Tod ging Frau Erickson mit John, um einen neuen Hund zu besorgen, und sie fanden zwei junge Beagle-Mischlinge aus demselben Wurf. John nannte seinen neuen Hund Barnabas; Frau Erickson nannte ihren neuen Hund Angelique. Sie nennt ihn „kleiner Engel". Jetzt haben sie beide neue Hunde – neue Symbole, neue Liebesobjekte.

Noch immer kommt John jeden Abend ins Haus der Familie Erickson und schaut mit Frau Erickson Fernsehen. Die Rolle, die Erickson aufs sorgfältigste nährte, hat sich ausgeweitet; John ist jetzt der Freund von Frau Erickson und betrachtet sich als ihren Retter und Beschützer. Sie machen täglich zusammen Spaziergänge, und wenn sie auf Reisen ist, bewacht er das Haus und versorgt die Hunde.

Ericksons Ziel war es, Johns Rolle zu verändern und befriedigende Beziehungen aufzubauen. Er bewegte sich mit kleinen bewältigbaren Schritten auf dieses Ziel zu und arbeitete schonungslos und unermüdlich daran, bis sich ein Erfolg einstellte. Erickson ermöglichte John Erfahrungen, an denen er modellhaft lernen konnte, Verantwortung zu tragen und eine neue Rolle zu übernehmen. Nach und nach hat er jene Erfahrungen miteinander verflochten. Während des Prozesses bediente er sich indirekter Kommunikation. Er verfolgte keine großen Ziele. Er ging nicht davon aus, daß John eine normale soziale oder berufliche Anpassung erreichen würde. Was er jedoch erreichen konnte, war ein produktiveres und erfüllteres Leben im schützenden Rahmen der Familie Erickson.

Dieser Fall ist ein gutes Beispiel dafür, wie Erickson vorausschauend plante und Reaktionen den Weg ebnete, die dann in der Zukunft

6 „Kokzidioidomykose" ist ein Pilzbefall, der durch Einatmen von Sporen erworben wird. Der Erreger heißt *Coccidioides immitis*. Die disseminierte granulomatöse Form verläuft meist tödlich. Diese Mykose tritt vor allem in trockenheißen Gebieten der USA, sowie Mittel- und Südamerikas auf. (Zetkin/Schaldach (1985): Wörterbuch Medizin, Zahnheilkunde, Grenzgebiete. Stuttgart/New York: Thieme, Bd. 1, 1141.)

verfügbar waren. Ich sprach einmal mit Carl Whitaker, dem bekannten Familientherapeuten, über Erickson. Er sagte: „Erickson muß eine enorme linke Hemisphäre gehabt haben". Damals glaubte ich eher, er sei wahrscheinlich ein sehr intuitiver Bursche gewesen. Nachdem ich jedoch mehr über Erickson gelernt habe, stimme ich Whitaker zu – Erickson muß eine enorme linke Hemisphäre gehabt haben.

Ericksons Stil

Am erstaunlichsten an dieser Geschichte ist die Tatsache, daß Ericksons Bemühungen in diesem Fall nicht ungewöhnlich waren. Es konnte zum Beispiel geschehen, daß er vor einer Hypnoseinduktion seine Kinder zur Wohnung des Patienten schickte, um zu erfahren, wie es ist, wenn man die Treppe vor dem Haus des Patienten hinaufsteigt. Wenn Erickson dann die Induktion durchführte, erfand er eine Phantasiegeschichte über das Treppensteigen. Der Patient bemerkte bald, daß Erickson über seine, des Patienten, Wohnung sprach.

Ich erinnere mich auch an eine frühere Patientin Ericksons, die von ihrem Mann geschlagen wurde. Erickson sagte zu ihr, es sei nicht auszuschließen, daß ihr Mann einen Mord begehen könnte; sie solle ihre Heimatstadt verlassen und nach Phoenix ziehen. Er bot ihr sogar an, ihr für den Neubeginn Geld zu leihen. Die Frau folgte Ericksons Rat nicht, aber sie wußte, daß er das, was er sagte, ernst meinte. Erickson schien keine Mittel und Wege zu scheuen, wenn es darum ging, Patienten zu motivieren.

Eine andere Frau war seit mehr als dreizehn Jahren Ericksons Patientin. Sie litt an immer wieder akut auftretenden hysterischen Psychosezuständen, und immer wenn sie eine psychotische Phase hatte, suchte sie Erickson auf. Danach ging sie jeweils in ihr normales Leben zurück und kam ohne Therapie aus. Die Therapiephasen dienten dem Zweck, die Frau nicht hospitalisieren zu müssen und ihr zu helfen, so produktiv wie möglich zu leben.

Als diese Patientin eine Zeitlang auch zum Alkoholmißbrauch neigte, schickte Erickson seinen Sohn Robert zu ihr, der ihre Wohnung überprüfen sollte, um sicher zu gehen, daß sie dort keinen Alkohol versteckte – Robert hat eine besondere Begabung, Sachen zu finden. Dann schickte er seine beiden damals noch jugendlichen

Töchter Kristina und Roxanna zur Beaufsichtigung zu ihr, um zu gewährleisten, daß sie nicht trinkt. Erickson wollte eine Einweisung in die psychiatrische Klinik vermeiden, solange es irgendwie möglich war.

Die Patientin wurde von ihrer Mutter dominiert. Bei einer Konsultation sagte Erickson dieser Mutter ohne Umschweife, daß sie sich nicht länger in das Leben ihrer Tochter einmischen solle. Sie war darüber so wütend, daß sie zu Fuß zum Flughafen ging, der zehn Meilen von Ericksons Haus entfernt war. Er hatte eine eiserne Faust unter seinem Samthandschuh, und er konnte sehr direkt werden – dennoch ließ er die Beziehung zu dieser Mutter nicht abbrechen. Seine Konfrontation wurde als Stärke aufgefaßt, nicht als Verletzung.

Ericksons Therapie war ebenso innovativ wie ungezwungen. Als er von 1949 bis 1970 in der Cyprus Street wohnte, war seine Praxis dort im Haus und das Wartezimmer befand sich in seinem Wohnzimmer. Das Haus hatte vier Schlafzimmer, eines für die Jungen, eines für die Mädchen, eines für Erickson und seine Frau und eines, das als Ericksons Büro diente (von dem Jay Haley sagte, es habe die Größe einer Briefmarke gehabt). Die Patienten warteten im Wohnzimmer und spielten mit den Kindern. Die Sekretärin erledigte die Schreibarbeiten auf dem Eßzimmertisch, und Ericksons Büro lag hinter dem Eßzimmer.

Das war der Ericksonsche Ansatz der Familientherapie. Ericksons Familie machte Therapie mit den Patienten. Die Familie dachte nie daran, es anders zu machen; wenn man ein(e) Erickson war, gehörte das einfach dazu.

Ich hoffe, daß es mir gelungen ist, durch diese Geschichten und Erinnerungen den humanistischen Ansatz von Ericksons Therapie ein wenig zu veranschaulichen. Ich weiß, daß seine Fallgeschichten sich manchmal lesen wie Kurzgeschichten von O. Henry, deren Spannung sich aufbaut bis zur Lösung des Knotens. In der Wendung, die sie in der Lösung nehmen, wird plötzlich Ericksons Methode sichtbar. Und mir ist bewußt, daß Erickson oft wie ein Techniker erscheint, der schnelle Heilungen bewerkstelligt. Doch die Zauberei ist, wie jede Zauberei, in erster Linie eine Illusion. Erickson investierte in seine Patienten enorm viel Energie und zeigte ihnen immer wieder, daß er bereit war, alles ihm Mögliche daran zu setzen, um zu helfen. Und vor allem dieses Wissen, daß jemand wirklich erkannt hat, worum es geht, und bereit ist, sich der Sache anzunehmen, ist eine wichtige Kraft, die eine Gesundung vorantreibt.

2. Der Ericksonsche Ansatz

Ericksonsche Methoden sind wahrscheinlich der Psychotherapiebereich, der in der westlichen Welt am schnellsten wächst. Schon die beiden ersten Internationalen Kongresse über Ericksonsche Ansätze der Hypnose und Psychotherapie im Dezember 1980 und im Dezember 1983 haben jeweils an die 2000 Fachleute aus mehr als 20 Nationen versammelt; die Kongresse waren die bis dahin größten Zusammenkünfte, die zum Thema Hypnotherapie je veranstaltet worden sind. Sie haben gezeigt, daß die Hypnotherapie sich nun definitiv zu den tonangebenden Richtungen in der Psychotherapie zählen kann und daß Ericksons Werk eine bleibende Abweichung von der etablierten psychotherapeutischen Tradition darstellt.

Ericksons Abweichung von zeitgenössischen Traditionen

Die Psychologie war immer schon eine Wissenschaft, die sich der Frage nach dem „Warum" gewidmet hat. Die Frage „Wie?" kam fast nie vor. Und wenn wir genauer hinschauen, sehen wir, daß diese Denkrichtung das Ergebnis einer europäischen Tradition ist, die Theorie und experimentelle Forschung oft höher wertet als die Ergebnisse klinischer Erfahrung. Mehr als jede andere Persönlichkeit hat Milton Erickson dazu beigetragen, daß die Psychotherapie ergebnisorientiert geworden ist.

Werfen wir einen kurzen Blick zurück auf die Geschichte der Medizin. Der in den Vereinigten Staaten verbreitete Chauvinismus geht so weit, daß wir denken, die Psychologie sei eine amerikanische Erfindung, und ihre europäischen Wurzeln ganz vergessen. Diese Haltung wird verstärkt durch die Tatsache, daß seit dem Zweiten Weltkrieg die meisten europäischen Psychologen sich nach Westen wenden, wenn sie ein definitives Wort in den Kontroversen um Geist,

Seele und menschlichen Verstand erwarten. Und da die europäische Hochschulausbildung mehr theoretisch als praktisch ist, lehren viele amerikanische Ausbilder, wann immer es ihnen möglich ist, klinische Arbeit in Europa.

Untersucht man die Sache genauer, so muß man erkennen, daß die amerikanische Psychologie und Psychotherapie junge, von der europäischen Tradition ganz durchdrungene Wissenschaften sind. Die Psychologie setzt sich aus drei Teilen zusammen – aus theoretischen, experimentellen und klinischen Bemühungen – die Suche nach guten Theorien und experimentellen Ergebnissen war jedoch vorherrschend. Die meisten Psychotherapeuten haben ihrer klinischen Praxis die Suche nach Ursachen zugrundegelegt, seien sie biochemischer, intrapsychischer oder zwischenmenschlicher Art. Sie fragten nach dem „Warum?"

Der amerikanische Pragmatismus, der auf dem „Wie" beruht, hat zwar in Wissenschaft und Technik zu originellen Beiträgen geführt; in die psychotherapeutisch-klinische Arbeit jedoch hat die Haltung des „Wie" noch immer keinen Eingang gefunden (vgl. Haley, 1982). Therapeuten und Patienten erörtern die Vergangenheit, „warum" das Problem entstanden ist. Psychotherapie ist meistens Archäologie, eine Suche nach dem „vergrabenen Schatz" der Psyche, der erklärt, wie es zu Fehlentwicklungen und Pathologien gekommen ist, oft in der Annahme, daß solche Erklärungen an sich schon etwas verändern. Aber es ist unangemessen zu denken, daß die Analyse der Entstehung einer Struktur bereits eine Veränderung in ihrer Funktionsweise bewirken könnte.

Noch immer geben viele Psychotherapeuten sich damit zufrieden, bloß zu verstehen, zu beschreiben und zu theoretisieren; Veränderung zu fördern gilt oft als zweitrangig. Theoriebildung und Durchführung von Experimenten werden als „hochkarätigere" Wissenschaft eingestuft. Im Hinblick auf das Ziel, beim Patienten etwas zu bewirken, haben Praktiker sich im allgemeinen damit zufrieden gegeben, rein mechanische, universal anwendbare Verfahren zu entwickeln, ungeachtet der Tatsache, daß jede Person auf eine ihr jeweils ganz eigene Art und Weise denkt, fühlt und handelt. (Erickson verglich solche Ansätze mit einem Geburtshelfer, der jedes Baby mit der Zange entbindet [Zeig 1982, S. 255].)

Im Gegensatz dazu haben sich die Künste – Literatur, Dichtung, Malerei, Theater und Musik – als Formen der Einflußnahme weiterentwickelt. Die erfolgreichsten Künstler sind jene, die sich darauf verstehen, ihr Handwerkszeug zur wirksamen Beeinflussung von Stimmung und Wahrnehmungsperspektive optimal einzusetzen. Dieses Beispiel könnte für Therapeuten von Nutzen sein.

Aber vielleicht ist dieses Beispiel ihrer Arbeit doch nicht nahe genug, um sie zu inspirieren. Wie dem auch sei, die vorherrschende Betonung der Theorie läßt sich jedenfalls auf die Tatsache zurückführen, daß es vor Milton Erickson niemanden gab, der beispielhaft gezeigt hätte, daß es therapeutisch möglich ist, alle Kommunikationskanäle zu gebrauchen – Wörter, Stimme, Tonfall, Körperhaltung usw. – und sie in der Absicht, eine Veränderung zu bewirken, für ein Individuum maßgeschneidert einzusetzen.

Erickson war nicht nur das erste Modell hierfür, sondern er war auch ein sehr bemerkenswertes Modell. Seine Kommunikationen waren präzise, und seine Therapien konnten Wort für Wort und Bewegung für Bewegung analysiert werden. Er arbeitete sparsam und vermied alles Unnötige; jedes Element seiner Kommunikation diente der therapeutischen Wirkung.

Während die meisten Psychotherapeuten gelernt haben zuzuhören, arbeitete Erickson an der Vollendung seiner Fähigkeit zu kommunizieren. Wenn er den Tonfall seiner Stimme veränderte oder seine Hand bewegte, war er sich der möglichen Wirkung seiner Handlung bewußt, und er war bereit, der Reaktion des Patienten zu vertrauen und sich auf sie einzulassen.

Ericksons Interesse galt der Veränderung, nicht der Theorie. Eine explizite Persönlichkeitstheorie betrachtete er als ein Hindernis für die Therapie, weil sie Praktiker eher dazu verleite, sich auf das Nachdenken über umschriebene Probleme und Gesetzmäßigkeiten zu beschränken, als sie zu unvoreingenommener Wahrnehumg und zur Nutzbarmachung persönlicher und zwischenmenschlicher Verschiedenheiten zu befreien. Er sagte, daß er nicht verstehen könne, warum Leute umfassende Persönlichkeitstheorien entwerfen und formulieren. Jede Person unterscheide sich von den anderen. Sobald man eine Theorie benutze, suche man nach deren Bestätigung; wir hören das, was wir hören wollen. Er gab mir ein Beispiel, indem er ein paar Wörter auflistete – Sattel, Stall, Heu, Pfad[1], Zügel – und darauf

1 Im Original steht das Wort *house*, „Haus", das nach Ericksons These durch den Kontext der anderen Wörter leicht als *horse*, „Pferd", gelesen wird, weil man *horse* semantisch eher erwartet als *house*. Im Deutschen entspräche dem ein Verlesen von „Pfad" als „Pferd" wohl ganz gut. (Anm. d. Ü.).

hinwies, daß man leicht dazu neige, „Pfad" als „Pferd" zu lesen. Er kannte unsere Neigung zu funktioneller Gebundenheit und wollte, daß wir uns bemühen, die Umstände zu überwinden, die zu vermeidbaren Beschränkungen führen oder solche Beschränkungen aufrechterhalten.

Um seinen Patienten dabei zu helfen, wurde er zum Meister der individualisierten Mehrebenenkommunikation. Wir wissen, daß Psychotherapie immer dann stattfindet, wenn im gewohnheitsmäßigen Muster eines unangepaßten Verhaltens eine bedeutsame Veränderung geschieht (Zeig 1982, S. 258). Die Veränderung kann herbeigeführt werden, indem man entweder mit dem Symptom, mit der Person, mit dem sozialen System oder mit irgendeiner Kombination dieser Faktoren arbeitet. Eine strategische Veränderung führt zu Nachklängen im gesamten System. Wenn zum Beispiel das Symptom verändert wird, kommt es auch zu einer produktiven Veränderung innerhalb der Persönlichkeit und im sozialen System (vgl. C. Lankton 1985). Oder entsprechend, wenn der Therapeut etwas an der Persönlichkeit oder am sozialen System verändert, verändert sich auch das Symptom. An welchem Hebel man auch ansetzt – sei es das Symptom, die Persönlichkeit oder das System – das Mittel, das eine Veränderung herbeiführt, ist die individualisierte Mehrebenenkommunikation. Und Erickson setzte sie virtuos wie kein anderer ein.

Mehrebenenkommunikation

Das wichtigste Werkzeug der Ericksonschen Methode ist die psychologische (indirekte) Kommunikation auf allen Wahrnehmungsebenen (vgl. Lankton, Lankton & Brown 1981; Lankton & Lankton, 1983). Haley (1982, S. 7) wies darauf hin, daß eine von Ericksons größten Kunstfertigkeiten darin bestand, Menschen indirekt zu beeinflussen. Er war wie ein Uhrmacher, der eine Uhr immer wieder in die Hand nimmt und an ihrer Rückseite herumbastelt, um sie so auf sanfte Art wieder zum Laufen zu bringen. Er hätte sie nie geschüttelt, damit sie funktioniert (Zeig in Van Dyck, 1982, S. 40).

Ericksons Pionierarbeit auf dem Gebiet der indirekten Techniken beschreibt Kommunikation als ein Phänomen, das sich auf mehreren Ebenen vollzieht, sowohl auf der Ebene des verbalen Inhaltes als auch des non-verbalen Verhaltens und schließlich in allem, was diese beiden Ebenen implizieren. Indirekte Kommunikationen sind eigentlich nichts anderes als Implikationen; offensichtliche Inhalte gehören nicht zu ihnen. Indirekte Kommunikation ist ein Prozeß, in dessen Verlauf bei einer Person Reaktionen verursacht werden, ohne daß sie das so ganz bemerkt (Zeig 1985a). Erickson war in der Mehrebenenkommunikation so gewandt und flink, daß er mit einer Person, die sich für eine therapeutische Demonstration zur Verfügung stellte, ein persönliches, privates Gespräch führen konnte, das den Zuhörern verborgen blieb (Haley 1982).

Einige Fachleute behaupten, daß nur ein kleiner Bruchteil der Reaktionen auf Kommunikationen sich auf deren verbalen Inhalt bezieht. Die meisten Reaktionen sind auf unbewußt wahrgenommene Implikationen zurückzuführen. Wenn man das Phänomen der Kommunikation untersucht, erkennt man, daß die Wirkung einer Botschaft von ausschlaggebender Bedeutung ist, und nicht die Geschicklichkeit der Technik oder die möglichen Bedeutungen, die in der Botschaft enthalten sind. Das Ergebnis, die Wirkung einer Kommunikation setzt sich durch, nicht ihre Struktur.

Das alles hatte Erickson verstanden. Er verband dieses Wissen mit der Nutzbarmachung der persönlichen Werte des Patienten, mit dem Ziel, sowohl dessen innere Assoziationen zu lenken als auch in seinem Umfeld Veränderungen zu erreichen, bis genügend Assoziationen verfügbar waren, die es den Patienten erlaubten, freiwillig eine Veränderung herbeizuführen, die sie sich als eigene Leistung zuschreiben konnten (Zeig 1980a, S. 11). Erickson war davon überzeugt, daß Patienten schon am Anfang der Therapie nicht eigentlich etwas fehlt, daß sie vielmehr alle nötigen Ressourcen in sich tragen, um die Therapie erfolgreich abzuschließen. Erickson – und die Therapeuten, die von ihm beeinflußt wurden – sahen die Aufgabe ihrer Therapie darin, Patienten dabei zu helfen, sich Möglichkeiten der Veränderung zugänglich zu machen, die zuvor unerkannt geblieben waren. Und dabei verhielt Erickson sich anders als es je ein Therapeut vor ihm getan hatte. In jeder Hinsicht brach er mit Traditionen.

Therapie beruhte herkömmlicherweise auf Analyse und Verstehen. Gemäß seiner theoretischen Ausrichtung interpretiert der Therapeut die Aussagen und das Verhalten des Patienten und gibt ihm damit zurück, was er, der Patient, „eigentlich sagen will“. Gewöhnlich bedeutet das konfrontieren und analysieren von Schwächen und

Defiziten. Da ich in jedem der Therapieansätze, die ich gleich nennen werde, in den Genuß einer Ausbildung gekommen bin, kann ich auch ein paar stark vereinfachte, in gewisser Weise humoristische Beispiele dazu liefern. Wenn der Patient zum Beispiel das Therapiezimmer betritt und sagt: „Heute ist wirklich ein schöner Tag", kann es sein, daß der Psychoanalytiker sagt: „ Sie gehen schrecklich vertraulich mit mir um. Ich frage mich, ob sie mich mit jemandem aus ihrer Vergangenheit verwechseln." Und dann würde er die Übertragungsaspekte der Beziehung durcharbeiten. (Für Analytiker ist es ein Fluch, daß das Leben unglücklicherweise die Übertragung verzerrt.)

Ein Transaktionsanalytiker wiederum würde auf denselben Satz des Patienten etwa wie folgt antworten: „Ich sehe schon, was diese Sequenz zu bedeuten hat; sie ist der Anfang einer vergangenen Zeit und führt nur zu einem Spiel mit deinem ‚Mir-geht-es-schlecht'-Schläger. Das setzt nur dein tragisches Lebensskript, ein Verlierer-Typ zu sein, fort. Also, komm zur Sache."

Ein Gestalt-Therapeut würde mit der Situation noch einmal anders umgehen und antworten: „Aha, da haben wir eine Spaltung. Setze den Tag auf den leeren Stuhl, rede mit dem „Tag", dann sei der „Tag" und rede mit dir selber."

In jedem der genannten Fälle besteht die Psychotherapie im wesentlichen aus Interpretation. Der Patient spricht auf mehreren Ebenen und ist sich dessen nicht bewußt, was er wirklich mitteilt. Und die Arbeit des Therapeuten besteht angeblich darin, das Verstehen zu fördern, entweder der Struktur der Vergangenheit oder der Struktur der Gegenwart.

Man kann aber auch die Blumen zu schätzen wissen, ohne über das Saatgut zu spekulieren (Zeig 1985a, S. 318). Wenn Patienten intelligent genug sind, auf einer Ebene etwas zu sagen und damit auf anderen Ebenen noch vieles mehr ausdrücken können, dann, so behauptet der Ericksonsche Ansatz, sollten Psychotherapeuten genauso intelligent und fähig sein, etwas zu sagen und gleichzeitig noch anderes von gezielt therapeutischem Wert zu vermitteln (Zeig 1980a, xxviii).

Therapeutische Mehrebenenkommunikation nutzen ist keine neue Idee. Eric Berne (1966 S. 227) hat gezeigt, daß jede Kommunikation eine soziale und eine psychologische Ebene hat. In ähnlicher Weise unterschieden Bateson u. Ruesch (1951, S. 179 -181) Mitteilungs- und Aufforderungscharakter einer Kommunkikation.

Watzlawick (1985) postulierte entsprechend, daß jede Kommunikation indikativ (informierend) und injunktiv (ausdrücklich befehlend) sei. Es ist allgemein bekannt, daß Kommunikationen nicht nur Informationen enthalten; sie fordern den Hörer auch auf, „etwas zu tun". Erickson jedoch machte sich dieses Wissen zunutze; sein Ansatz stützte sich auf den injunktiven Aspekt der Kommunikation, weil dieser Aspekt therapeutisches Potential enthält. Damit gründete er die Therapie nicht mehr auf Verstehen, sondern auf Wirkung.

Der Therapeut, der gezielt mit psychologischer Ebenenkommunikation arbeitet, weiß, daß die therapeutische Kommunikation stumpfsinnig, indirekt, metaphorisch und unlogisch sein und scheinbar irrelevante Aufgaben enthalten kann. Sie muß nicht konkret, logisch und exakt sein, denn Erickson hat erkannt, daß das die therapeutischen Möglichkeiten unnötig einschränkt.

In gewisser Hinsicht war Ericksons Methode eine Therapie, die Liebenswürdigkeit und Höflichkeit als Mittel einsetzte (Haley & Weakland 1985).[2] Wenn der Patient auf vielerlei Ebenen spricht, dann ist es nicht nur möglicherweise nutzlos, sondern auch unhöflich, sich einzumischen und darauf aufmerksam zu machen, daß er oder sie auf mehreren Ebenen spricht und diese analysiert und verstanden werden müssen.

Wenn zum Beispiel ein Patient mit somatischen Beschwerden kommt und der Therapeut vermutet, daß es sich um eine larvierte Depression handelt, dann könnte er den Patienten damit etwa in der Art konfrontieren: „Also eigentlich sind Sie nicht körperlich krank. In Wirklichkeit haben Sie eine Depression, und die möchte ich behandeln." Ein Ericksonscher Therapeut wäre da höflich und würde über die somatischen Beschwerden sprechen, er würde aber zugleich auf mehreren Ebenen Kommunikationen und Aufträge einstreuen, die es der Person ermöglichen würden, sich einen Kontext zu schaffen, in dem sie wieder Zugang zu ihren Ressourcen finden und Möglichkeiten für eine Veränderung erkennen und verwirklichen könnte. Dieser Ansatz ist zum Teil deswegen erfolgreicher, weil er die Verleugnung und Verdrängung des Patienten respektiert. Wir alle arbeiten mit Selbsttäuschungen, und der Schleier der Verleugnung oder Verdrän-

2 Wie im Transkript der Therapiesitzung mit einem Alkoholiker (vom 12.5.1973) ersichtlich wird, konnte Erickson jedoch auch Grobheit als therapeutische List benutzen.

gung, der die Selbsttäuschung einhüllt, bringt auch psychische Gewinne. Es ist oft nicht nötig, das zu durchschauen und zu ergründen, aber wenn es nötig ist, sollte man eher mit kluger List als wie eine Axt im Wald vorgehen; das erzeugt weniger Therapieabbrüche und weniger Widerstand.

Der Stellenwert der Technik

Erickson hatte nicht nur etwas gegen theoretische Spekulationen, sondern auch gegen rigide „Kochbuch"-Techniken. Anstatt über spezifische Techniken zu diskutieren, zog er es vor, für die Idee der „Utilisation", der Nutzbarmachung von Ressourcen und situativen Möglichkeiten zu werben.

„Utilisation" bedeutet vor allem, daß es am besten ist, Techniken vom Patienten herzuleiten und nicht vom Therapeuten. Jede Technik, die der Patient darauf verwendet, ein schlechter Patient zu sein, kann dem Therapeuten dazu dienen, die Lebenstüchtigkeit des Patienten zu unterstützen. Wenn der Patient zum Beispiel „schizophren redet", um Distanz zu seinem Gegenüber zu gewinnen, dann kann der Therapeut dieselbe Methode dazu verwenden, eine empathische Beziehung zu ihm herzustellen. Utilisation besagt, daß man besser nicht versucht, den Patienten einer zuvor schon ausgewählten Technik anzupassen, sondern daß man die Psychotherapie für jeden Patienten maßschneidern sollte (Zeig 1982, S. 255).

Neben der Utilisation waren für Ericksons Therapien nicht Techniken das Charakteristische, sondern einige allgemeine Einstellungen zur Therapie –, die zugleich Einstellungen oder Haltungen dem Leben gegenüber waren. Eine solche Haltung war die Flexibilität des Ansatzes. Erickson bediente sich jedes Mittels, das zu einer Veränderung verhelfen konnte, sei es Interpretation, indirekte Suggestion oder Hypnose. (Dr. med. Kristina Erickson, Ericksons jüngste Tochter, definierte den Ericksonschen Ansatz als „das, was funktioniert".) In seinen späteren Jahren hielt er sogar die Dauer der Therapiesitzungen flexibel. Die Länge der Sitzung bemaß sich nach dem Ziel, das in der Stunde erreicht werden sollte, nicht nach dem Zeiger der Uhr. Er sah Patienten manchmal nur für zehn Minuten, manchmal aber auch für mehrere Stunden auf einmal und berechnete dann das Honorar entsprechend.

Eine andere Besonderheit, die seine Therapie von anderen unterschied, war seine Fähigkeit, vorausschauend zu denken. Er hatte immer ein bestimmtes Erfolgsziel vor Augen und zugleich eine Methode, dieses Ziel zu erreichen.

Und er war auch persönlich ein vorausschauender, zukunftsorientierter Mensch. Vier Monate vor seinem Tod fragte ich ihn unvermittelt, welches Ziel er habe. Er antwortete mir ohne zu zögern: „Ich möchte Roxannas (seiner Tochter) Baby sehen." Sein 26. Enkelkind, Laurel, wurde ein paar Wochen später geboren.

Sobald ein Ziel erreicht war, setzte er sich neue Ziele. Ganz ähnlich wie sein Vater, der einige Fruchtbäume pflanzte, als er schon über 90 Jahre alt war, vergewisserte sich Erickson in der Woche vor seinem Tod, daß seine Frau verschiedene Sorten von Gemüsesaaten gekauft hatte und zeigte sich besorgt darüber, daß der Frühlingsgarten nicht früh genug bepflanzt worden sei.

Erickson pflegte oft zu sagen: „Das Leben wird in der Gegenwart gelebt, und es ist auf eine Zukunft gerichtet." Doch leider gehört strategische Zielgerichtetheit bei den meisten Therapeuten nicht zum Ausbildungsprogramm.

Obwohl Erickson so zielorientiert war, dachte er normalerweise nicht daran, bestimmte Interventionen anzuwenden. Seine Art zu denken war flexibel: Wo steht der Patient jetzt? Wohin kann er gelangen? Welche Ressource steht dem Patienten zur Verfügung, damit er den Übertritt zu seinem Ziel schafft? Was konnte Erickson am besten tun, um die Freilegung der Ressource und die Verwirklichung des therapeutischen Zieles zu unterstützen? Er zog es vor, das, was der Patient schon gut machte, zu stärken, und nicht Defizite zu analysieren.

Der Utilisationsansatz

Während die Idee, Ressourcen nutzbar zu machen, bei vielen anderen nur ein Lippenbekenntnis war, verfuhr Erickson wirklich konsequent nach diesem Konzept.

Der Verlauf der Psychotherapie ist das Wichtigste. Jede Intervention muß zum richtigen Zeitpunkt erfolgen, und sie muß mit Hilfe der Einstreutechnik entsprechend vorbereitet werden; schließlich muß diese Intervention konsequent zu Ende geführt und überprüft werden. (Einer meiner Studenten, Robert Schwartz, Psy.D., nannte diese Methode SIFT – Seed (säen), Intervene (intervenieren), Follow

Through (Durchziehen). Erickson wußte, daß dieser Ablauf eine heikle Angelegenheit ist; er nutzte daher Persönlichkeitsaspekte des Patienten, um Interventionen in kleinen Schritten durchführen zu können. Er präsentierte nicht einfach die Hauptintervention. Üblicherweise teilte er eine Intervention in mehrere Schritte auf und arbeitete jeweils immer nur daran, vom Patienten die Zustimmung zu dem einen Schritt zu erhalten. Die kleinen Schritte konnten dann „zusammengeflochten“ werden. Und wenn die Hauptintervention kam, war auch sie nur ein kleiner Schritt in einer Kette von Schritten, die der Patient schon akzeptiert hatte.

Es wäre ein Widerspruch zum Ericksonschen Ansatz, wollte ich versuchen, ein Modell seiner Behandlungsart zu entwerfen. Ich kann aber wichtige Schritte des Utilisationsansatzes benennen:

1 Finde heraus, wo der Patient über Ressourcen (Stärken, die ihm im Moment nicht zugänglich sind) verfügt.
2 Erkenne das Wertsystem des Patienten, d.h. erkenne, was er mag und was er überhaupt nicht schätzt (diese Werte können auch Ressourcen sein).
3 Entfalte die Ressource, indem du die Werte des Patienten nutzt. (Für nähere Information, wie man die Werte des Patienten herausfindet und sie nutzbar macht, siehe Yapko, 1985.) Die hohe „Trefferquote“, die Erickson mit seinen Suggestionen erzielte, ist zurückzuführen auf seine gute Wahrnehmung, seine Aufmerksamkeit für Details und besonders auf die Art, wie er von den Werten des Patienten Gebrauch machte.
4 Verbinde die entfaltete Ressource mit dem Problem, entweder direkt oder indirekt.
5 Schritt 4 läßt sich am besten ausführen, wenn man in kleinen Schritten vorgeht, und zwar indem man Vertrauen schafft, eine Beziehung herstellt, Motivation aufbaut und während des ganzen Therapieverlaufs die Reaktionsbereitschaft steuert. Erickson glaubte, daß Patienten am besten lernen, wenn sie etwas tun. Therapeutische Handlungen müssen für den Patienten und dessen Werte von Bedeutung sein.
6 Jedes Verhalten, selbst Widerstand, kann akzeptiert und therapeutisch genutzt werden. Und jeder Aspekt des Kontextes kann akzeptiert und therapeutisch nutzbar gemacht werden.

7 Dramatische Inszenierungen können helfen, die Reaktionsbereitschaft auf Anweisungen zu steigern.

8 Wenn man Ideen sät, bevor man sie direkt präsentiert, werden sie eher akzeptiert und umgesetzt.

9 Das Timing ist von zentraler Wichtigkeit. Zum Therapieprozeß gehören Pacing, Musterunterbrechung und das Aufbauen von Mustern. Widerstand entsteht oft dann, wenn man auf diese Prozesse nicht genügend Sorgfalt verwendet.

10 Der Therapeut (und der Patient) muß eine Erwartungshaltung haben. Hierfür einige Beispiele:

a) Die folgende Geschichte ist vielleicht nur erfunden. Sie berichtet von einem Versuchsleiter, der einem diplomierten Studenten eine Forschungsaufgabe übertrug. Dieser Student sollte in einen Raum gehen, in dem er zwei Studierende vorfinden würde, die ihr Studium noch nicht abgeschlossen hatten. Einem von ihnen sollte er ein Zehncentstück geben und dem anderen einen Dollar. Ihm wurde nicht gesagt, welchem von den beiden er das Zehncentstück und welchem er den Dollar geben sollte. Der diplomierte Student wußte nicht, daß der Versuchsleiter sich vor dem Experiment mit jedem der beiden anderen Studenten privat getroffen hatte. Dem einen hatte er gesagt, der diplomierte Student werde ihm im Experiment ein Zehncentstück geben; dem anderen hatte er gesagt, er werde einen Dollar bekommen. Natürlich bekam der Student den Dollar, der das erwartete (Zeig 1982, S. 262).

Erwartung und Überzeugung sind keine Garantie für bestimmte Ergebnisse. Es ist jedoch hilfreich, wenn man für seine Patienten einen ganzen Dollar erwartet.

b) Schoen (1983) berichtete von einem Patienten, der früher schon in Therapie war, und dem es nicht gelungen ist, ein Gewohnheitsproblem zu überwinden. Nachdem er ein Jahr lang Erickson immer wieder einmal konsultiert hatte, gelang es ihm schließlich. Als er gefragt wurde, wie er das geschafft habe, sagte er: „Erickson glaubte daran, daß ich es schaffen würde."

c) Frau Erickson (persönliche Mitteilung, September 1982) erinnerte sich an eine Gelegenheit, als Erickson beim zufälligen Zusammentreffen mit einer Person eine Therapie durchführte. Sie befanden sich in einem Flugzeug, in dem man sich gegenübersaß. Der Mann auf der anderen Seite hatte mitbekommen, daß Erickson ein berühmter Psychiater war. Frau Erickson berichtete:

Er sagte ganz scheu und ehrerbietig, daß er sich nicht auf die Reise freue, weil es ihm im Flugzeug immer fürchterlich schlecht werde. Er wollte wissen, ob Dr. Erickson ihm irgendeinen Rat geben könnte. Und Milton sagte sehr feierlich zu ihm, er solle seinen Daumen auf bestimmte Art festhalten. Sobald er den Brechreiz bemerke oder Schmerz oder Nervosität spüre, sollte er seinen Daumen drücken, bis es anfing wehzutun. Wenn er das täte, würde er schnell merken, daß die unangenehmen Gefühle immer mehr zurückgehen würden.

Ich erinnere mich, wie ich dasaß und vor mich hinstarrte, als er seine Methode erklärte, und dachte: „Wie soll das funktionieren? Milton weiß absolut nichts über diesen Kerl. Wie kann das bloß funktionieren?“

Und, Donnerwetter, zwei oder dreimal während des Fluges sah ich, wie der Mann sehr diskret ein wenig das Gesicht verzog. Aber als das Essen serviert wurde, nahm er eine herzhafte Mahlzeit zu sich.

11 Durchziehen, d.h., führe die Intervention konsequent durch und kontrolliere den Erfolg. Die Überprüfung der Wirksamkeit der Intervention ist das Wichtigste bei diesem Schritt. Eine mögliche Technik hierfür ist, daß der Patient das neue Verhalten im Therapiezimmer ausführen soll. Eine andere Möglichkeit ist eine katamnestische Untersuchung des Patienten bei einem späteren Kontakt. Und drittens kann man den Patienten auffordern, das neue Verhalten in der Phantasie durchzuführen. Durchziehen und Säen sind sowohl mikroskopisch als auch makroskopisch; jeder Schritt der Therapiesequenz kann gesät und überprüft werden, um sicherzustellen, daß es zu einer therapeutischen Reaktion gekommen ist.

Es zeigt sich, daß Therapie oft bedeutet, daß man Patienten dazu bringt, das zu tun, was sie auch tun möchten, wenn es möglich ist. Oft bedeutet es auch, daß man Entwicklungsdefizite oder Hindernisse, die in der Entwicklungsgeschichte begründet sind, überwinden muß. Therapie ist weder die Heilung aller vergangener, gegenwärtiger und zukünftiger Schwierigkeiten noch Bewußtsein oder Wachstum. „Wachstum“ ist nicht von der Therapie abhängig; es vollzieht sich unabhängig von ihr.

Erickson ging nicht davon aus, daß seine Patienten für immer geheilt werden könnten, sondern er nahm an, daß sie kurzfristig ein aktuelles Problem überwinden konnten. Sie konnten später zurückkommen, wenn sie mehr Therapie brauchten. Im Therapieprozeß konnten sie sich wertvolle Problemlösefähigkeiten erwerben.

Er bot jedoch nicht nur Kurzzeittherapie an. Er blieb mit Patienten lange in Kontakt, wenn eine längerfristige Therapie indiziert war. Doch auch diese länger dauernde Therapie war zielgerichtet.

Der Fall von Joe, einer von Ericksons berühmtesten Fällen, ist ein Beispiel für die Handlungsorientiertheit seines Ansatzes. (Dieser Fall und ethische Erwägungen dazu sind genauer erörtert in Zeig, 1985b. Er wird auch eingehender zitiert und berichtet in Haley, 1973.) Beachten Sie, wie die 11 Elemente im Utilisationsansatz in einer vernetzten, nicht linearen Weise zum Tragen kommen.

Der Fall Joe

Erickson (1966) berichtete über die Anwendung einer informellen Methode hypnotischer Mehrebenenkommunikation – der Einstreutechnik. Bei diesem Beispiel diente sie der Schmerzkontrolle.

Joe war ein Florist, der an Krebs im Endstadium litt. Starke Dosen von Schmerzmitteln führten zu Vergiftungeserscheinungen, brachten aber kaum Erleichterung. Ein Verwandter bat Erickson, Joe im Krankenhaus zu besuchen und zur Schmerzkontrolle Hypnose anzuwenden. Kurz bevor Erickson zu Joe ging, erfuhr er, daß dieser allein schon das Wort „Hypnose" nicht mochte. Darüber hinaus war eines von Joes Kindern – ein angehender Psychiater, der nicht an Hypnose glaubte – anwesend, als Erickson mit Joe eine Induktion machte. Joe wußte um die ablehnende Haltung seines Sohnes.

Als Erickson bei Joe im Krankenhaus ankam, hatte er Zweifel, ob Joe wirklich wußte, warum er gekommen war. Joe konnte wegen eines Luftröhrenschnitts nicht mit Erickson sprechen und teilte sich ihm durch Schreiben mit. Erickson begann seine Therapie, die einen ganzen Tag dauerte, mit den Worten:

Joe, ich möchte gern mit dir reden. Ich weiß, daß du ein Florist bist, daß du Blumen züchtest, und ich bin auf einer Farm in Wisconsin aufgewachsen und habe auch gern Blumen gezüchtet. Ich mache das noch immer gern. Ich möchte dich jetzt bitten, in diesem leichten Sessel Platz zu nehmen, während ich mit dir rede. Ich werde dir jetzt vieles sagen, aber nichts über Blumen, weil du viel besser über Blumen Bescheid weißt als ich. *Das ist auch nicht das, was du willst.*

(Kursivdruck kennzeichnet hier eingestreute und hypnotische Suggestionen. Das können Silben, Wörter, Sätze oder Satzteile sein, die mit leicht veränderter Intonation gesprochen wurden).

Wenn ich jetzt rede, und das kann ich *leicht und ohne Beschwerden* tun, wünsche ich mir, daß du mir *leicht und ohne Beschwerden* zuhören kannst, wenn ich über Tomatenpflanzen rede. Es ist kurios, darüber zu reden. Es macht einen *neugierig. Warum sollte man über eine Tomatenpflanze reden?* Wer einen Tomatensamen in die Erde legt, *hofft*, daß daraus eine Tomatenpflanze wird, die ihm *Zufriedenheit bringt* durch die Frucht, die sie dann bringt. Der Samen saugt das Wasser *ohne größere Schwierigkeiten* auf, wegen der Regengüsse, die *Frieden und Erquickung* bringen ... (Erickson 1966, S. 203).

Joe sprach auf die in den Monolog über Tomatenpflanzen eingestreuten Suggestionen an und konnte bald schon das Krankenhaus verlassen, nahm an Gewicht zu, kam wieder zu Kräften und brauchte weniger Medikamente. Erickson sah Joe noch ein zweites Mal und wandte wieder seine indirekte Technik an.

Kommentar

Erickson (persönliche Mitteilung in einem Brief vom 4. März 1976) nahm zu dem Fall Stellung:

Joes Frau, seine Tochter und sein Schwager hörten zu, als ich die Therapie durchführte. Seine Frau mischte sich schließlich ein und forderte mich auf, doch mit der Hypnose zu beginnen. Sie war überrascht, als sie entdeckte, daß das schon geschehen war. Was ich zu Joe gesagt hatte, hatten sie alle für Unsinn gehalten ...

Wenn man jemanden wegen einer möglichen Blinddarmentzündung untersucht, dann beginnt man auch an einer Stelle des Unterleibs, die am weitesten vom Bereich des Blinddarms entfernt ist und nähert sich langsam diesem kritischen Bereich.

... Ich habe mit etwas angefangen, das so weit wie möglich von Joes Krebserkrankung entfernt war. Ich habe aber tatsächlich viele Wörter gesagt, die Joe in das übersetzen konnte, was er in seinem Leben durch Erfahrung gelernt hatte und von dem er dachte, er hätte es für immer verloren, bis er seinen Vorrat an guten Assoziationen wieder genügend aufgefüllt hatte, um sie gegen alles das auszutauschen, was er nicht wollte. (Der Brief, dem diese Passagen entnommen sind, ist vollständig abgedruckt in Zeig 1985b, S. 464-466).

Erickson hatte klar erkannt, daß Joe über bis dahin unentdeckte Erfahrungsressourcen verfügte, die ihm nun Schmerzkontrolle ermöglichten. Er nützte Joes Werte , indem er über Pflanzen sprach. Er baute dramatische Elemente ein und schuf einen Rahmen, der Joes Aufmerksamkeit fesselte und ihn dadurch allmählich mit etwas verband, das ihn von seinen körperlichen Beschwerden ablenkte. Die wesentliche Kommunikation war indirekt und baute sich in kleinen Schritten auf. Konzepte wurden eingeführt und dann entfaltet. Das gewohnte negative Muster (Schmerz) wurde unterbrochen und ein neues Muster (Wohlbefinden) wurde aufgebaut. Weder konfrontierte Erickson Joe mit seinem „Schmerzbedürfnis" oder mit seinem Widerstand gegen die Behandlung, noch analysierte er ihn. Er stellte sich nicht als jemand vor, der zu einer Veränderung verhelfen will, und er führte keine formale Hypnose durch. Aber er zeigte dem Patienten, „wie" er anders sein konnte.

Der Fall Barbie

Ein paralleles Beispiel ist der Fall einer anorektischen Patientin, mitgeteilt in Zeig, 1985c. Die eigentliche Beschreibung der Sitzung ist in *A Teaching Seminar with Milton Erickson* (Zeig 1980a) abgedruckt.

Erickson erklärte sich nicht sofort bereit, Barbie zu sehen. Beim ersten Telefonkontakt mit der Mutter sagte er ihr, er müsse über die Situation erst nachdenken; sie solle ein paar Tage später wieder anrufen. Als sie das tat, machte er ihr eine Zusage, die Behandlung zu übernehmen, und bat die Mutter, ihre Tochter nach Phoenix zu bringen.

Während der beiden ersten Gespräche beantwortete die Mutter die meisten Fragen, die Erickson an Barbie gerichtet hatte. Am dritten Tag beklagte sie sich, daß Barbie sie durch leises Wimmern nachts am Schlaf hindere. Erickson griff den Vorwurf auf und konfrontierte Barbie damit. Barbie fand auch, daß sie für dieses Vergehen bestraft werden sollte. Erickson sagte der Mutter in Abwesenheit von Barbie, daß sie ihre Tochter bestrafen solle, indem sie dafür sorgte, daß Barbie zwei Rühreier ißt. In derselben Sitzung konfrontierte er jedoch auch die Mutter in Barbies Anwesenheit damit, daß sie immer anstelle ihrer Tochter antworte, und er befahl ihr, Barbie in Zukunft Fragen selbst beantworten zu lassen.

In den folgenden Sitzungen erzählte Erickson Barbie Geschichten. Die Anekdoten bezogen sich auf viele Lebenssituationen; einige berichteten über Ericksons Kindheit. Jede der Geschichten hatte indirekt etwas mit Essen zu tun. Nach zweiwöchigem Aufenthalt in Arizona schlug die Mutter vor, zusammen mit Barbie den Grand

Canyon zu besichtigen. Erickson sagte zu Barbie, daß man von ihm erwarte, daß er für ihre Gesundheit Sorge trage, und daher müsse sie ihm versprechen, daß sie sich zweimal am Tag die Zähne putzen und eine Mundspülung machen werde. Sie könne irgendeine fluoridhaltige Zahncreme benutzen, doch für die Mundspülung müsse sie unbedingt rohes Kabeljau-Lebertranöl nehmen.

In einer der nächsten Sitzungen sprach Erickson die Mutter auf ihr eigenes Körpergewicht an. Er sagte, sie sei untergewichtig und machte es Barbie zur Aufgabe, es ihn sofort wissen zu lassen, wenn die Mutter ihren Teller nicht leer esse. Einmal bekannte Barbie, daß sie vergessen habe, Erickson zu sagen, daß ihre Mutter ihre Mahlzeit nicht aufgegessen habe. Erickson bestrafte sie beide damit, daß er sie zum Käsebrotessen zu sich nach Hause kommen ließ.

Barbie und ihre Mutter vereinbarten mit Erickson ein Zielgewicht, das sie beide erreichen wollten, bevor sie Arizona wieder verlassen würden. Erickson machte ein paar Vorschläge, und Barbie wählte aus den Möglichkeiten aus, die er anbot. Als sie ihr Ziel erreicht hatten, kam der Vater mit den übrigen Familienmitgliedern nach Phoenix. Erickson schalt ihn aus, weil er fünf Pfund untergewichtig war und das einen schädlichen Einfluß auf Barbie haben könnte. Hier ist sein Bericht, wie er mit den anderen Familienmitgliedern und mit Barbie verfuhr:

„Ich rief die beiden älteren Geschwister zu mir herein und sagte: ‚Wann fing Barbie an, krank zu werden?' Sie sagten, ungefähr vor einem Jahr. ‚Wie zeigte sie das?' Sie antworteten: ‚Als jeder von uns versuchte, ihr etwas Eßbares zu geben, eine Frucht oder etwas Süßes oder auch irgendein anderes Geschenk, dann sagte sie immer, 'Ich verdiene das nicht. Behaltet es selbst.' Und das machten wir dann auch.' Ich habe ihnen daraufhin die Leviten gelesen, weil sie ihre Schwester ihrer konstitutionell verbrieften Rechte beraubt hätten. Ich machte ihnen klar, daß Barbie das Recht hatte, die Geschenke entgegenzunehmen, ganz egal, was sie dann mit ihnen machen würde. Selbst wenn sie sie weggeworfen hätte, hätte sie das Recht gehabt, sie anzunehmen. ‚Ihr selbstsüchtigen Leute habt die Geschenke für Euch behalten, nur weil sie gesagt hatte, sie verdiene sie nicht. Ihr habt Eure Schwester ihres Rechts beraubt, Geschenke zu bekommen.' Sie hatten ihren gebührenden Rüffel bekommen. Ich schickte sie hinaus und ließ Barbie eintreten.

Ich sagte zu ihr: ‚Wann hat es mit deiner Krankheit angefangen, Barbie?' Sie sagte: ‚Im vergangenen März.' Ich fragte sie weiter: ‚Wie hast Du Deine Krankheit gezeigt?' Sie antwortete: ‚Also, wenn jemand mir etwas zu essen angeboten hat, Früchte oder etwas Süßes oder andere Geschenke, dann sagte ich immer: ‚Ich habe das nicht verdient. Behalte es für Dich selbst.' Ich sagte: ‚Ich schäme mich für Dich, Barbie. Du hast Deine Geschwister und Deine Eltern ihres Rechtes beraubt, Dir etwas zu geben. Es wäre gleichgültig gewesen, was Du mit den Geschenken gemacht hättest, sie hatten jedenfalls das Recht, sie Dir zu geben, und Du hast ihnen das Recht genommen, Dir Geschenke zu machen, und ich schäme mich für Dich. Du solltest Dich auch selbst schämen.'

Barbie gab mir Recht, daß sie ihren Eltern und Geschwistern hätte erlauben müssen, ihr Geschenke zu machen. Nicht, daß sie von den Geschenken hätte Gebrauch machen müssen, aber daß sie das Recht hatten, sie ihr zu geben, unabhängig davon, was sie dann mit den Geschenken machen würde" (Zeig 1980a, S. 140-141).

Barbie kehrte nach Hause zurück und schickte Erickson Bilder, die ihre Fortschritte dokumentierten. Jeder Brief enthielt indirekte Bezüge zum Essen. Sie nahm zu und entwickelte sich in jeder Hinsicht gut.

Kommentar

Diesen Fall kann ich persönlich erläutern, weil ich ihn mit Erickson besprochen habe und weil ich Barbie kennengelernt habe. Möglicherweise hat Erickson dieser Familie nicht sofort eine Zusage und einen Termin für die Behandlung gegeben, um Erwartungshaltung und Motivation zu steigern. Als ich Erickson fragte, warum er es bei den ersten beiden Sitzungen zuließ, daß Barbies Mutter für ihre Tochter antwortete, bevor er sie darauf ansprach, sagte er, er habe gewartet, bis es ihm gelungen war, auch mit der Mutter Rapport herzustellen, und außerdem wollte er, daß das Muster sich etablieren konnte, bevor er eine Intervention machte. Zweck der strategischen Konfrontation in Barbies Anwesenheit war es, die Haltung des Mädchens gegenüber seiner Mutter subtil zu verändern.

Es gehörte zu Barbies Wertwelt, daß sie davon überzeugt war, Nahrungsmittel nicht zu verdienen, so als verdiene sie nur, bestraft zu werden. Deshalb verschrieb Erickson Essen nicht wegen seines Nährwertes, sondern er verschrieb Essen als eine Strafe. Barbie akzeptierte die Intervention, weil sie ihrem eigenen Wertsystem gemäß war. Während sie jedoch in ihrem Denken damit beschäftigt war, das Essen als Bestrafung zu betrachten, konnte ihr Körper es als Nahrung annehmen.

Erickson benutzte die Einstreutechnik (Erickson 1966), um innere Assoziationen hervorzurufen. In seinen Geschichten streute er das Konzept des Essens in Verbindung mit verschiedenen sozialen Settings ein. Er wollte, daß Barbie einen genügend großen Vorrat an guten Assoziationen aufbauen konnte, um durch sie allmählich ihre unangepaßten Muster zu ersetzen. Essen wäre dann schließlich nicht länger etwas Widerwärtiges oder eine Strafe. Diese Veränderung würde eintreten, weil Barbie die Kontrolle über die Situation in die Hand nähme. Niemand sagte ihr direkt, wann und wie sie ihre Anorexie verändern sollte. In manchen der Interventionen gab Erickson ihr zusätzlich Raum, ihre eigene Wahl zu treffen. Das war allerdings eine „Illusion der Alternativen". Denn Barbie wählte nur aus den Möglichkeiten aus, die Erickson als Rahmen vorgegeben hatte, und der Rahmen enthielt nur solche Möglichkeiten, die therapeutisch wertvoll waren. Und da es ihr auch wichtig war, ein „gutes Mädchen" zu sein, war sie verpflichtet, ihre Versprechen zu halten und sich bestimmten „Strafen" zu unterwerfen.

Das Verschreiben der Mundspülung war eine von Erickson sorgfältig gesäte und schrittweise dargebotene Intervention. Hier ist es ihm erneut gelungen, Barbie zu etwas zu bewegen, was im Einklang war mit ihrem Wertesystem. Es war völlig in Ordnung, Kabeljau-Lebertranöl in den Mund zu nehmen, solange sie es nicht schluckte. Sie konnte aber nicht erkennen, welche strategischen Ziele Erickson mit seiner Verschreibung implizit verfolgte. Er war dabei, ihre rigide Haltung aufzubrechen und hatte begonnen, Kontrolle über das zu übernehmen, was in ihren Mund kam.

Erickson arbeitete aber auch daran, Barbies soziale Rolle zu verändern. Sie war ein Opfer, aber sie gab nicht zu, in der Opferrolle zu sein. Erickson versetzte sie in die Rolle der Verfolgerin und der Retterin (Karpman 1968), indem er sie dazu brachte, sich auf das „Eßproblem" ihrer Mutter zu konzentrieren.

Die Therapie wurde mit der Familie durchgeführt. Doch Erickson hielt nie eine Sitzung mit der ganzen Familie ab, sondern mit den einzelnen Familienmitgliedern, bzw. mit familiären Subsystemen (hier den Geschwistern Barbies). Es ist möglich, daß Barbie nur eine übertriebene Parodie der Besorgnis ihrer Eltern um ihr eigenes Körpergewicht auslebte. Deshalb kritisierte Erickson auch den Vater wegen seiner eigenen Einstellung zum Essen.

Mit Anorexie-Problemen ist immer auch eine gewisse Passivität verbunden, und Barbies Brüder und Schwestern wurden wegen ihrer Passivität ausgescholten. Sie konnten ihre Schwester nicht länger ihre konstitutionellen Rechte vorenthalten. (Die Wahl des Wortes konstitutionell war eine beabsichtigte Doppeldeutigkeit. Erickson wies damit nicht nur auf Barbies gesetzliche Rechte hin, sondern auch auf die Figur des Mädchens.)

Erickson freute sich über die Geschenke und Briefe, die Barbie ihm schickte. Sie schrieben sich bis zu Ericksons Tod im Jahre 1980. In jedem ihrer Briefe machte Barbie eine indirekte Anspielung auf Nahrungsmittel. Sie schenkte ihm auch eine Puppe aus Äpfeln und schickte ihm Blumen, die aus Brotteig gemacht waren. Ich glaube, daß Erickson Barbies Briefe und Geschenke als „Beweis" für die Wirksamkeit seiner Methoden erachtete. Ihre nicht bewußt beabsichtigten Kommunikationen lagen auf derselben Ebene wie die vielen indirekten Anspielungen Ericksons auf Nahrungsmittel.

Der Fall war ein Erfolg. Frau Erickson hat den Kontakt mit Barbie aufrechterhalten. Barbie hat sich gut weiterentwickelt und ist persönlich und in ihren sozialen Beziehungen gut angepaßt.

Erickson hat in beiden Fällen, dem von Joe und dem von Barbie, die Utilisationsmethode verwendet. Darüber hinaus bestimmte er die Behandlungsziele, ohne mit den Patienten einen klaren therapeutischen Vertrag zu entwerfen. Besonders in Barbies Fall arbeitete Erickson daran, eine Veränderung in Bereichen voranzubringen, in denen er keinen Auftrag dazu hatte, zum Beispiel im sozialen Bereich. Es war für seinen Ansatz kennzeichnend, daß man nie nur die Hälfte von dem erhielt, um was man gebeten hatte, sondern meist das Doppelte.

Die Art, wie Erickson mit Barbies Weigerung, „Geschenke" anzunehmen, umging, bewahrte ihre Autonomie. Sie mußte die Geschenke nicht genießen oder sie in irgendeiner Form nutzen, sondern sie nur annehmen. Da das ihrem Wertsystem entsprach, konnte sie nicht leugnen, daß es sich gehörte, ein Geschenk anzunehmen. Etwas anzunehmen ist jedoch ein positiver Schritt in Richtung essen, und, ich wiederhole es, jede minimale strategische Veränderung ist bereits Psychotherapie. Beachten Sie, daß Erickson mit Barbie und ihren Geschwistern nicht über Nahrung redete, sondern über „Geschenke". Nahrung und Essen als solche wurden aus dem Mittelpunkt gerückt und in einem anderen Licht, als ein „Geschenk", dargeboten.

3. Erfahrungen mit Erickson: Persönliche Therapie, Supervision, Berichte früherer Patienten und beobachtete Fälle

Einleitung

Durch persönliche Therapie und Supervision meiner Arbeit als Therapeut hat Milton H. Erickson mir geholfen, mich so zu entwickeln, daß ich als Person und als Therapeut zu einer positiveren Haltung fand und effizienter wurde. In diesem Essay werde ich einige der denkwürdigeren Erfahrungen und Erlebnisse mit Dr. Erickson schildern, die erlauben, sich von ihm als Person wie als Therapeut ein Bild zu machen. Ich werde auch Erlebnisse wiedergeben, von denen frühere Patienten und Studenten Ericksons mir berichtet haben. Zu oft hält man Erickson in erster Linie für einen brillianten Techniker. Diese Fallgeschichten sollen u.a. dazu dienen, Erickson so darzustellen, wie ich ihn erlebt habe – zuerst und vor allem als einen ungewöhnlichen Menschen, und dann, in zweiter Hinsicht, auch als einen meisterhaften Therapeuten.

Jay Haley (1982, S. 5) schrieb, es vergehe kaum ein Tag, an dem er nicht auf etwas von dem zurückgreifen würde, was er bei Erickson gelernt habe. Was mich betrifft, so geht es mir beinahe stündlich so. Ericksons Methode zeichnet sich durch mehrere hervorragende Aspekte aus, die meine Begeisterung erklären. Diese Aspekte werden in den folgenden Fällen deutlich hervortreten. Erickson ging als Lehrender, als Supervisor und als Therapeut vom gesunden Menschenverstand aus. Oft bot er eine einfache, dem gesunden Menschenverstand entsprechende Maßnahme mit der nötigen gespielten Dramatik als Heilmittel an, um seinem Rat Nachdruck und Wirkung zu verleihen. Auch in der Art, wie er seine Botschaft mitteilte, paßte er sich dem jeweiligen Gegenüber individuell an, so daß dieser oder diese die Anweisungen, die in seiner Mitteilung enthalten waren, leichter verstehen und sie in die Tat umsetzen konnte. Und schließlich hat Erickson die Reaktionsbereitschaft häufig auf indirektem Weg mobilisiert. Zum Beispiel übermittelte er seine einfachen Ratschläge oft in Gestalt einer Analogie oder einer Anekdote. Dieser Kunstgriff erlaubte es ihm, „einen Schritt Abstand zu halten"[1], was, wie wir noch sehen werden, ein wichtiger Bestandteil wirksamer therapeutischer Kommunikation ist.

Ericksons Fähigkeit, die Übermittlung seiner Botschaften individuell zu gestalten, beruhte auf seiner geschärften Wahrnehmung minimaler Hinweise. Er achtete gerade auf alles das, was die meisten Leute im allgemeinen zu übersehen lernen. Menschliche Wesen blenden oft Aspekte der sinnlichen Wahrnehmung aus, besonders wenn ein Zustand stabil bleibt und keine neue Information liefert. Das menschliche Wahrnehmungssystem ist ein großer „Unstimmigkeits-Detektor" und registriert, was in einer jeweiligen Situation nicht in Ordnung, also *falsch* ist. Im Gegensatz dazu trainierte Erickson sich darin, auf das zu achten, was gut geht, daher *richtig* ist, und es durch minimale Hinweise, die die Stärken eines Patienten aufzeigen, mitzubekommen. Er wußte, daß man Veränderung besser fördern kann, wenn man auf dem aufbaut, was Patienten gut machen, als dadurch, daß man untersucht, was sie falsch gemacht haben.

Ich glaube nicht, daß Ericksons Ratschläge irgendetwas besonders Profundes, Unergründliches an sich hatten. Sein *Ansatz* jedoch war, wie wir noch sehen werden, darin profund, daß er sich konsequent das Offensichtliche zunutze machte. Viele Therapeuten sind leider so von ihren psychodynamischen Formulierungen absorbiert, daß sie das Offensichtliche übersehen. Erickson dagegen achtete auf das Offensichtliche und gab es dann seinen Patienten zurück, so daß sie darauf in der ihnen gemäßen Art therapeutisch reagieren konnten.

Die Utilisation von Kontexten und von Aufforderungen

Ein Kennzeichen von Ericksons Ansatz war seine Fähigkeit, den Kontext zu nutzen. Die Manipulation des Kontextes und/oder der

1 Zeig verwendet hier den Ausdruck *one-step removed*, der den Charakter eines terminus technicus für Ericksons indirektes Vorgehen, zum Beispiel durch das Erzählen von Geschichten, annimmt. Wenn Zeig den Terminus als Adjektiv oder adverbial verwendet, ist er oft kaum übersetzbar. Ich erlaube mir in solchen Fällen, mit entsprechendem Vermerk das Wort „indirekt" dafür einzusetzen oder den Terminus in der Originalsprache zu belassen. (Anm.d.Ü.)

Reaktion des Patienten auf den Kontext kann eine therapeutische Veränderung herbeiführen. Erickson suchte in der unmittelbar gegebenen Situation nach etwas, was sich therapeutisch nutzen ließ, und führte auch oft Situationen herbei, in denen Personen ihre zuvor unerkannten Fähigkeiten zur Veränderung spontan erfaßten (Zeig 1980a; Dammann, 1982).

Seine Therapie beschränkte sich nicht auf zwischenmenschlichen Austausch und psychologische Archäologie. *Erickson verstand, daß Veränderung in einem Kontext geschieht, der wirksame Kommunikation einschließt, und daß wirksame Kommunikation den Kontext nutzt.*

Ein weiterer Aspekt von Ericksons Ansatz war die Tatsache, daß er sensibel auf seine Umgebung eingestimmt war. Er schien immer daran zu arbeiten, andere zu beeinflussen, auf sie einzuwirken. Vielleicht erschien er so wach, weil er sich des Aufforderungscharakters der Kommunikation außerordentlich bewußt war.

Wie bereits in Kapitel 1 besprochen, hat u.a. Watzlawick (1985) darauf aufmerksam gemacht, daß Kommunikation immer einen Hinweis- und einen Aufforderungscharakter hat, und daß jede Kommunikation durch Denotation und Konnotation gekennzeichnet ist. Der Hinweis- oder Informationscharakter der Kommunikation liegt darin, daß Fakten mitgeteilt werden. Der Aufforderungscharakter der Kommunikation hingegen enthält meist eine verborgenere Botschaft, die sagt: „Tue etwas!“ Es ist dieser Aufforderungscharakter der Sprache, der die Veränderung fördert.

Zur Veranschaulichung dessen, was mit Hinweis- und Aufforderungscharakter gemeint ist, kann uns Ericksons frühe Hypnoseinduktion über das Schreibenlernen dienen. Nach ihrer oberflächlichen Bedeutung (ihrem denotativen Hinweischarakter) ist es eine Geschichte, die erzählt, wie Kinder schreiben lernen: „Als Sie zum ersten Mal die Buchstaben des Alphabets schreiben lernten, war das eine schrecklich schwierige Aufgabe. Haben Sie auf das *t* einen Punkt gesetzt und auf das *i* einen Strich? Und wieviele Höcker hat ein *n* und ein *m*?“

Diese Kommunikation erschöpft sich nicht in ihrem denotativen Hinweischarakter. Die beiden Sätze enthalten (als Konnotationen) auch viele Aufforderungen. Die Gesamtaufforderung lautet: „Geh' in Trance.“ Eine weitere Konnotation besagt: „Diese Aufgabe (in Trance zu gehen) ist schwierig, aber du kannst es dann schließlich automatisch.“ Der Patient wird angestachelt, „verwirrt zu sein“ durch die

Bemerkung über das Durchstreichen des *i* und das Punktsetzen auf das *t*. Darüberhinaus wird der Patient dazu angeleitet, sich an Dinge aus der Vergangenheit zu erinnern. Der letzte Satz fordert den Patienten durch den Wechsel vom Präteritum zum Präsenz dazu auf, „sich von der Erinnerung absorbieren zu lassen".

Es sind nicht so sehr die Worte oder andere Vorgaben des Therapeuten, die zu einer Veränderung führen. Zu einer Veränderung kommt es meist dann, wenn Patienten auf Aufforderungen des Therapeuten reagieren, sobald sie gehört haben, was der Therapeut ihnen indirekt zu tun aufträgt. Mehr als jeder andere Kommunikator, dem ich bisher begegnet bin, wußte Erickson darum und war hinsichtlich des Befehlsaspektes der Kommunikation sehr auf der Hut.

Auch der Kontext ist Teil der Kommunikation und kann als Aufforderung benutzt werden. Bei einem meiner ersten Besuche bei Erickson erlebte ich ein Beispiel dafür, wie er vom Kontext Gebrauch machte. Erickson war damals in breiteren psychologischen Kreisen noch nicht so bekannt. *Uncommon Therapy* (Haley 1973; dt.: *Die Therapie Milton H. Ericksons,* 1978), das Buch, das Erickson ins Rampenlicht der Öffentlichkeit stellte, war gerade erst erschienen.

Nach ein paar Besuchen beschloß ich, Videoaufzeichnungen von Erickson zu machen, und brachte daher meinen Freund Paul nach Phoenix. Paul konnte gut mit der Videoausrüstung umgehen, und wir wollten Videos von Erickson bei der Arbeit aufnehmen, weil es nur so wenige gab.

Wir bauten die Geräte auf und machten eine Aufzeichnung von Erickson, der mit Paul als Versuchsperson eine ungewöhnliche Induktion durchführte. Erickson arbeitete mit Paul, der keine Erfahrung mit Hypnose hatte; er richtete seine Bemühungen darauf, Pauls Reaktionsbereitschaft und seine Fähigkeit, verschiedene hypnotische Phänomene zu entwickeln, zu steigern.

Leider hatte ich keine Gelegenheit, die Induktion ein zweites Mal zu genießen; das Videoband hatte einen Defekt. Paul hatte vergessen, das Mikrophon an das Videogerät anzuschließen, und so hatten wir ein stummes Band. Wie meine Worte verraten, gab ich Paul die Schuld und war mehr als nur ein bißchen verärgert über ihn. Ich betrachtete meine Zeit mit Erickson eifersüchtig als meinen Besitz. Nun war ich einmal bereit, diese Zeit mit jemandem zu teilen, und dann war das Video nicht zu gebrauchen!

Zu dritt diskutierten wir am selben Abend über das Problem, und Erickson wollte nicht, daß ich Paul weiter Vorwürfe machte. Er machte mir klar, daß ich für die Panne gleichermaßen verantwortlich war. Ich ließ seine Meinung gelten. Insgeheim jedoch fand ich, daß er unrecht hatte. Ich sagte mir, daß sogar Milton Erickson den Fehler eines Anfängers machen konnte! Ihm schien nicht klar zu sein, daß ein kostbares Videoband unwiederbringlich verloren war; die Aufnahme war wertlos. Erickson hatte jedoch ohne mein Wissen beschlossen, von dem stummen Band Gebrauch zu machen.

Als Paul und ich am nächsten Tag in Ericksons Büro waren, sagte Erickson zu mir: „Schalte das stumme Videoband ein." Dann sah er Paul erwartungsvoll an. Paul saß auf dem Stuhl, auf dem sonst Ericksons Patienten saßen. Paul sah sich kurze Zeit das Video an und ging dann spontan in eine Trance! Erickson hatte das stumme Videoband als Induktionstechnik benutzt!

Einen Patienten dazu zu bringen, sich an eine frühere hypnotische Erfahrung zu erinnern und sie sich zugänglich zu machen, ist eine übliche Induktionstechnik. Als Paul seine Trance vom vorherigen Tag sah, ging er erneut in Trance. Es machte ihm nichts aus, daß das Band ohne Ton war. Paul hatte Gespür für die Situation. Er erfaßte intuitiv Ericksons Absicht und reagierte entsprechend darauf.

Eilig baute ich die Videoausrüstung auf, damit wir die Induktion dieses Tages aufnehmen konnten. Während Paul noch immer in Trance war, stand er von seinem Stuhl auf; seine rechte Hand (er ist Rechtshänder) war kataleptisch. Dann ging er zur Videoanlage und überprüfte den Tonstecker, wobei er nur seine linke Hand benutze. Er beachtete weder seine Umgebung noch die Tatsache, daß sein rechter Arm kataleptisch war. Nachdem Paul wieder an seinen Platz zurückgekehrt war, sah er Erickson an und sagte langsam und mechanisch: „Ich wünschte mir, daß Sie mir noch andere Dinge beibringen, während ich in diesem Zustand bin."

Erickson dachte, daß Pauls Katalepsie ein schönes Beispiel für lateralisiertes Verhalten war. Er betonte dann, daß er ohne das stumme Videoband nie diese ausgezeichnete Lernerfahrung gemacht hätte.

Diese Begebenheit ist nur ein Beispiel dafür, wie Erickson den Kontext nutzte. Er begründete Pauls Trance, indem er einfach die reale Situation manipulierte und indirekt einen Schritt Abstand haltend kommunizierte, wodurch er eine Aufforderung erzeugte, auf die Paul einging. Und Erickson tat dies bezeichnenderweise so, daß er das Positive hervorhob; das „offensichtlich unbrauchbare" Videoband erwies sich als wertvoll!

Nebenbei bemerkt, diese zweite Induktion war eines der seltenen Male, bei denen ich sah, daß Erickson etwas entgangen ist. Wie sich zeigte, reagierte Paul ziemlich sensibel auf Ericksons minimale Hinweise. Während der Induktion schaute Erickson zu mir herüber und sagte etwas Ähnliches wie: „Ich kann nicht genau sehen, was geschieht, aber sein Blinzelreflex ist verändert." Während Erickson redete, schlossen sich Pauls Augen.

Später fragte Erickson mich, wann und warum Paul seine Augen geschlossen hatte. Ich wußte es nicht. Erickson erklärte mir, Paul habe seine Augen beim Hinweis auf den veränderten Blinzelreflex geschlossen. Aber als Paul und ich uns das Videoband anschauten, sahen wir, daß Erickson sich getäuscht hatte. In Wirklichkeit war Paul so im Einklang mit den minimalen Hinweisen Ericksons, daß er die Botschaft seiner Worte *„Ich kann nicht sehen..."* wörtlich nahm und schnell seine Augen schloß. Das Wörtlichnehmen, das sich als Bereitschaft zeigt, auf Aufforderungen ganz genau zu reagieren, ist oft ein Kennzeichen gut hypnotisierbarer Personen. Paul hatte die Worte: „Ich kann nicht sehen" als Aufforderung: *„Das Auge*[2] *kann nicht sehen"* gehört und präzise darauf reagiert.

Hier sind noch einige andere Beispiele, wie Erickson den Kontext nutzte:

Beispiel eins

Erickson verlangte von mir kein Honorar für die Zeit, die er mir zur Verfügung stellte, und ich wollte ihm als Ausdruck meiner Dankbarkeit ein Geschenk machen. Ich hatte damals nicht genügend Geld, um mir eine gründliche Ausbildung leisten zu können, und es gehörte zu seinem Stil, daß er kein Honorar verlangte, wenn Patienten oder Studenten nicht dafür aufkommen konnten.

Erickson mochte Holzschnitzereien; er hatte eine große Sammlung von Eisenholzschnitzereien der Seri- Indianer, die in der Wüste Nordwest-Mexikos leben. Daher schenkte ich Erickson eine Holzschnitzerei, und zwar eine mit einem unbearbeiteten Treibholzsockel. Das obere Ende des Stückes war ein fertig geschnitzter Entenkopf. Als ich Erickson das Geschenk überreichte, sah er das Treibholzstück an und sah mich an. Er sah das Treibholz an und sah mich an. Er sah das Treibholz an und sah mich an. Dann sagte er: „Am auftauchen."

2 Man beachte die Homophonie von Englisch „I" = „ich" und „eye" = „Auge". (Anm. d. Ü.)

Beispiel zwei
Einige Jahre später, es war das letzte Weihnachtsfest, bevor er starb, schenkte Erickson mir eine Eule aus Eisenholz. Ich dankte ihm mit den Worten: „Das ist ein sehr weises Geschenk, Dr. Erickson." Er hatte seinen Sinn für Symbolik bewahrt, und ich hatte verstanden.

Beispiel drei
Nach einer Sitzung im Jahre 1974 sah ich, wie Erickson sich in seinem Rollstuhl abmühte, die kleine Rampe vom Innenhof zum Hauptgebäude seines Hauses zu überwinden. Ich rannte hinüber, um ihm zu helfen, in der ehrlichen Absicht, ihm damit zu dienen, doch er wies meine Hilfe mit der spitzen Bemerkung zurück: „Man muß seine eigenen Kräfte gebrauchen, weil man selber am besten weiß, worauf es für einen ankommt." Dann fuhr er fort, den Rollstull zum Haus zu bewegen. Er sah eine Gelegenheit, mir eine Lehre zu erteilen, und er ließ sie sich nicht entgehen.

Beispiel vier
In zwei Fällen, die mir bekannt sind, hat Erickson „zufällig" die Patientenakte auf seinem Schreibtisch offen liegen lassen, so daß die Patienten einen verstohlenen Blick darauf werfen konnten. Seine Notizen waren meist sparsam. Bei beiden Gelegenheiten konnten sie lesen: „Es geht gut!"

Beispiel fünf
Ich hatte das Gefühl, daß er sogar Telefonanrufe gezielt einsetzte. Während Ausbildungssitzungen in seinem Büro nahm er Anrufe meist selber entgegen. Danach konnte er seinen Gedankengang immer genau dort fortsetzen, wo er ihn zuvor unterbrochen hatte. Diese Art des Zurückkommens auf einen Ausgangspunkt ist eine Technik, die man strukturierte Amnesie nennt (Erickson & Rossi 1974, S. 229), was bedeutet, daß man die unmittelbare Erinnerung an die dazwischenliegende Sequenz verliert. Mir schien, daß er mit der Entgegennahme von Anrufen während einer Sitzung den Zweck verfolgte, der Person in seinem Büro einen Hinweis zu geben, vielleicht wollte er dem Patienten oder Studenten dessen eigene Fähigkeit zur Amnesie demonstrieren. (Dazu ist allerdings zu bemerken, daß Erickson diese Technik nur während der letzten zehn Jahre seines Lebens in seinem Büro in der Hayward Street einsetzte. In dem Zimmer, das er von 1949 bis 1969 in der Cyprus Street als Büro benutzte, hatte er kein Telefon.)

Beispiel sechs

Erickson machte auch psychotherapeutische Interventionen durch genau passende, persönliche Widmungen, die er eigenhändig in Bücher hineinschrieb. Jede dieser Widmungen war auf ihren Empfänger zugeschnitten, und viele hatten eine therapeutische Absicht. Einige der denkwürdigen Bemerkungen, die er für mich geschrieben hat, lauteten:

1) *„In jedes Leben sollte eine gewisse Verwirrung kommen ... auch eine gewisse Erleuchtung."* Erickson formulierte diesen Spruch in Abänderung einer berühmten Textzeile von Wordsworth, die seine Mutter oft zitiert hatte. Mein erster Kontakt mit ihm war verwirrend, und es tröstete mich, um die Möglichkeit zu wissen, daß Erleuchtung noch folgen konnte.

2) *„Hinter jeder Ecke sollte sich das Unerwartete zeigen."* Eine ziemlich nette Ermahnung für jemand, der dazu neigte, sich übermäßig auf bewußte Planung zu verlassen.

3) *„Eines der Wunder dieser Welt besteht darin, die Augen zu öffnen."* Kein schlechter Rat für jemand, dessen bevorzugter Sinneskannal das Gehör ist.

4) *„Nur ein weiteres Buch, um Deine Haare zu kräuseln."* Erickson wußte, daß ich es schätzte, lockiges Haar zu haben, und es war bezeichnend für ihn, daß er seine Therapie an dem „aufhing", was dem Patienten oder dem Studenten bereits wertvoll war.

5) Erickson schrieb das Vorwort zu *Lösungen. Zur Theorie und Praxis menschlichen Wandels* von Watzlawick, Weakland und Fisch[3]. Er schrieb in das Exemplar, das er mir gab: *„Mai 1974. Für Jeff Zeig. Halte in zehn Jahren Rückschau und achte darauf, was sich verändert hat."* Dies war ein hilfreicher, weiser Rat für jemand, der es eilig hatte, ein Meister zu werden. Ich spürte, daß er versuchte, in mir eine Wertschätzung für Entwicklungsprozesse zu fördern.

Offensichtlich hat Erickson seine Psychotherapie nicht auf verbale Äußerungen in seinem Büro beschränkt. Er arbeitete ständig daran und mühte sich, seine Fähigkeit zur Einflußnahme und seine Wirksamkeit zu vergrößern. Erickson war sich der Wirkung seiner Kommunikation außerordentlich bewußt. Es schien, als sei es sein Lebenselixier, durch die Nutzung von Elementen der Umgebung neue

3 4. Auflage 1988, Bern/Stuttgart/Toronto(Huber). Das Original erschien 1974 unter dem Titel: Change. Principles of Problem Formation and Problem Resolution. New York (W.W. Norton).

Gelegenheiten zur Einflußkommunikation zu schaffen. Zusätzlich zur Nutzung des Kontextes wandte er auch andere Formen indirekter Beeinflussung an.

Utilisation indirekter Methoden

Ein allgemeiner Aspekt von Ericksons Ansatz war sein Gebrauch indirekter Methoden. Es war kennzeichnend für ihn, daß er indirekt vorging, obwohl er ziemlich direkt sein konnte. Paradoxerweise ist Indirektheit oft der direkteste Weg, um Lösungen herbeizuführen.

Eine Art seines indirekten Vorgehens bestand darin, Geschichten so zu strukturieren, daß sie auf mehreren Ebenen wirken konnten. Seine Anekdoten, die er in einer Ausbildungssituation erzählte, waren nicht nur interessante Beispiele guter Psychotherapie, sondern sie waren häufig auch auf anderen psychologischen Ebenen bedeutsam.

Hierfür ein Beispiel: Paul und ich und ein weiterer Student waren in Phoenix, um von Erickson zu lernen. Unbewußt wetteiferten wir alle drei um Ericksons Aufmerksamkeit, und natürlich bemerkte er das. Er unterbrach seinen Gedankengang abrupt und erzählte uns die Geschichte von einem ehrgeizigen, für seinen Wetteifer bekannten Kerl aus dem Osten, der zu ihm kam und in Trance gehen wollte (für die vollständige Darstellung dieses Falles siehe Rosen, 1982a, S. 81). Erickson wandte eine Armlevitationstechnik an und sagte zu ihm: „Gut, jetzt schau, welche Hand sich am schnellsten hebt."

Einer von uns fragte Erickson, ob er mit dieser Geschichte auf die Konkurrenzsituation zwischen uns abgezielt habe. Er gab zu, daß er den Wetteifer gespürt hatte und bemerkte: „Ich wollte gewiß nicht, daß ihr euren Wetteifer auf mich richtet." Damit sagte er auch, daß sich unser Wetteifer auf etwas anderes lenken ließ.

In dieser indirekten Art machte er seine Bemerkungen und zeigte seine Empathie. Es geschah nicht oft, daß er im Rogersschen Sinn empathisch war. Er hätte nicht gesagt: „Anscheinend fühlen Sie das Bedürfnis, mit anderen zu wetteifern." Statt dessen kam seine Geschichte auf die Idee des Wetteiferns zu sprechen und auf die Idee, den Wetteifer in eine andere Richtung zu lenken.

Als er uns seine Anekdote erzählte, hatten wir das Gefühl von Konkurrenz noch nicht erkannt, bemerkten es aber auf sein Stichwort hin. Als wir mit ihm direkt über die Idee unseres Wetteiferns redeten, war er vollkommen bereit, die Situation offen zu diskutieren. Sein Stil verlangte nicht, daß Themen auf einer unbewußten Ebene bleiben mußten.

Ein Grund, weshalb er die Idee des Konkurrierens nicht direkt angesprochen hat, war seine Höflichkeit. Er reagierte mit derselben Erfahrungebene, die er bei seinem Gegenüber vorfand. Hätten wir offen über unsere Konkurrenz gesprochen, dann, denke ich, hätte er das auch getan. Doch er glaubte an die Integrität des Unbewußten, wie er auch daran glaubte, daß es gut ist, dem Unbewußten mit Höflichkeit zu begegenen. Er schien dem Grundsatz zu folgen: „Wenn Dinge unbewußt ausgedrückt werden, dann reagiere entsprechend darauf; wenn Dinge bewußt zum Ausdruck gebracht werden, dann spreche direkt über sie."

Schreiben als Methode indirekter Kommunikation

Erickson konnte auch in seiner geschriebenen Kommunikation indirekt sein. Der Anfang meines Kontaktes mit ihm ist ein Beispiel dafür.

Wie viele andere bin auch ich durch Haley in das Ericksonsche Denken eingeführt worden. Ich las *Advanced Techniques of Hypnosis and Therapy* (Haley, 1967) und war beeindruckt von Ericksons Sichtweise. Bald danach schrieb ich aus einer Laune heraus meiner Cousine Ellen einen Brief, die in Tucson, Arizona eine Ausbildung als Krankenschwester machte und sagte ihr: „Wenn Du einmal nach Phoenix kommen solltest, besuche Milton Erickson. Der Mann ist ein Genie."

Ellen antwortete mir: „Erinnerst Du Dich an meine alte Zimmernachbarin, Roxanna Erickson?" Sie hatten in San Francisco zusammen gewohnt, und ich hatte sie vor einigen Jahren dort einmal besucht. Damals hatte Ellen mir zugeflüstert, daß Roxannas Vater ein berühmter Psychiater sei. Ich fragte jedoch nicht nach ihrem Familiennamen, und der hätte mir damals auch nicht viel gesagt.

Nun schrieb ich also an Erickson und an Roxanna und fragte, ob ich nach Phoenix kommen könnte, um zu lernen und um ihm bei der Arbeit mit Patienten zuzuschauen.

Erickson antwortete mir am 9. November 1973; ich zitiere Auszüge aus seinem Brief:

Lieber Herr Zeig,

ich fühle mich durch Ihren Brief sehr geschmeichelt, und ich würde Sie gern kennenlernen, aber die ein oder zwei Patienten, die ich pro Tag sehe, wären nicht Ihrer Mühe wert, und ich könnte sie auch nicht zu Ihrer Unterweisung gebrauchen. Auch ist mein allgemeiner Gesundheitszustand ziemlich wackelig, so daß ich nicht in der Lage bin, Ihnen eine Stunde pro Tag an zwei aufeinanderfolgenden Tagen zu versprechen.

Ich möchte Ihnen vorschlagen, beim Lesen meiner Arbeiten Ihr besonderes Augenmerk auf interpersonelle Beziehungen, auf intrapersonelle Beziehungen und auf den Schneeballeffekt einer Verhaltensänderung zu richten …

Eine andere Sache, die ich Ihnen gegenüber betonen möchte: Ich finde es wichtig, daß Sie erkennen, daß Geplapper, Wortschwalle, Anweisungen oder Suggestionen schrecklich unwichtig sind. Das einzige, was wirklich wichtig ist, ist die Motivation, etwas zu verändern, eine Lösung zu finden, und die Einsicht, daß es keine Person gibt, die ihre wahren Fähigkeiten je kennt.

Mit freundlichen Grüßen,
Dr. med. Milton Erickson

Ericksons Bemerkungen verblüfften mich, und ich war erstaunt, daß dieser bedeutende Mann sich die Zeit nahm, mir persönlich zu antworten. Ich war keine besonders selbstsichere Person, aber der Brief fesselte mich so, daß ich ihm schrieb, ich verstünde, daß er krank sei, aber daß ich dennoch dankbar wäre für jedes Maß an Zeit, das er mir widmen würde. Daraufhin bestimmte Erickson einen Termin, wann ich ihn besuchen konnte.

Ein paar Jahre später dachte ich über Ericksons anfängliche Briefmitteilung an mich nach. Er war ambivalent hinsichtlich der Idee, daß ich nach Phoenix kommen könnte; ich mußte ein zweites Mal schreiben und ihn darum bitten. Erickson nahm mich erst als Student an, als ich das zeigte, „was wirklich wichtig ist“, nämlich Motivation!

Ericksons Anekdoten machten einfache Ideen lebendig. Nicht nur prägen sich Begriffe besser ein, wenn sie in Form einer Geschichte dargeboten werden (Zeig 1980a, S. 26), sondern Anekdoten verleihen der therapeutischen Situation auch mehr Energie. Ich lernte das von Erickson, weil er mir mit seinen Geschichten half, mein eigenes Leben zu verändern.

1978 zog ich nach Phoenix. Gelegentlich beriet ich mich mit Erickson über meine eigenen beruflichen oder persönlichen Schwierigkeiten. Ich erzählte ihm einmal, daß mich die nervöse Gewohnheit plagte, in unpassenden Momenten befangen zu lächeln. Er antwortete mir darauf mit einer Geschichte über seine Hände. Er sagte, als Kind habe er sich einmal den Zeigefinger seiner rechten Hand stark verletzt und den Fingernagel beschädigt. Danach habe er immer dann, wenn er etwas Wertvolles aufhob, dazu nicht seinen Zeigefinger benutzt. Aber wenn es etwas weniger Wertvolles war, gebrauchte er seinen Zeigefinger, um es aufzuheben. Erickson sagte mir, er habe eine Studentin gehabt, die um diese Gewohnheit wußte. Sie habe ihm einmal ihren „diamantenen" Verlobungsring gegeben. Erickson sah sich den Ring an und bemerkte aus dem Augenwinkel, daß die Frau errötete. Dann schaute er auf seine Hand und sah, daß er den Ring hielt und dabei seinen Zeigefinger benutzte. (Mit anderen Worten, der Ring war nicht wirklich aus Diamant, und die Frau wußte es.)

Das war im wesentlichen der Rat, den Erickson mir gab. Verwirrt verließ ich sein Büro. Als ich darüber nachdachte, wurde mir klar, daß die Geschichte mit dem Diamantring analog bedeutete, daß mein Problem nicht echt war. Ich begann über die Ätiologie meines „Problems" nachzudenken, vielleicht, weil Erickson über die Ätiologie seines eigenen Musters geredet hatte. Die Therapie funktionierte jedenfalls. Ich hörte auf damit, befangen zu lächeln.

Ericksons Anekdoten halfen mir immer wieder. In einer frühen Phase meiner Ausbildung sagte ich Erickson bei einer Gelegenheit, daß ich mich vor einer Trance fürchtete. Er fragte, warum, und ich sagte: „Ich weiß es nicht. Vielleicht fürchte ich, einen Blackout zu bekommen."

Erickson sagte, er werde mir ein paar Beispiele geben. Er erzählte mir von einem Jungen, der mit seinem Vater auf die Jagd ging. Der Junge genoß es, Wild zu jagen, bis er 16 Jahre alt war und sein Vater ihm ankündigte, er sei jetzt alt genug, um allein auf die Jagd zu gehen. Der Junge bekam ein Gewehr, und er schoß einen Hirsch. Völlig unerwartet begann er danach zu zittern und wurde bleich.

Als nächstes erzählte Erickson eine Geschichte von einem Schönheitswettbewerb. Er sagte, daß die Gewinnerin des historischen Miss America Festzuges schrie und zitterte. Dann sprach er über das Gebären. Er berichtete von einer Frau, die sich vor der Geburt fürchtete, obwohl sie wußte, daß Frauen seit Menschengedenken den Geburtsvorgang gut bewältigt haben. Schließlich erklärte Erickson mir, daß ich während der Sitzung am vorherigen Tag mal in Trance, mal nicht in Trance gewesen sei.

Ich sagte dann zu ihm, daß ich mir eine „Anker-Erfahrung" wünschte, um zu verstehen , wie ich Hypnose einsetzen könnte. Daraufhin erzählte er mir zwei weitere Geschichten. Die erste handelte von einem Baseballspieler, der den Ball immer dann verfehlte, wenn er sich „ankerte". Die zweite war die von einem Medizinstudenten, der das erste Jahr seines Medizinstudiums sieben Mal wiederholte. Als er gefragt wurde, was die Deltamuskeln seien, zitierte er wörtlich sein Lehrbuch von Seite 1 an. Er ging bis auf Seite 1 zurück, weil er sich ankern mußte.

Erickson sah mich dann an und sagte: „Du willst Hypnose für verschiedene Zeiten gebrauchen können. Du gehst einfach hinein und wieder heraus, indem du es geschehen läßt." Diese Geschichte sollte eine Steigerung meiner Fähigkeit, meine eigene hypnotischen Begabungen zu nutzen, bewirken, und ich fürchtete danach auch nicht länger, daß es in Hypnose zu einer ungünstigen Reaktion kommen könnte.

Anekdoten dieser Art sind leicht zu interpretieren. Grundsätzlich ist zu sagen, daß Erickson meiner Furcht vor einem Blackout durch sie eine neue Bedeutung gab und mir zu akzeptieren erlaubte, daß unerwartete Gefühle Teil des anfänglichen Lernprozesses sein können. Diese Technik des Umdeutens oder Neudefinierens machte vor allem eine positivere Sicht des „Blackouts" möglich (zum Beispiel durch den Hinweis, daß ähnliche Gefühle sich auch nach einem Triumph einstellen können), andererseits aber auch eine negative Einschätzung des Bedürfnisses nach einem „Anker". Wenn man allerdings Geschichten zu sehr analysiert, geht oft ihre Gestalt verloren. Das Ganze ist mehr als die Summe der Teile.

Ericksons Anekdoten halfen mir noch bei einer anderen Gelegenheit. Als ich im Juli 1978 nach Phoenix zog, erlitt mein Vater einen Herzinfarkt. Meine Mutter konnte mich nicht direkt erreichen, weil ich gerade erst in Phoenix angekommen war und noch keine feste Adresse hatte, daher sandte sie ein Telegramm zu den Ericksons.

Als ich dorthin ging, um das Telegramm abzuholen, erzählte Erickson mir eine Geschichte über seinen Vater, die ich an dieser Stelle aus dem Gedächtnis erzählen werde. Rosen (1982a, S. 167) berichtet eingehender darüber.

Erickson sagte, sein Vater habe seinen ersten Herzinfarkt mit ungefähr 80 Jahren gehabt. Er sei in der Klinik einer Kleinstadt in Wisconsin aufgewacht und hätte den Arzt angeschaut, der zu ihm sagte: „Herr Erickson, Sie hatten einen schweren Herzinfarkt. Sie werden jetzt für ein paar Monate in der Klinik bleiben." Herr Erickson entgegnete: „Ich habe nicht ein paar Monate Zeit. Ich werde in einer Woche wieder draußen sein." Eine Woche später hatte er das Krankenhaus verlassen.

Ein paar Jahre vergingen, und Herr Erickson hatte wieder einen Herzinfarkt. Er erwachte in der Klinik, sah denselben Doktor, stöhnte und sagte: „Nicht noch einmal eine Woche."

Wieder einige Jahre später hatte Herr Erickson erneut einen Herzinfarkt. Als er das Bewußtsein wiedererlangte, sagte er zum Arzt (es war wieder derselbe): „Wissen Sie, Herr Doktor, ich werde allmählich ein bißchen älter. Ich vermute, daß ich zwei Wochen in der Klinik bleiben muß."

Als Herr Erickson über 90 war, hatte er noch einmal einen Herzinfarkt. Als er sich davon erholte, sagte er zum Doktor: „Wissen Sie, Doc, ich dachte, dieser vierte Herzinfarkt würde mich dahinraffen. Jetzt aber beginne ich, das Zutrauen zum fünften zu verlieren."

Im Alter von 97 Jahren brach Herr Erickson mit seinen Töchtern zu einer Spazierfahrt auf. Als er schon ins Auto eingestiegen war, bemerkte er, daß er seinen Hut vergessen hatte und kehrte ins Haus zurück, um ihn zu holen. Nach einer Weile sagten die Schwestern zu einander: „Das muß es jetzt wohl sein." Und wirklich, Herr Erickson war gestorben, vermutlich an einer Hirnblutung. Erickson bemerkte dazu: „Er hatte zu Recht den Glauben an den fünften Herzinfarkt verloren." Dann sah er mich an und sagte zu mir: „Was jetzt wirklich wichtig ist, ist die Motivation deines Vaters."

Ich wußte Ericksons Hilfe wirklich zu schätzen, und die Dramatik der Erzählung machte sie einprägsam und wirkungsvoll. Die Frage der Verantwortlichkeit meiner Familie gegenüber hatte mich in Konflikte gestürzt; seine Geschichte rückte die Dinge ins rechte Licht und half mir zu entscheiden, wie ich mich verhalten wollte. Auch der Kontext verdient Beachtung: Ich hatte Erickson nicht um seine Intervention, um seinen Beistand gebeten. Es gehörte zu Ericksons Stil, daß die Tatsache, daß man sich in seiner Gegenwart befand, ihm die Berechtigung gab, Hypnose und Psychotherapie zu machen. Das mag manchen unethisch und manipulativ erscheinen, doch für Erickson war es eine Frage der sozialen Aufmerksamkeit und Höflichkeit. Er wollte auf die jeweils gegebene Situation so bedeutsam und sinnvoll wie möglich antworten. Der Empfänger oder die Empfängerin seiner Kommunikation hatte die Freiheit, in dem von ihm oder ihr gewünschten Maß darauf zu reagieren.

In der Geschichte über seinen Vater ließ Erickson erkennen, was er für die richtige Einstellung im Umgang mit Tod und Krankheit hielt. Die Art, wie er gestorben ist, hat gezeigt, daß er kein Heuchler war. Er lebte die Prinzipien vor, für die er eintrat.

Ein Modell für das Sterben

Am Morgen des 23. März 1980, einem Sonntag, erkrankte Erickson an einer ihn überwältigenden Infektion, vielleicht aufgrund einer Divertikelruptur. Bis Dienstagnacht um 11 Uhr lag er halb im Koma und starb dann, während Frau Erickson und seine Tochter Roxanna bei ihm im Zimmer waren. Die Zeit, während der er ausharrte, gab den übrigen Mitgliedern seiner Familie Gelegenheit, noch rechtzeitig nach Phoenix zu fliegen.

Während der kurzen Zeit in der Klinik war Erickson zum Teil ansprechbar, jedoch nur für Familienmitglieder. Wenn sie mit ihm sprachen, bewegte er oft seine Augenlider.

Die Art seines Todes paßte zu seinem Lebensstil. Erickson war stolz auf die Tatsache, daß sein Vater gestorben war, während er hinausging, um etwas zu unternehmen, und sein eigener Tod war ähnlich. Erickson hatte gerade ein einwöchiges Seminar beendet, und es waren bereits Studierende für das Montagsseminar angereist. Und während er im Krankenhaus lag, kämpfte er klar erkennbar darum, am Leben zu bleiben. Ich hatte das Gefühl, daß er niemals aufgab. Er schien jeden Atemzug zu nehmen, den er bekommen konnte, und dann nahm er noch einen dazu.

Nach seinem Tod trafen wir uns im Wohnhaus der Familie zu einem späten Abendessen. Es herrschte keine ausgedehnte Trauer. Erickson hatte die Idee vertreten, daß das Leben den Lebenden gehöre und daß tiefes Sich-Grämen unnötig sei.

Erickson bediente sich oft eines neckenden Humors, um Gedanken an den Tod zu zerstreuen. Als ich mir einmal Sorgen wegen seiner schlechten Gesundheit machte, sagte er mit falsch zitierten Worten von Tennyson: „Vor Gericht[4] soll niemand klagen, wenn mein Schiff aufs Meer hinaus fährt." Im Spaß sagte er auch, daß Sterben das Letzte sei, was er tun werde (vgl. Rosen, 1982a, S. 170; ebenso Rosen 1982b, S. 475). Seine Einstellung war: „Wir alle fangen an zu sterben, sobald wir geboren sind. Manche von uns sind schneller als andere. Warum sollte man das Leben nicht genießen, wenn es doch sein kann, daß man tot aufwacht? Man merkt das dann nicht mehr. Aber jemand anderer wird sich dann Sorgen machen. Bis dahin aber, lebe – und genieße das Leben!"

Bei einer anderen Gelegenheit sagte er in seiner unverwechselbaren Intonation: „Willst du ein gutes Rezept für ein langes Leben? Sorge dafür, daß du jeden Morgen aufstehst. Und du kannst das gewährleisten, indem du am Abend vor dem Zubettgehen viel Wasser trinkst" (Zeig, 1980a, S. 269).

Erickson hatte einer anderen Gruppe von Studierenden gesagt, er wünsche sich, daß man ihm an seinem Totenbett Witze erzähle. Ich erfuhr von seiner Bitte leider erst, als es zu spät war.

Einprägsame Einzeiler und Analogien

Anekdoten sind nur eine der Methoden, Dinge einprägsamer zu machen. Erinnerungen können durch ungewöhnliche Wortspiele, die Umkehrung eines Satzes oder durch einfache Analogien „markiert" werden. Hier sind einige Beispiele:

4 Das englische Wort für Gericht, „bar", kann auch „Sandbank am Hafeneingang" heißen. Vermutlich handelt es sich hier um ein Wortspiel: Das Schiff verläßt den Hafen, und die Zurückbleibenden sollen nicht (weh-)klagen; zugleich erlaubt die Homophonie auch die Assoziation, daß ein natürlicher Tod keinen Grund zur Anklage vor irgendeinem Gericht (bar) liefert. (Anm. d. Ü.)

Als wir den Ersten Internationalen Kongreß über Ericksonsche Ansätze der Hypnose und Psychotherapie organisierten, stellte Erickson die Hypothese auf, daß ich auf nationaler Ebene in Hypnosekreisen wahrscheinlich bekannt werden würde und ein Offizier in einem Berufsverband werden könnte. „Willst Du wissen, wie Du in einer Organisation an die Spitze kommst?" fragte er. „Aber sicher!", antwortete ich. „Schleife Leute mit dir hinauf."

Ich war bei einem Treffen von Berufskollegen außerhalb der Stadt, wo ich schäbig behandelt wurde und wo man Erickson schwer kränkte. Ich war von dem, was passiert ist, überrascht und identifizierte mich mit Erickson. Ungern und mit einigem Zittern rief ich ihn an, um ihm von dem Geschehen zu berichten. Er war verblüfft, lachte leise und sagte: „Willkommen in der Welt der Erwachsenen!"

Gelegentlich sagte er: „Probleme sind die Ballaststoffe des Lebens. Und jeder Soldat, der einmal auf Notration war, weiß, wie wichtig Ballaststoffe bei einer Diät sind." (Vgl. Zeig 1980a, S. 185.) Und ähnlich bot er den Spruch an: „Sei so glücklich wie du kannst. Die Schwierigkeiten finden dich immer." Oder: „Mit dem Guten und Schlechten gleichermaßen angemessen umzugehen ist die wahre Freude des Lebens." Zu einem anderen Studenten sagte er: „Psychotherapie beginnt zuhause." Und zu der kleinen Tochter eines Kollegen: „Tut es weh, so klug und nett zu sein?" Zu einem Studenten: „Glück ist, wenn man allem, was man hat, einen Wert beimessen kann" (Thompson 1982, S. 418). Zu einem Kollegen, Marion Moore, sagte er: „Hypnose ist eine lebendige Beziehung in einer Person, die durch die Wärme einer anderen Person stimuliert wird."

Indirektheit durch den Gebrauch von Analogien

Erickson gab mir einmal einen Rat in Gestalt einer ziemlich hübschen Analogie. Leider brauche ich noch ein wenig, bis ich den Rat voll und ganz beherrsche, aber ich habe die gleiche Analogie schon bei einigen meiner Patienten erfolgreich verwendet.

Ich erklärte Erickson, daß ich zu hart gearbeitet hatte und bat ihn um Hilfe. Er redete mit mir über sein eigenes Leben. Er sagte, daß er während der Jahre seiner Arbeit am Eloise-Krankenhaus in Michigan es immer bedauert habe, nicht genügend Ferien mit der Familie gemacht zu haben.

Dann nannte er ein Beispiel: „Wenn jemand sich zum Essen hinsetzt, dann möchte er zuerst vielleicht einen Cocktail. Danach könnte er noch einen Aperitiv trinken. Danach will er vielleicht noch eine Erfrischung für seinen Gaumen. Schließlich geht er zum Salat über, auf den dann das Hauptgericht folgt, das aus Fleisch und irgendwelchen kohlehydrathaltigen Beilagen und Gemüse besteht. Nach dem Hauptgericht nimmt er noch ein Dessert und schließlich einen Kaffee oder Tee." Dann schaute Erickson mich an und sagte: „Man kann nicht immer nur von Proteinen leben."

Es war Teil von Ericksons Mentalität, Ideen in einer Form zu präsentierten, daß er damit zur konkreten Situation einen Schritt auf Distanz bleiben konnte. Einen Schritt Abstand haben ist das Wesen der Indirektheit.[5]

Der Rat, den ich brauchte, war: „Arbeite nicht zu hart." Er konnte mir in der Tat nicht viel mehr sagen als: „Also, dann arbeite nicht so viel." Doch Erickson gab seinen Rat in Form einer Analogie, die der Idee Einprägsamkeit und Lebendigkeit verlieh.

Der Gebrauch einprägsamer Worte

Erickson verwendete nicht nur Anekdoten, Analogien und Einzeiler, um Dinge einprägsamer zu machen, sondern er benutzte auch eigens ausgewählte Wörter. Wie bereits erwähnt, beschäftigte Erickson sich als Kind schon früh mit dem Wörterbuch. Das Bewußtsein der vielfältigen Bedeutungen von Wörtern war ein Grundstein seiner indirekten Technik.

In einer Lehrsitzung forderte er mich mit Anekdoten heraus, um meine Flexibilität zu steigern. Gelegentlich blickte er zu mir auf und sagte: „Du bist rigid." Ich sann darüber nach: „Nun gut, im Vergleich zu Erickson bin ich rigid." Doch diese Kommunikation beschäftigte mich noch länger: „Unbeweglich" konnte sich sowohl auf meine Körperhaltung als auch auf meine geistige Haltung beziehen. Wenn Leute in Trance gehen, ist ihr Verhalten fixiert und unbeweglich. Erickson wußte, daß ich meine Fähigkeit, in Trance zu gehen, in Frage stellte, und ich glaube, er meinte es doppelbödig, als er mich mit meiner Unbeweglichkeit konfrontierte.

Ein ausgezeichnetes Beispiel dafür, wie Erickson jedes Wort als Werkzeug benutzte, findet sich in seinem Artikel: „The Method Employed to Formulate a Complex Story for the Induction of the Experimental Neurosis in a Hypnotic Subject"[6] (Erickson 1944).

5 Siehe Anmerkung 1.
6 „Die Methode der Formulierung einer komplexen Geschichte zur Induktion einer experimentellen Neurose bei einer hypnotisierten Versuchsperson".

Darin legt er das Grundprinzip der genauen Wortwahl für die Induktion dar.

Die indirekte Methode der Lenkung von Assoziationen

Anekdoten, Einzeiler und Analogien verleihen nicht nur der Therapie mehr Energie und einer Idee mehr Einprägsamkeit, sondern sie dienen auch der Lenkung von Assoziationen. Probleme werden oft durch vorbewußte Assoziationen verursacht. Wenn Probleme auf der Ebene der Assoziationen erzeugt werden, so kann man sie auch oft auf dieser Ebene am besten lösen. Anekdoten eignen sich als Hilfsmittel, um dem inneren Leben des Patienten neue Assoziationen zu verschaffen. Einfach nur über eine Situation zu sprechen, ist nicht notwendigerweise therapeutisch.

Ich erinnere mich, wie Erickson mich dazu brachte, das Pfeifenrauchen aufzugeben. Ich war vom Pfeifenrauchen abhängig, und er war gegen das Rauchen eingestellt. Ich dagegen muß es irgendwie gut gefunden haben. Es paßte damals zu meinem Image des „jungen Psychologen".

Erickson sah, wie ich in seinem Garten meine Pfeife rauchte. (In seinem Büro rauchte ich nicht.) Als ich zu unserer Sitzung hereinkam, erzählte er mir eine lange, fröhliche, gewundene Geschichte von einem seiner Freunde, der ein Pfeifenraucher war. So wie ich mich erinnere, habe dieser Freund unbeholfen ausgesehen, wenn er seine Pfeife rauchte, und es habe auch unbeholfen gewirkt, wie er den Tabak in die Pfeife stopfte. Ich erinnere mich, daß ich dachte: „Ich rauche jetzt schon seit Jahren Pfeife. Ich sehe dabei nicht unbeholfen aus." Erickson fuhr fort, mir im Detail zu erzählen, wie der Freund unbeholfen aussah: Er sah unbeholfen aus, wenn er den Tabak in die Pfeife hineinstopfte; er sah unbeholfen aus, wenn er den Tabak anzündete; er sah unbeholfen aus, weil er nicht wußte, wo er seine Pfeife hinlegen sollte, und er sah unbeholfen aus, weil er nicht wußte, wie er die Pfeife halten sollte.

Ich schwöre, daß diese Geschichte eine Stunde dauerte. Ich hatte bis dahin nicht gewußt, daß jemand auf so viele verschiedene Arten unbeholfen aussehen konnte. Die ganze Zeit über dachte ich im stillen: „Warum erzählt er mir diese Geschichte? Ich sehe nicht unbeholfen aus."

Kurz nach der Sitzung verließ ich Phoenix und fuhr in die Gegend bei San Francisco zurück, wo ich wohnte. Als ich Kalifornien erreichte, sagte ich mir: „Ich rauche nie mehr." Ich legte die Pfeife für immer weg und trennte mich von allen meinen teuren Pfeifen und Feuerzeugen.

Ich hatte auf Ericksons Aufforderung reagiert. Ich wollte in seinen Augen gewiß nicht unbeholfen wirken. Darüberhinaus war seine Technik eine Musterunterbrechung; er verband die Idee der Unbeholfenheit mit dem Pfeifenrauchen. Daraufhin hatte ich einfach keine Lust mehr, eine Pfeife zu rauchen.

Indirekte Konfrontation

Die indirekte Technik eignet sich ebensogut für Konfrontationen wie für Anleitungen. Hierfür zwei Beispiele:

Erickson war ein unersättlicher Leser, aber als seine Augen schwächer wurden, sah er fern. Er mochte Naturfilme und gebrauchte in seiner Lehrtätigkeit und in seinen Therapien oft Metaphern, die aus diesen Filmen stammten. Ich versuchte einmal, ihn etwas zu fragen, als eines seiner liebsten Programme eingeschaltet war. Er sagte, daß er ans Haus gebunden sei und daß diese Sendungen eine der wenigen Möglichkeiten seien, die er hatte, um hinauszukommen. Er sicherte sich meine Aufmerksamkeit und sagte dann: „Wenn ich meinen Naturfilm versäume, werde ich wütend." Ich sagte: „Ich gehe."

Sogar bei der Konfrontation ging Erickson indirekt vor. Es gelang ihm, mir gewisse Grenzen zu setzen, mir etwas beizubringen und er fand gleichzeitig einen einzigartigen Weg, um seine Botschaft zu übermitteln.

Nicht lange bevor er starb fragte Erickson mich, wieviel Honorar ich für eine Therapiestunde verlangte; er verlangte damals 40 Dollar pro Stunde. Ich sagte: „40 Dollar." Er sagte: „Fünfunddreißig?", so als habe er mich nicht verstanden. Ich korrigierte ihn: „Nein, 40 Dollar." Er fragte noch einmal: „Fünfunddreißig?" Ich sagte: „Ich verstehe."

Es war nicht so, daß er nicht auch scharf und direkt konfrontativ hätte sein können. Mir ist zum Beispiel mehr als ein Fall bekannt, in dem Erickson einem Paar, das nicht zusammenpaßte, zur Trennung riet. Er bemühte sich, die Technik zu benutzen, die am geeignetsten erschien, um die gewünschte Reaktion herbeizuführen.

Zusammenfassung

Ericksons Therapie glich oft der eines Doktors aus alter Zeit. Er bot ein einfaches, dem gesunden Menschenverstand zugängliches Heilmittel an, das er mit einem Schritt Abstand[7] verabreichte, so daß es lebendig werden und gehört werden konnte. Der Patient konnte dadurch auf die Aufforderung reagieren. Es war nicht so, daß sein Rat besonders tiefgründig gewesen wäre. Es hatte nicht den Anschein, als sage Erickson etwas Außerordentliches über das Wesen der menschlichen Persönlichkeit. Doch wo die meisten Therapeuten ganz von ihren psychodynamischen Formulierungen eingenommen sind, achtete Erickson auf das Naheliegende und dachte darüber nach, wie er es am wirksamsten therapeutisch nützen konnte.

Direkte Supervision

Erickson war ein ungewöhnlicher Supervisor, dessen Anweisungen sich wie seine ganze Therapie auf den gesunden Menschenverstand gründeten, aus dem heraus er indirekt vorging.[8] Seine Technik als Supervisor war genauso einzigartig wie seine Technik als Therapeut und Lehrer. Auch dazu einige Beispiele:

Beispiel eins

Als Erickson seine private Praxis aufgab, überwies er mir mehrere Patienten. Einer von ihnen hatte eine eigentümliche Ansteckungsphobie. Jedesmal wenn er etwas sah, was mit weißem Pulver bedeckt war, mied er phobisch für immer diesen Gegenstand, bis zu dem Punkt, an dem er seine Bekannten und Familienangehörigen damit zu terrorisieren begann. So zum Beispiel sah er einmal weißes Pulver auf dem Fernsehapparat, und weil er den nicht mehr berühren wollte, mußten seine Frau und seine Töchter das Gerät für ihn ein- und ausschalten und die Kanäle wechseln.

In der ersten Sitzung mit diesem Patienten erhob ich Informationen zur Problemgeschichte und erhielt eine Problembeschreibung. Dann rief ich Erickson an und bat ihn um eine Supervision. Er war einverstanden mich zu sehen, und so ging ich zu ihm nach Hause und

7 „one-step removed“, siehe Anmerkung 1.

8 Im Original: „... whose instructions like his therapy, were based on one-step removed common sense.“

berichtete ihm in ausführlichen Details über den Patienten. Ich fragte ihn, wie er mit dem Problem umgehen würde, und sein Rat war einfach. Stoisch sagte er: „Schicke ihn nach Kanada." Dann fügte er hinzu: „Um es genauer zu sagen, schicke ihn nach Nordkanada."

Erickson teilte mir mit daß, dieser Typ von Patient gewalttätig werden könne: Er könnte auf die Idee kommen, daß jemand absichtlich weißes Pulver irgendwo draufgestreut habe, um ihn zu vergiften.

Erickson hatte nicht mehr dazu zu sagen. Ich nahm den Rat mit Kanada nicht an, weil ich überhaupt keine Idee hatte, was er damit meinte, aber ich war vorsichtig genug, daß ich nur noch eine Sitzung lang mit dem Patienten arbeitete. Ich vermittelte ihm vor allem eine Verhaltenstechnik der Musterunterbrechung und sagte ihm, wie er sie anwenden sollte. Wegen der diesem Mann eigenen Dynamik wollte ich, daß er sich mehr auf sich selbst verließ als auf meine Intervention. Ich sagte zu ihm, er solle nicht mehr mit mir in Kontakt treten, unabhängig davon, ob die Therapie, die ich ihm vorschlug, erfolgreich sei oder nicht. Ich überließ alles ihm selbst.

Einige Zeit später sann ich über Ericksons Rat nach. Schließlich verstand ich ihn. Zunächst, als Erickson mir seinen Rat zu dem Fall gegeben hatte, war ich zu verblüfft über seine kurze, leidenschaftslose Antwort, um gleich zu realisieren, wovon er redete. Auch vergißt man leicht, wenn man in der Wüstengegend von Phoenix lebt, wie das Klima in nördlichen Breiten ist. Erickson hatte eine In vivo-Desensibilisierung vorgeschlagen! Ich glaube zwar nicht, daß Erickson es wörtlich meinte, daß ich den Mann nach Kanada hätte schicken sollen. Eher wollte er mich dahin lenken, daß ich nach Kontexten suchte, in denen das Problem nicht existierte. Zugleich suggerierte er mir, daß ich auf meine eigenen Ressourcen vertrauen sollte, nicht auf seinen Rat.

Beispiel zwei

In einem anderen Fall, den Erickson an mich überwies, hatte er mit vier Generationen einer Familie gearbeitet: Er hatte den Großvater, den Vater, die beiden Söhne und die Familie von einem der Söhne gesehen. Er überwies mir die depressive Frau diesen Sohnes. Erickson schilderte mir das Muster des Versagens, das die Männer der Familie charakterisierte, und erklärte, daß der Ehemann der depressiven Frau unbeweglich sei, Distanz wahre und seine Gefühle nicht zeigen könne. Die Depression der Frau ließ sich teilweise auf die Tatsache zurückführen, daß ihr Mann sich emotional abwandte.

Während des Behandlungsverlaufs beriet ich mich mehrere Male mit Erickson. An einem bestimmten Punkt wollte die Frau ihr Geschäft verkaufen. Ich hielt das für keine gute Idee, und drum fragte ich Erickson, wie er darüber dachte. Er riet mir, ihr zu sagen: „Behalten Sie das Geschäft, weil das den Kindern ein gutes Beispiel geben wird." Sein Rat traf ins Schwarze. Obwohl er die Frau früher nur einmal gesehen hatte, hatte er ihre Werte sicher ermittelt. Ihren Kindern ein gutes Beispiel zu geben gehörte zu den Dingen, die in ihrem Leben an erster Stelle standen.

Mit einer Therapie, die sich daran anschloß, half ich jedoch der Frau, wie ich dachte, nicht genügend. Ich sprach noch einmal mit Erickson über die Situation. Er erzählte dazu wieder eine Geschichte. Es war eine Anekdote über die bereits genannten Seri-Indianer, die Schnitzereien aus Eisenholz anfertigen. Erickson erklärte mir, daß die Seri arm waren und nur sehr primitive Werkzeuge besaßen. Nachdem sie einen ganzen Tag lang auf Fischfang waren, hatten sie manchmal am Abend nur ein oder zwei Fische für den ganzen Stamm gefangen. Nachts gingen sie hinaus in die Wüste und schliefen unter den Sternen.

Dann, so fuhr er fort, habe ein Anthropologe, der später ein persönlicher Freund von ihm wurde, die Seris besucht. Der Mann interessierte die Indianer durch die Holzschnitzereien, die er aus dem Eisenholz anfertigte, das in der Wüste von Sonora überall zu finden war. Schließlich begannen die Seris, die wilden Tiere, die sie kannten, in Eisenholzschnitzereien darzustellen. Sie benutzten dazu keine Modelle; sie machten die Schnitzereien aus dem Gedächtnis und hatten nur primitives Werkzeug zur Verfügung: Meeressand als Schmirgelpapier und Schuhcreme als Farbstoff.

Die Schnitzereien wurden äußerst bekannt und beliebt, und die Seris wurden reich. Nun konnten sie Fischnetze und Lastwagen kaufen. Erickson erklärte, daß sie von nun an ihre Fischnetze ins Meer warfen und bald eine Menge Fische für den Stamm fingen. Und Erickson fügte hinzu: „Und dann nahmen sie ihre Lastwagen und fuhren in die Wüste hinaus, um unter den Sternen zu schlafen."

Das war Ericksons Rat hinsichtlich dieser Frau. Wieder mußte ich eine Zeitlang überlegen und das Gehörte verarbeiten, um die Pointe zu verstehen, doch dann wurde die Botschaft klar: Auch wenn manche Leute ihre äußeren Verhältnisse ändern, so bedeutet das nicht notwendigerweise, daß sie auch ihre grundlegenden Einstellungen oder Verhaltensweisen ändern.

Hätte Erickson zu mir gesagt: „Weißt Du, manche Leute ändern ihre grundlegenden Verhaltensweisen nicht, auch wenn sich ihre Verhältnisse ändern", so wäre mir das nicht im Gedächtnis geblieben. Er verdeutlicte seine Ansicht, indem er sie in eine dramatische, Indirektheit wahrende, beispielhafte Geschichte hineinwob.

Ich machte in diesem Fall auch „Familientherapie", indem ich einen Kunstgriff anwandte, den ich von Erickson gelernt hatte. Er erzählte mir von einer Technik, die er gebrauchte, um in emotional distanzierten Familien die Kommunikation in Gang zu bringen. Er wies die Familienmitglieder an, aus der Zeitung abwechselnd die Ann Landers-Kolumne[9] vorzulesen. Sie sollten das ein Jahr lang jeden Abend am Abendessenstisch tun. Die Briefe mußten vorgelesen, die Antworten jedoch aufgespart werden, bis die Familie eine Weile über den jeweiligen Brief diskutiert hatte (natürlich einigte ich mich mit der Familie zuvor darüber, daß der Rat von Ann Landers, obwohl er meist vernünftig sei, doch nicht immer richtig oder die einzige Lösung oder für die ganze Familie auch anwendbar sein müsse). Erickson sagte, nach einem Jahr Ann-Landers-Lektüre habe man die ganze Skala menschlicher Probleme kennengelernt.

Ich habe diese Technik bei mehreren Gelegenheiten angewendet. Sie eignet sich vorzüglich, eine Familie zu mehr Kontakt und zur Diskussion moralischer Themen anzuleiten.

Beispiel drei

Als ich einen schwierigen schizophrenen Patienten hatte, bat ich Erickson um Supervision. Erickson fragte mich, ob der Patient musikalisch sei. Als er hörte, daß der Patient musikalische Neigungen hatte, sagte er: „Also, wenn der Patient Klavier spielt, dann laß ihn lernen, ein Lied zu spielen und dabei eine Taste auszulassen." Da der Patient Gitarre spielte, ließ ich ihn ein Lied unter Auslassung einer Griffleiste spielen.

Der Rat war ziemlich vernünftig, weil er die Handlungen schizophrener Patienten symbolisierte; sie leben ihr Leben einfach ein wenig neben den Tasten oder mit fehlenden Tasten. Aber um ein Lied mit fehlenden Tasten zu spielen, muß man es zuerst richtig zu spielen

9 Eine Art Lebensberatung in Zeitschriften durch Antworten auf Leserbriefe, hier von einer Frau mit Namen Ann Landers. Vermutlich ist diese Frau nicht nur in der Gegend von Phoenix bekannt, sondern darüber hinaus in weiten Teilen der USA. (Anm. d. Ü.)

gelernt haben. Variationen dieser Methode verwende ich seither in meiner Arbeit mit schizophrenen Patienten öfter.

Beispiel vier

Die früher erwähnte Patientin mit akuten hysterisch-psychotischen Episoden (siehe Kapitel 1) litt gelegentlich an akustischen Halluzinationen. Erickson wies mich an, seine Technik weiterzuführen, die darin bestand, daß er sie alles aufschreiben ließ, was die Stimmen sagten. Dies war ein förderliches Ordeal (vgl. Haley, 1984), das als wirksame Musterunterbrechung diente.

Beispiel fünf

Ich besprach mit Erickson den Fall eines Paares, das in einer eskalierenden symmetrischen Beziehung voller Bitterkeit lebte; jeder beschuldigte den anderen, die Probleme, die sie hatten, zu verursachen. Er verriet mir eine Technik, die er in mehreren Fällen erfolgreich angewendet hatte. In einer gemeinsamen Sitzung sollte ich zu dem einen Partner (der Frau) sagen: „Wissen Sie, in jeder gegebenen Situation hat Ihr Partner zu 60 Prozent Recht." Dann sollte ich zum anderen Partner (dem Mann) sagen: „In jeder gegebenen Situation hat Ihre Partnerin zu 60 Prozent Recht." Danach konnte ich zu beiden sagen: „Sie wissen, daß das zusammen schöne 120 Prozent ergibt."

Im Anschluß daran wies ich das Paar an: „Sobald Ihr Partner oder Ihre Partnerin etwas bringt, worüber Sie verschiedener Meinung sind, dann zeigen Sie ihm oder ihr die 60 Prozent, die richtig sind. Danach sind Sie frei, ihn oder sie über die 40 Prozent zu informieren, die verbesserungsfähig sind." Ich erklärte ihnen, daß diese Technik nur unterstrich, was sie bereits taten; sie fügte nicht viel Neues hinzu. Gewöhnlich streuten sie ein, was der Partner gut machte, während sie ihn kritisierten. Die einzige Veränderung bestand darin, das, was der andere richtig machte, zu bestätigen, zu stärken und diese Aspekte zuerst zu bringen.

Diese Technik kann auch zu einer wirksamen Musterunterbrechung führen. Der Therapeut schaltet sich in den ehelichen Kampf ein. Dabei kann die Technik erfolgreich sein, sogar, wenn das Paar die Aufgabe nicht durchführt. Auch schon wenn ein Partner in einer Konfliktsituation einfach an den Rat denkt, kann das manche Gefühle zerstreuen, bevor sie unkontrollierbar werden.

Beispiel sechs

Ich fragte Erickson nach Techniken zur Gewichtskontrolle, ein Problem, das sich durch eine niedrige Erfolgsquote auszeichnet. Erickson wies darauf hin, daß es wichtig sei, auf eine veränderte Einstellung, eine neue Haltung hinzuarbeiten. Wenn ein Patient 40 Pfund verlieren wollte, ging Erickson rasch dazu über, mit ihm über den Verlust von einem Pfund zu reden. „Wie steigen Sie auf den Squaw Peak[10]?“ fragte er hypothetisch und gab selbst die Antwort: „Mit immer nur einem Schritt auf einmal.“

Beispiel sieben

Diesen Fall, eine meiner liebsten Supervisionsgeschichten, habe ich zwar bereits publiziert (Zeig 1980a), möchte hier aber einige Details ergänzen.

Ein Rechtsanwalt nahm mit Erickson Kontakt auf wegen eines Falles, in dem seiner Meinung nach Hypnose unsachgemäß gebraucht worden war. Es handelte sich um Mord, und die Polizei wandte bei den Zeugen Hypnose an. Der Anwalt der Verteidigung bat Erickson, vor Gericht als Experte auszusagen, doch Erickson fand, er sei zu alt und schlug dem Rechtsanwalt vor, mich anzurufen.

Ich verschwieg dem Anwalt der Verteidigung gegenüber nicht, daß ich bisher noch nie in einem Gerichtsaal als Experte ausgesagt hatte, daß ich aber gerne bereit sei, zur Frage, ob Hypnose sachgemäß eingesetzt werde, Stellung zu nehmen. Der Anwalt sagte mir, daß er dem Gericht meine Empfehlungsschreiben und Zeugnisse vorlegen müsse, bevor er mich als Gutachter einsetzen könne. Er teilte dem Gericht mit, daß ich meine Ausbildung bei Milton Erickson, der weltweit ersten Autorität in Sachen Hypnose, mache, und so wurde schließlich davon eingegangen, daß ich genug Fähigkeiten besaß.

Daraufhin nahm auch der Staatsanwalt mit Erickson Kontakt auf, denn Erickson hatte einige ausgesuchte Beamte der Polizei von Phoenix in hypnotischer Ermittlungstechnik unterrichtet. Daher war es gut möglich, daß er den Beamten ausgebildet hatte, der in diesem bestimmten Fall die Hypnose durchführte. Dem Staatsanwalt sagte Erickson, daß er aus Krankheitsgründen nicht als Experte aussagen könne. Der Staatsanwalt bat ihn daraufhin, eine eidliche Aussage zu machen. Erickson erklärte sich einverstanden.

10 Der schon öfter genannte „Hausberg“ in der Nähe von Phoenix. (Anm. d. Ü.)

Als der Staatsanwalt dem Gericht Ericksons Zeugnisse vorlegte, bemerkte er: „Da die Verteidigung anerkennt, daß Erickson die erste Autorität in Sachen Hypnose ist, wollen wir, daß er zu diesem Fall Stellung nimmt." Erickson wurde vom Gericht natürlich zugelassen.

Nun also war Erickson der Sachverständige der Anklage und der Sachverständige der Verteidigung Zeig. Unnötig zu sagen, daß ich ein wenig nervös wurde.

Ich fragte Erickson, weshalb er seine Meinung geändert habe und nun doch aussagen wolle, und er sagte: „Du mußt noch ein paar Dinge lernen, nicht wahr?" Ich darauf: „Aber sicher!"

Obwohl für Erickson das Reisen beschwerlich war, fuhr er mit dem Polizeiwagen zum Polizeirevier, um sich das Video von der hypnotischen Zeugenvernahme anzusehen. Erickson wollte offenbar nicht nur mich unterweisen, sondern er muß den Fall auch als wichtig erachtet haben.

Während wir uns unterhielten, sagte ich Erickson auch, daß ich nervös sei, wenn ich an die Gerichtsverhandlung dachte, und bat ihn um Rat. Er begann die folgende Geschichte mit dem Satz: „Sieh zu, daß du den gegnerischen Anwalt kennst."

Erickson erklärte mir, daß er einmal in einem Sorgerechtsfall im Interesse des Ehemannes und Vaters als Sachverständiger ausgesagt habe. Er glaubte, daß die Ehefrau und Mutter an schweren psychischen Problemen litt und daß der Ehemann die geeignete Person war, der das alleinige Sorgerecht übertragen werden sollte, da nicht auszuschließen war, daß die Frau das Kind mißbrauchte.

Erickson berichtete dann weiter, er habe vermutet, daß der gegnerische Anwalt ein sehr gründliches Mensch sei. Und er habe sich vorgestellt, daß die Dinge schwierig werden würden, weil der Rechtsanwalt des Ehemannes ihm keinerlei Information über die gegnerische Seite gegeben hatte. Als der Tag kam, an dem er seine Aussage als Sachverständiger machen sollte, war die gegnerische Anwältin gut vorbereitet; sie hatte vierzehn maschinengeschriebene Seiten mit Fragen an Erickson. Sie begann mit herausfordernden Fragen: „Dr. Erickson, Sie sagen, Sie seien ein Experte auf dem Gebiet der Psychiatrie? Auf welche Autorität berufen Sie sich dabei?" Erickson antwortete: „Ich bin meine eigene Autorität." Er wußte, daß, wenn er jemanden genannt hätte, diese gut vorbereitete Juristin versucht hätte, durch das Zitieren von einander widersprechenden Autoritäten sein Sachverständigengutachten zu untergraben.

Die Anwältin fragte dann: „Dr. Erickson, Sie sagen, Sie seien ein Experte auf dem Gebiet der Psychiatrie. Was ist Psychiatrie?" Erickson erzählte mir, er habe die folgende Antwort gegeben: „Ich kann Ihnen ein Beispiel nennen. Jeder Experte für amerikanische Geschichte weiß etwas über Simon Girty, auch ‚Dirty Girty'[11] genannt. Wer kein Experte für amerikanische Geschichte ist, weiß nichts über ‚Dirty Girty'. Jeder Experte für amerikanische Geschichte sollte etwas über ‚Simon Girty' wissen, der auch ‚Dirty Girty' genannt wird."

Erickson erklärte, daß er, als er zum Richter aufblickte, sah, daß dieser dasaß und seinen Kopf in seinen Händen vergrub. Der Gerichtsschreiber suchte unter dem Tisch nach seinem Bleistift. Der Rechtsanwalt des Ehemannes bemühte sich, ein unkontrollierbares Lachen zu unterdrücken.

Nachdem Erickson dieses (scheinbar belanglose) Beispiel gebracht hatte, legte die Anwältin ihre Blätter zur Seite und sagte: „Keine weiteren Fragen, Dr. Erickson." Dann sah Erickson mich an und sagte: „Und der Name der Rechtsanwältin war ... Gertie."[12]

Ericksons Anekdote war amüsant und fesselnd, eine herrliche Art, ein Argument anzubringen. Wenn Erickson einfach zu mir gesagt hätte: „Laß Dich von dieser Situation nicht einschüchtern", dann hätte das nur eine ganz geringe Einwirkung auf mich gehabt. Doch dank seiner indirekten[13] Kommunikationsmethode ist es mir seitdem unmöglich, einen Gerichtssaal zu betreten, ohne an „Dirty Girty" zu denken.

Später sprach Erickson noch über eine andere Technik, die er im Gerichtssaal erfolgreich anwandte. Er sagte, der gegnerische Anwalt baue oft ein emotionales Argument auf und stelle dann eine leidenschaftliche Frage, deren Hohlheit durch die herrschende Emotion verborgen bleibe.

An einem solchen Punkt stellte Erickson sich jeweils ein bißchen dumm. Er pflegte dann zum Richter zu sagen: „Entschuldigen Sie

11 „Schmutziger Girty" – ein Wortspiel, hier eingesetzt als Konfusionstechnik, da der Name der Anwältin der Frau („Gertie") sich gleich ausspricht wie *Girty*; siehe die weiteren Erläuterungen im Text. (Anm. d. Ü.).

12 Erickson suggerierte der Anwältin mit dieser Analogie, daß er, wie der Historiker, der „Girty" kennt, „als Experte in Psychiatrie" wisse, wer „Gertie" ist, also sie durchschaut habe.

13 *one-step removed*, siehe Anmerkung 1.

bitte. Diese Frage ist mir entgangen. Würden Sie wohl den Gerichtsassistenten bitten, sie mir noch einmal vorzulesen?" Erickson sagte, daß die Frage ihre ganze dramatische Intensität verlor, wenn der Gerichtsassistent sie ohne Emphase vorlas, und daß die Geschworenen und jeder andere bei Gericht sehen konnte, wie dumm die Frage in Wirklichkeit war.

Nachdem der Fall dadurch gelöst war, daß der Angeklagte sich schuldig bekannt hatte, besprachen wir unsere Befunde miteinander. Wir kamen überein, daß die Hypnose nicht unsachgemäß angewandt worden war. Erickson sagte allerdings, daß die Hypnose bei den Zeugen tatsächlich nur geringe Wirkung gehabt habe, weil der Polizeibeamte eine Standardtechnik benutzt hatte; dadurch würden nur wenige Reaktionen hervorgerufen.

Beispiel acht

Eine in der Öffentlichkeit bekannte Person kam zu mir mit einem persönlichen Problem. Der Mann wollte, daß die Konsultationen geheim blieben, und gab daher nicht seinen richtigen Namen an. Als ich Erickson um Supervision bat, bestand er darauf, daß der Mann mir seinen richtigen Namen angeben sollte, denn, so bemerkte er: „Wenn das Unbewußte dir einmal etwas vorenthält, wird es dir auch noch anderes vorenthalten."

Beispiel neun

Während einer meiner frühen Besuche in Phoenix bat mich Erickson, mir einen seiner Patienten anzusehen. Ich freute mich, daß er so viel Vertrauen zu mir hatte. Nachdem ich den jungen Mann gesehen hatte, schrieb ich meine Eindrücke im Detail auf und bereitete mich auf die Besprechung mit Erickson vor. Als er mir zu dem Fall Fragen stellte, begann ich weitschweifig über die Psychodynamik des Mannes zu reden. Er unterbrach mich plötzlich und fragte mich, was der Patient brauche. Ich war verblüfft und ganz schön aufgeschmissen. Er gab selbst die Antwort: Der Patient wolle nur einen großen Bruder, mit dem er reden könne.

Erickson war davon überzeugt, daß theoretische Formulierungen ein Prokrustes-Bett seien, das den Praktiker einschränke. Jede Person sollte als ein einzigartiges Individuum behandelt werden. Psychodynamische Formulierungen sind nur in dem Maße von Wert, wie sie strategisch von Nutzen sind.

Beispiel zehn

Ich fragte einmal um Rat bezüglich eines schwierigen Borderline-Patienten, der mich vor einigen Jahren konsultiert hatte und mich nun mit Telefonanrufen belästigte. Erickson schlug mir vor, dem Patienten zu sagen: „Wenn Sie mich das nächste Mal anrufen, dann rufen Sie mich zu einer Zeit an, wenn ich nicht zu Hause bin!"

Erickson meinte damit, daß ich mit dem Patienten bestimmt und konfrontativ umgehen, aber nicht grob sein sollte. Ich folgte seinem Rat nicht, weil ich keinen Weg gefunden habe, diesen Satz ohne Sarkasmus zu sagen. Ich konnte diese Technik aber in der gleichen Situation bei einem anderen Patienten anwenden.

Beispiel elf

Ich berichtete Erickson von einem Patienten mit Hautentzündung, der sich nachts im Schlaf kratzte und dadurch seine Ruhe und die Ruhe seiner Frau störte. Erickson schlug vor, der Mann solle vor dem Zubettgehen jeden Finger einzeln mit einem Leinenband einbinden. Ich sagte, daß das Problem schon sehr lange bestehe. Er entgegnete: „Sag' ihm, er soll sich viel Leinenband besorgen."

Dieses förderliche Ordeal war erfolgreich. Und wieder war es der dem gesunden Menschenverstand entstammende Rat eines Doktors aus alten Zeiten.

Beispiel zwölf

Ich fragte Erickson in einem Fall möglicher Gefährdung eines kleinen Kindes durch dessen Vater. Die Ehefrau hatte nicht vor, sich zu trennen, und sie schien nicht fähig zu sein, in guter Weise einzuschreiten. Erickson nannte mir eine Technik, die er in einem ähnlichen Fall erfolgreich angewandt hatte: Er sprach mit dem Ehemann und sagte ihm, er könne nicht erwarten, daß er seinen Sohn verstehe, bevor dieser nicht mindestens zehn Jahre alt sei und sie wirklich miteinander reden könnten. Bis dahin sei die Kindererziehung wirklich Sache seiner Frau. Erickson sagte mir, das dies helfen könnte, den Vater auf Distanz zum Kind zu halten, und wenn das Kind dann das zehnte Lebensjahr erreicht hätte, sei seine Persönlichkeit entwickelt genug, daß es sich ausreichend gegen den Vater abgrenzen könne.

Minimale Hinweise

Ericksons Gebrauch von minimalen Hinweisen war bemerkenswert. Er nahm auch leiseste Veränderungen wahr und verwendete sie zu therapeutischen und diagnostischen Zwecken. Rosen (1982b, S. 467) berichtete, daß Erickson sich darin geübt habe, die verschiedenen Muster des Tippens bei seinen Sekretärinnen zu erkennen und daraufhin sagen konnte, ob sie prämenstruell, menstruell oder postmenstruell waren (siehe auch Zeig 1980a, S. 162). Haley (1982, S. 13) stellte dar, wie Erickson die von einer Frau gerade erst entdeckte Schwangerschaft an der Veränderung der Farbe ihrer Stirn erkannte. (Chloasma uterinum ist der medizinische Begriff für die leichte Farbveränderung des Gesichts, die mit der Schwangerschaft einhergeht. Sie findet sich entweder quer auf der Stirn oder auf Nase und Wangen. Besonders in der Frühschwangerschaft kann diese Farbveränderung sehr diskret sein. Meist bleibt sie jedoch völlig unbemerkt, nur dem allerschärfsten Beobachter entgeht sie nicht.)

Manchmal teilte Erickson seine Beobachtungen den Patienten mit. In einem Fall stellte er an bestimmten Verhaltensmustern fest, daß ein Ehemann log. Er ließ die Frau dies wissen und erlaubte ihr, ihrem Mann in einer gemeinsamen Sitzung Fragen zu stellen, die die Lügen aufdeckten.

Erickson benutzte minimale Hinweise auch, um Kommunikationsebenen, auf denen er arbeitete, fein zu unterscheiden. Oft erzählte er Geschichten und richtete dabei seine Stimme auf den Boden, während er die Reaktionen seiner Gesprächspartner unauffällig aus dem peripheren Gesichtsfeld beobachtete. Die Wirkung dieser Technik bestand darin, daß die Patienten seine Stimme als inneren Dialog wahrnehmen konnten. Oder wenn er zu einer Gruppe sprach, konnte er den Ort seiner Stimme verändern, um eine Botschaft, die einer bestimmten Person galt, für diese Person zu markieren.

Erickson sprach auch nie lauter, wenn von der Straße draußen vor seinem Büro Verkehrslärm hereindrang. Die meisten Sprecher heben in einer solchen Situation ihre Stimme an und machen dadurch ihre Zuhörer unabsichtlich erst auf den Verkehrslärm aufmerksam. Dadurch, daß er seine Stimme nicht anhob, gab er seinen Zuhörern den Anreiz, ein störendes Geräusch auszublenden – eine Reaktion, die dem klassischen hypnotischen Phänomen der negativen Halluzination verwandt ist (Zeig 1985a, S. 328).

Da Erickson bei seiner Arbeit der Beobachtung einen so hohen Stellenwert einräumte, bildete die Förderung meiner eigenen Wahrnehmungsfähigkeit einen wichtigen Teil seines Ausbildungs- und Supervisionsansatzes. Er setzte mehrere Techniken ein, unter anderem erzählte er verblüffende, fesselnde Geschichten über das Beobachten und forderte mich auf, eigene Experimente durchzuführen. So zum Beispiel sollte ich Kinder auf einem Spielplatz beobachten und im voraus erkennen, wen sie als Spielkameraden wählen, was sie als nächstes tun würden usw. Oder ich sollte eine Gruppe, deren Mitglieder miteinander interagierten, beobachten und diagnostizieren, welche Person als erste gehen, welche als nächste etwas sagen würde usw.

Als ich ihn bat, mir Methoden zu zeigen, wie ich meine Fähigkeit, minimale Hinweise zu erkennen verbessern könnte, gab er mir zur Antwort, Beobachten sei wie das Lernen des Alphabets: „Man lernt es früh und fügt dann neue Arten des Gebrauchs hin zu." Er fragte mich dann, ob ich wisse, was „zyzzva" heiße. Als ich das verneinte und zurückfragte, sagte er: „Sieh nach." Erickson wollte damit sagen, daß es keine einfache Methode gibt, minimale Hinweise zu lernen. Es ist eine Sache der Übung und der Erfahrung.

In derselben Sitzung erzählte er mir die Geschichte von einer Frau, die ihre Fäuste vor ihrer Brust kreuzte und sie bis zu ihren Schultern bewegte. Er sagte, dieses eigenartige Verhalten konnte bedeuten, daß sie eine Geschwulst in ihrer Brust hatte und es sich nicht eingestehen wollte oder daß sie eine kleine Brust hatte, die sie nicht mochte. Er wies darauf hin, daß in diesem Fall die Faust eine Geste der Wut war. (Ich überlegte mir, was meine nonverbale Kommunikation an jenem Tag verriet.)

Erickson erzählte mir, er sei mit einem Freund zu einem Geistheiler gegangen, um dem Freund zu zeigen, daß der Geistheiler richtige Antworten geben könne, daß das jedoch nichts mit außersinnlicher Wahrnehmung zu tun habe. Es war verblüffend, was der Geistheiler alles wahrnahm. Erickson zeigte dem Freund später einige fiktive Antworten, die er sich vor dem Besuch aufgeschrieben hatte. Die Person war eigentlich gar kein Geistheiler, er war einfach nur gut im Lesen minimaler Hinweise und tonlosen Sprechens. Erickson „dachte" die fiktiven Antworten, als er gefragt wurde, und der Geistheiler war in der Lage, sein nonverbales Verhalten zu lesen (Rosen 1982a, S. 192).

Erickson erzählte eine Vignette über einen berühmten Experten für nonverbales Verhalten. Während eines Besuchs bei ihm erblickte Erickson eine Skulptur auf seinem Kaminsims, die er bewunderte.

Während des ganzen Gesprächs vermied er es, das Kunstwerk anzuschauen, weil der Experte nicht sehen sollte, wie gerne er es besessen hätte. Erickson sagte, daß der Mann ihm, als ihre Unterhaltung beendet war, für den Besuch gedankt und dann bemerkt habe: „Ach, was ich noch sagen wollte, Sie können die Skulptur haben!"

Bei einer anderen Gelegenheit erklärte mir Erickson, daß ein Experte für Akzente und Dialekte eine Menge darüber herausfinden könne, wie eine Person aufgewachsen ist. Wörter, die man in der Grundschule gelernt habe, könnten den Dialekt einer bestimmten Region widerspiegeln. Wenn eine Person später in eine andere Gegend des Landes gezogen ist, könnte das Vokabular an der Highschool wiederum eine andere regionale Färbung bekommen haben. Und Begriffe, die im College gelernt wurden, könnten einen Hinweis geben, am welchem Ort die Person studiert habe.

In der Ausbildung von Medizinstudenten ließ Erickson diese mit der Hand den Puls ihrer Patienten messen. Er selbst setzte sich dabei irgendwo auf der anderen Seite des Raumes hin und zählte die Pulsschläge durch Beobachtung, zum Beispiel der Schlagader am Hals. Er nannte Beispiele, wonach manchen seiner Studenten die Tatsache entgangen ist, daß ein Patient eine Beinprothese oder ein künstliches Auge hatte, und er schärfte ihnen ein, beim ersten Kontakt darauf zu achten, ob der Patient zwei Augen, zwei Ohren, zwei Arme, zwei Beine und fünf Finger an jeder Hand hatte, usw.

Er sagte, er sehe schon aus ca. 50 m Entfernung, ob ein Autofahrer an einer Kreuzung nach rechts oder nach links abbiegen werde, weil dieser, von ihm selber unbemerkt, seine Absicht anzeige, oft, indem er seinen Körper in entgegengesetzter Richtung zur Kurve, die er einschlagen wolle, bewege. Das ist ein Beispiel für ideomotorische Signale. Wenn wir an ein bestimmtes Verhalten denken, führen wir es oft mit minimalen unbewußten Bewegungen aus. Erickson war ein Experte im Lesen und Utilisieren ideomotorischen Verhaltens. Die meisten Leute übersehen minimale Hinweise aus Unwissenheit, mangelnder Übung, weil sie mit anderem beschäftigt sind oder weil sie meinen, minimale Hinweise enthielten nicht viel Information.

Zusammenfassung

Ericksons Fallsupervision mit mir war kurz und problemorientiert. Er war bestrebt, meine Fähigkeiten als Therapeut hervorzulocken, jedoch nicht, mich mit Informationen wie durch Zwangsernährung vollzustopfen. Er gab die Dinge an mich zurück und stärkte so mein Selbstvertrauen.

Ericksons Supervision war wie seine Therapie und sein Unterricht vom gesunden Menschenverstand geleitet. Anders als andere Supervisoren hatte er kein Interesse, durch mich nur seine eigene Therapie zu machen. Er war vielmehr daran interessiert, daß ich meinen eigenen Stil und meine eigenen Methoden entwickle.

Berichte früherer Patienten über ihre Therapie bei Erickson

Ich habe mehrere von Ericksons früheren Patienten gesehen und habe sie über ihre Therapie befragt. Immer wieder stieß ich in ihren Berichten auf einen besonderen Aspekt, der Licht auf den Ericksonschen Ansatz wirft. Nach mehreren von diesen Berichten war Erickson nicht erfolgreich oder hatte nur zum Teil Erfolg. Dennoch meine ich, daß es immer noch interessant ist, die Interventionen zu studieren.

Beispiel eins

Ich half einem Patienten, sich das Rauchen abzugewöhnen. Jahre zuvor hatte er mit demselben Anliegen Erickson erfolglos konsultiert und bemerkte: „Erickson hat zu mir gesagt, ich werde nicht mit dem Rauchen aufhören, und so war es auch." Bei derselben Gelegenheit sprach er mit Erickson über seine Ängste in sozialen Situationen. Erickson erzählte ihm Geschichten und schlug ihm vor, wenn er in einen Raum komme, in dem viele Menschen seien, zu denken: „Kümmre dich nicht drum; kümmre dich nicht drum; kümmre dich nicht drum." Der Patient sagt: Seither habe ich diese Technik immer angewandt, und sie funktioniert bis heute. Ich fühle mich besser, wenn ich ein Zimmer betrete."

Beispiel zwei

Ein ambulanter psychotischer Patient verlangte eine Hypnose, die ihm bei der Verwirklichung einiger bizarrer Pläne zur Veränderung der Welt helfen sollte. Jahre zuvor hatte er in ähnlicher Absicht Erickson konsultiert, der ihm gesagt habe: „Ich kann Sie nicht hypnotisieren, weil ihre Augenbewegungen so schnell sind." Der Patient hatte die Antwort akzeptiert.

Mit seiner Antwort berührte Erickson den Verfolgungswahn des Mannes und wies indirekt auf seine Energie und seine übermäßige Wachsamkeit hin. Passend zu seinem Stil der indirekten Einflußnahme, konfrontierte er den Mann nicht. Da er die Behandlung nicht weiterführte, nehme ich an, daß er dachte, man könne diesem Patienten nicht helfen.

Beispiel drei

Eine Bekannte konsultierte Erickson wegen Gewichtsproblemen. Die Therapie bestand aus Ratschlägen und Anekdoten und die Ergebnisse schienen positiv zu sein.

Erickson versuchte, eine aversive Einstellung zum Sich-Überessen zu erzeugen, indem er sagte: „Es ist versteckter Selbstmord, Sie versuchen damit, sich selbst zu bestrafen für etwas, was Sie nicht haben oder nicht getan haben." Er schlug ihr ein Ordeal vor, dem gemäß sie für jedes Pfund, das sie zugenommen hatte, zehn Mal den Squaw Peak ersteigen mußte (ich nehme nicht an, daß Erickson erwartete, daß die Patientin das wirklich tat; wahrscheinlich handelte es sich um eine Musterunterbrechung. An die Aufgabe zu denken, auch nur vorbewußt, konnte sie eventuell davor bewahren, zuviel zu essen.) Außerdem konfrontierte er sie mit der Aufgabe, über ihre Nahrungsaufnahme genau Buch zu führen, um zu sehen, was sie wirklich aß. „Belügen Sie sich gern selbst?" fragte Erickson. Als sie sagte, sie esse, um damit „Löcher in ihrem Leben zu füllen", erinnerte er sie daran, daß sie solche Löcher mit passenderen Dingen füllen sollte.

Er erzählte ihr Geschichten, um den Rat zu bekräftigen. Zum Beispiel erzählte er ihr, daß eines seiner Kinder, eine Tochter, einen Geburtstagskuchen gesehen habe und daraufhin hinausgegangen und eine Meile gerannt und wieder zurückgekommen sei, um dann den Kuchen zu essen. Die verbrauchten Kalorien entsprachen den aufgenommenen Kalorien. Nachdem sie den Kuchen gegessen hatte, sagte sie: „Er war es nicht wert." Erickson suggerierte auch eine Einstellungsänderung, indem er von einem Patienten erzählte, der seinen Geschmack änderte und anfing Gemüse zu mögen.

Beispiel vier

Einer meiner Freunde, der auch Psychologe war, nahm an einem von Ericksons Lehrseminaren teil. Als es vorüber war, wählte Erickson ihn aus und lud ihn ins Hauptgebäude ein. Mein Freund fühlte sich geehrt.

Während der Diskussion, die folgte, bat Erickson seine Frau, ihm ein Band zu bringen, das die Familie für ihn gekauft hatte. Es war natürlich violett. Eine halbe Stunde lang sprachen er und Erickson über das Band: wie die Fäden zusammenpassen, über die Flecken, die ihm Charakter verliehen, über die Falten und das Altwerden. Die Sonne ging unter und das ganze Erlebnis war in einer Weise emotional berührend, die mein Freund nicht ganz verstand.

Nach einiger Zeit hatte er ein verspätetes Aha-Erlebnis. Erickson hatte mit ihm über familiäre Bindungen gesprochen!

Wieder hatte Erickson etwas aus der Alltagssituation herausgenommen und es symbolisch und metaphorisch verwendet. Ericksons Wahrnehmungsfähigkeit war offensichtlich. Der Mann berichtete, daß die Themen für seine unmittelbare Situation wirklich bedeutsam waren.

Beispiel fünf

Eine Patientin erzählte, daß sie bei einem ihrer ersten Besuche bei Erickson bemerkte, wie sie schläfrig wurde und sich langweilte, während sie Erickson zuhörte, und das machte sie verlegen. Dann wurde ihr klar, daß Erickson genau das bezweckte, deshalb schloß sie die Augen und ging in Trance (Zeig 1980a, S. 18). Ein Student bat Erickson um eine Hypnose, erhielt aber die Auskunft, daß Erickson ihm wegen seiner überwachen Art stundenlang surrealistische Witze erzählen und ihn in eine Trance hineinlangweilen müßte. Beinahe jedes Verhalten läßt sich therapeutisch oder für eine Induktion nutzen, selbst Langeweile. Obwohl Langeweile oberflächlich betrachtet das Gegenteil von guter Therapie zu sein scheint, setzte Erickson sie ein und zeigte, daß sie eine wirksame und wertvolle Technik sein konnte.

Beispiel sechs

Ein Mann verlangte eine Behandlung wegen seines Rauchens und kam zu einer einzigen Sitzung. Der Patient war homosexuell, wollte jedoch nicht, daß das öffentlich bekannt wurde. Erickson nutzte dieses in der Therapie. Er ließ den Mann wissen, daß er durch die Art, wie er sich beim Rauchen verhielt, seine sexuelle Orientierung verrate. Er gab ihm auch einige andere therapeutische Hilfen, um das

Rauchen aufzugeben, zum Beispiel einige Verhaltenstechniken und mehrere Aufgaben, für die er seine Hände brauchte. Die Therapie war jedoch nicht erfolgreich. Der Mann fand dafür folgende Rationalisierung: Erickson habe es ihm so leicht gemacht, mit dem Rauchen aufzuhören, daß er beschloß, es gar nicht versuchen zu müssen.

Beispiel sieben

Gewiß trafen auch viele von Ericksons Anweisungen auf taube Ohren. Eine meiner Patientinnen sagte, ihr Mann habe Erickson vor Jahren mit dem Ziel der Gewichtskontrolle aufgesucht, habe jedoch nie abgenommen. Der Ehemann gab die Behandlung auf, nachdem Erickson ihm gesagt hatte, er würde solange nicht abnehmen, bis er nicht einige Dinge mit seiner Mutter gelöst habe. Die Familie stimmte Erickson insgeheim zu. Es ist interessant, daß Erickson sich in diesem Fall einer psychodynamischen Interpretation bediente. Er lehnte solche Methoden nicht grundsätzlich ab.

Beispiel acht

Ein ziemlich zurückhaltender Mann, dessen emotionale Ausdrucksmöglichkeiten nicht sehr groß waren und der ein geringes Selbstwertgefühl hatte, konsultierte mich, weil er eine Hypnose wünschte. Er war außerdem zufällig auch noch homosexuell. Er hatte Erickson aufgesucht und sagte, er sei von ihm beeindruckt gewesen, habe aber auch Angst vor ihm gehabt und habe sich deshalb schwergetan, offen zu sein. Obwohl der Patient sich nie wohlfühlte, besserten sich seine Probleme allmählich.

Der Patient erinnerte sich, daß Erickson einen Traum deutete. Ich fand das interessant, weil ich nicht wußte, daß Erickson auch Träume deutete, daher bat ich ihn, mir mehr darüber zu erzählen. Der Patient antwortete: „Nun, ich träumte von einem Tier, es war ein Murmeltier (engl. marmot), und Erickson sagte zu mir, der Traum habe von meiner Mutter gehandelt. Als ich fragte, warum, sagte er: „Nun, ‚ma' sind die ersten beiden Buchstaben von Ma[15], und ‚mar' steht für Ma, und ‚mot' seien die ersten drei Buchstaben von Mutter (engl. mother). Also haben Sie von Ihrer Mutter geträumt." Der Mann sagte, er habe damals gedacht: „Meine Güte, ich wußte gar nicht, daß mein Unbewußtes so kreativ ist."

15 Eine Kurzform für „Mutter", meist als Anrede gebraucht. (Anm. d. Ü.)

Möglicherweise hat Erickson gedacht, es sei gut für diesen Mann, ein wenig über seine Mutter nachzudenken, deshalb fand er einen Weg, die Dinge in diese Richtung zu lenken. Im weiteren Verlauf gelang dem Patienten eine bemerkenswerte Ich-Bildung.

Vorhersagen

Erickson forderte seine Studierenden heraus, eine Fähigkeit zur Vorhersage von Verhalten zu entwickeln und diese Vorhersage sowohl diagnostisch als auch therapeutisch zu nutzen. So gab er mir zum Beispiel die erste Seite des Romans *Nightmare Alley* von William Gresham zu lesen, und ich sollte ihm dann sagen, was auf der letzten Seite des Buches stand (persönliche Mitteilung, 1974). Ich konnte das nicht, aber als ich das Buch ganz gelesen hatte, wurde mir klar, daß auf der ersten Seite das Ende des Romans deutlich vorweggenommen war. Er gab Studierenden auch den Tip, Bücher sowohl von vorn als auch von hinten zu lesen und vorherzusagen, was im folgenden Kapitel geschehen wird, bzw. was im vorausgegangenen Kapitel geschehen ist (Zeig 1980a, S. 128). Zu verstehen, wie Verhalten sich in unbewußten Mustern vollzieht und vorbereitet, kann einem Therapeuten zu größerer Wirksamkeit und Effizienz verhelfen.

Erickson benutzte zur kreativen Erfindung von wirksamen Interventionen seine Fähigkeit, minimale Hinweise wahrzunehmen und sein erworbenes Wissen über die soziale Beziehungsgeschichte des Patienten und deren Einfluß auf seine Entwicklung und auf seine Probleme. Ich habe Patienten von Erickson gesehen, die über die Genauigkeit seiner Vorhersagen staunten.

Beispiel eins

Eine Frau kam als Studentin zu Erickson. Er bat sie, die üblichen Informationen aufzuschreiben, die er von allen neuen Patienten und Studierenden verlangte – aktuelles Datum, Name, Adresse, Telefonnummer, Familienstand, Anzahl der Kinder (Namen und Alter), Beschäftigung, Ausbildung (mit Angabe von Graden und Titeln und besuchten Universitäten), Alter, Geburtsdatum, Zahl der Brüder und Schwestern (Namen und Alter) und ob die Person ihre Entwicklungsjahre in einer städtischen oder in einer ländlichen Umgebung verbracht hat.

Erickson unterbrach sie beim Schreiben und sagte: „Sie sind Europäerin.“ Sie bestätigte dies, dachte sich aber nicht viel bei seiner Beobachtung. Das Schriftbild von jemandem, der in Europa schreiben gelernt hat, ist ziemlich anders als das von jemand, der in den Vereinigten Staaten schreiben lernte.

Dann sagte Erickson: „Sie sind wahrscheinlich Südeuropäerin, entweder aus Italien oder aus Griechenland.“ Sie hielt auch das noch nicht für eine besonders scharfe Beobachtung; ihre Hautfarbe verriet ihren geographischen Hintergrund.

Danach schaltete Erickson in einen höheren Gang. Er sagte: „Und Sie waren dick, als Sie ein Kind waren.“ Die Frau war sprachlos; sie war ziemlich dünn, als sie Erickson besuchte. Sie fragte ihn, wie er das wußte. Er sagte, sie bewege sich und habe eine Haltung wie eine dicke Person.

Ericksons prägnante Interventionen hatten mehrere Wirkungen. Er übernahm die Kontrolle über die Beziehung und riß die Frau heraus aus jeglicher vorgefaßten Meinung, noch ehe sie versuchen konnte, diese Meinung zu bestätigen. Darüberhinaus begründete er seine Autorität als Diagnostiker und Beobachter. Mit peinlicher Genauigkeit übte er sich darin, auf winzigste Details zu achten, um mit dieser Information Verhaltenssequenzen vorherzusagen.

Beispiel zwei

Eine von Ericksons früheren Patientinnen konsultierte mich, nachdem Erickson gestorben war. Ich fragte sie, ob sie sich an irgendwelche besonderen Erfahrungen mit Erickson erinnere. Sie sagte, Erickson habe sie während des Erstgesprächs angesehen und habe gesagt: „Sie waren nicht das Lieblingskind Ihrer Mutter.“ Sie sei ein wenig schockiert gewesen und habe zustimmend geantwortet.

Dann habe Erickson gesagt: „Sie waren der Liebling Ihrer Großmutter, wahrscheinlich Ihrer Großmutter mütterlicherseits.“ Auch damit hatte er recht. Die Patientin war von seiner Wahrnehmungsfähigkeit überrascht und von seinem Scharfsinn beeindruckt. Wieder konnte Erickson sein sorgfältiges Training und seine Aufmerksamkeit für minimale Hinweise gut nutzen.

Beispiel drei

Eine von Ericksons früheren Patientinnen hatte mich als Therapeuten ausgesucht. Vor zwei Jahrzehnten hatte sie kurz nach ihrer Hochzeit an Ohnmachtsanfällen gelitten. Medizinische Untersuchungen blieben ohne positive Befunde, und sie konsultierte Erickson, der sie und ihren Mann sah. Erickson dachte, daß der Mann nicht zu ihr paßte; er war eine kalte, distanzierte Person. In Gegenwart der Patientin konfrontierte Erickson den Mann, doch ohne Erfolg. Dann schlug er der Patientin vor, sie solle sich scheiden lassen, doch sie wies den Vorschlag entschieden zurück. Als Erickson dann erkannte, daß sie eine gute Mutter wäre, schlug er ihr vor, Kinder zu haben. Sie stimmte dem zu und er konnte die Therapie nach ein paar Monaten erfolgreich abschließen mit der Mahnung, daß sie, wenn sie über 40 Jahre alt sei, vielleicht eine weitere Therapie brauchen werde.

Als sie Anfang vierzig war, rief diese Patientin Erickson an, weil sie wieder ohnmächtig wurde. Doch Erickson war gestorben, und Frau Erickson verwies sie an mich. Die Patientin hatte einen Meilenstein in der Entwicklung des Erwachsenenlebens erreicht. Ihre beiden Kinder waren gut gediehen und hatten das Haus verlassen, um aufs College zu gehen. Sie hatte jetzt keine konstruktive Kraft mehr, die ihr half, ihr Leben zu organisieren (das waren bisher ihre Kinder für sie gewesen), und ihre Ohnmachtsanfälle kehrten zurück.

Ihre Anstrengungen, die sie unternahm, um im Gleichgewicht zu bleiben und unabhängig auf ihren eigenen Füßen zu stehen, zu deuten, hätte keine Lösung gebracht. Weder Erickson noch ich konfrontierten sie in dieser Art.

Ericksons Intervention hatte die Patientin befähigt, zwanzig Jahre lang ohne Therapie zu leben. Seinem Stil entsprach es, auf Symptomkontrolle hinzuarbeiten oder einer Person bei der Überwindung von Entwicklungsproblemen zu helfen, um sie dann auf den Weg zu schicken, ihr eigenes Leben zu leben. Als pragmatischer Therapeut versuchte er nicht, eine langfristige Charakterveränderung zu erreichen, wenn es ihm nicht wirklich nötig erschien.

Beispiel vier

Ich hatte die Idee zu einem Forschungsprojekt über visuelle Wahrnehmung, deshalb bat ich Erickson, mit meinem Freund Paul als Versuchsperson zu arbeiten und bei ihm entgegengesetzte Farbwahrnehmungen auf jedem Auge hypnotisch zu induzieren. Es gelang ihm jedoch nicht, diese Wirkung zu erzielen.

Nach der Sitzung machte Paul einen Spaziergang und kehrte mit fast vier Litern Milch und einer riesigen Menge Milchschokolade zurück. Pauls Einkauf war überraschend; wir wollten am nächsten Tag wegfahren, und es schien unmöglich, all die Milch und Schokolade vor unserer Abfahrt zu konsumieren. Paul war bestürzt; er hatte keine Erklärung für sein Verhalten.

Bei der Sitzung am nächsten Tag fragte Erickson: „Was tat Paul Seltsames, als er die Sitzung verlassen hatte?" Wir waren verblüfft! Erickson dagegen überraschte Pauls Reaktion nicht, und tatsächlich deutete er sie. In seiner Induktion hatte er mit Paul über Polaritäten (zum Beispiel Rotsehen versus Grünsehen) gesprochen. Paul gelang es nicht, die Wirkung zu erreichen, obwohl er es wirklich wollte, doch nun war in ihm eine Reaktion vorbereitet, und weil er nun etwas tun mußte, ging er hinaus und kaufte, geleitet von seinem Unbewußten, etwas Schwarzes und etwas Weißes!

Erickson erkannte Pauls Reaktionsbereitschaft und wußte, daß seine Suggestionen eine Wirkung haben würden, wenn auch nicht die, die beabsichtigt war.

Zusammenfassung

Die Genauigkeit von Ericksons Vorhersagen erhöhte gewiß seine Glaubwürdigkeit. Darüber hinaus übernahm er die Verantwortung für die Beziehung, und es gelang ihm, Denkgewohnheiten wirksam zu unterbrechen. Erickson zehrte nicht einfach von seinem guten Ruf; er konnte Wort halten.

Als Beobachter bei Ericksons Therapien

Bei einigen wenigen Sitzungen konnte ich dabeisein, wenn Erickson mit seinen Patienten therapeutisch arbeitete. Es war instruktiv, aus erster Hand etwas von seinem Horizont und seiner Bandbreite zu sehen.

Beispiel eins

Über den folgenden Fall habe ich bereits in einer anderen Publikation berichtet (Zeig 1985a, S. 322). Ich fand jedoch kürzlich noch einige Notizen, die ich mir nach der Sitzung gemacht hatte und kann daher noch einige Fakten ergänzen (Erickson, persönliche Mitteilung vom 5.7.1974).

Ich bat Erickson, in einer seiner Sitzungen am Morgen dabeisein zu dürfen, was er ablehnte mit der Begründung, es wäre wahrscheinlich unpassend, wenn ich bei seinen Privatpatienten zuhören würde.

Am Nachmittag desselben Tages hielt ich mich im Schlafzimmer neben Ericksons Büro auf, während er Patienten behandelte. Ich war eingenickt, als ein Klopfen an der Tür mich weckte. Ich öffnete, und vor mir stand eine sehr attraktive, konservativ gekleidete Frau, die mir erklärte, daß Erickson mich sehen wolle.

Ich orientierte mich und betrat Ericksons Büro. Die Frau hatte auf dem Patientenstuhl Platz genommen. Erickson sagte, er werde mich nicht vorstellen, ich solle mich einfach setzen. Er fragte mich, was ich sehe. Ich antwortete: „Eine Frau." Die Frau antwortete: „Drei Köpfe." Sie spielte nervös mit ihrer Sonnenbrille und spitzte ihre Lippen. Erickson griff die Tatsache auf, daß sie, wie er bemerkt hatte, scheu und ängstlich war und gehen wollte. Als sie sich anschickte, das zu tun, ergriff er ihre Hand und bat sie, zu bleiben.

Erickson sagte: „Kathy (ein erfundener Name) hat mir gesagt, sie trage eine Sonnenbrille, um sich vor der feindlichen Welt zu schützen. Doch ich habe ihr gesagt, daß sie hier drinnen bei mir die Sonnenbrille nicht brauche." Und tatsächlich lag die Sonnenbrille am Ende des Tisches neben Kathy.

Plötzlich wechselte Erickson den Kontext und fragte mich: „Ist sie nicht hübsch?" Ich sah Kathy an und sagte: „Ja." Kathy fragte, ob ich ein Psychologiestudent sei, und Erickson griff das auf und sagte, das sei eine Wertminderung. Er sagte, ich sei ein Therapeut aus Kalifornien.

Erickson fragte weiter: „Hat sie nicht schöne Gesichtszüge?" Ich sah Kathy an und sagte: „Ja."

„Hat sie nicht schöne Augen?" Ich sah Kathy an und sagte: „Ja", obwohl ich mich erinnere, daß ich meine Antwort etwas vorläufig gab.

„Hat sie nicht schöne Lippen?" Ich sah Kathy an, schluckte und sagte: „Ja."

Als nächstes fragte Erickson: „Kann man ihre Lippen nicht küssen?" Ich fing an zu schwitzen. Erickson wurde lebhafter, bewegte sich auf seinem Stuhl hin und her, redete schneller, so daß nach jeder Frage gleich die nächste folgte. „Hat sie nicht schöne Beine? Ist sie nicht gut gekleidet? Wäre sie nicht eine gute Ehefrau? Meinst Du nicht auch, daß man sie glatt heiraten könnte?"

Erickson bombardierte sie mit Komplimenten. Er sagte, er habe gewußt, daß sie die Komplimente annehmen würde, weil sie ihre Lippen spitzte. Ich war völlig verwirrt. Ich erinnere mich, daß ich dachte: „Ist sie in Trance? Bin ich in Trance? Ist sie die Patientin? Bin ich der Patient? Was bezweckt er damit? Versucht er, mich zu verheiraten?"

Erickson erzählte ihr, er habe zwei Verwandte, die Kathy heißen und daß sie nun seine dritte Kathy sei. Er wollte ein Zugehörigkeitsgefühl schaffen und die Möglichkeit verringern, daß sie ihn als Bedrohung ansehen könnte.

Er bat sie, ihm feierlich zu versprechen, daß sie nach Phoenix ziehen werde, weg von ihrer Mutter, die sie dominierte. Die Patientin nickte zustimmend und versprach, daß sie umziehen werde, sobald sie eine geschäftliche Unternehmung abgeschlossen hätte. Er hatte zuvor die Idee gesät, daß sie ihr Geschäft auch durch einen Bevollmächtigten wahrnehmen könnte. Und er sagte, er werde sich um Kathys dominierende Mutter kümmern, wenn Kathy nach Phoenix zöge, und er werde nicht zulassen, daß sie die Therapie beeinflussen werde.

Erickson fuhr fort, ihr in leichtem Ton Versprechen zu entlocken. Er sagte: „Wann kommen Sie in Therapie?" Sie sagte: „Am siebten." Er fragte: „In welchem Monat?" Sie antwortete: „Juni." Er fragte weiter: „In welchem Jahr?" Sie sagte: „1974." Dann forderte er sie auf, das Ganze zusammenzufügen und noch einmal zu wiederholen. Sie versprach ihm zu tun, worum er sie gebeten hatte.

Erickson fragte mich, ob ich das Gefühl hätte, daß meine Cousine Ellen und seine Tochter Kristi mit ihr Freundschaft schließen könnten. Er wies auf Dinge hin, die mir entgangen waren. Sie war allein; sie trug keinen Verlobungsring.

Die Patientin sagte eigentlich wenig, während Erickson verbal und körperlich sehr aktiv war. Als er ihr Komplimente machte, bewegte er sich in seinem Rollstuhl vorwärts und rückwärts. Er nahm nicht wirklich eine therapeutische Haltung ein, sondern er zeigte sich persönlich und natürlich, der Patientin gegenüber beschützend und ein wenig paternalistisch. Er war sowohl fürsorglich als auch auffordernd.

Plötzlich erschien Frau Erickson, um Erickson mit dem Rollstuhl aus dem Büro hinauszuschieben, und ich blieb mit Kathy zurück. Ich verabschiedete mich von ihr und schloß Ericksons Büro ab. Wenige Minuten später klopfte es an der Tür; es war Kathy. Verlegen und verwirrt platzte sie heraus: „Ich habe meine Sonnenbrille vergessen."

Natürlich lag diese auf dem Tisch in Ericksons Büro, wo sie sie liegengelassen hatte.

Nachdem Kathy mit ihrer Sonnenbrille fort war, ging ich zum Hauptgebäude, um Erickson von dem auffälligen Ereignis, das in mir eine Mischung aus Heiterkeit und Mitgefühl zurückließ, zu berichten, in dem Gedanken, wie sehr er sich darüber freuen würde. Er sagte, daß er ihre Reaktion erwartet und eigentlich provoziert habe.

Kathy hatte die Sonnenbrille getragen, als sie sein Büro betrat, und als er ihr suggerierte, daß sie die Sonnenbrille bei ihm nicht brauchen werde, legte sie sie auf den Tisch. Dann redete er mit ihr über andere Dinge. Während des Gesprächs streute er Suggestionen ein, indem er gelegentlich einen Blick auf die Sonnenbrille warf und Kathy gegenüber erklärte: „Sie wissen ja, wie leicht man etwas liegen läßt. Sie hatten zum Beispiel Phasen, in denen sie Ihren Geldbeutel vergessen haben." Dann kehrte er zum vorherigen Gesprächsthema zurück. Ericksons natürliche Technik hatte bewirkt, daß Kathy ihre Brille liegen ließ.

Erickson freute sich sichtlich über Kathys Reaktion. Er sagte: „Ihr Unbewußtes beginnt mir zu vertrauen." Er erklärte mir, daß er mich in der Sitzung gebraucht habe, um Kathy jenseits ihres fast wahnhaften Glaubens, mit ihr sei sichtlich etwas nicht in Ordnung, zu erreichen. Sie sei in einer Familie aufgewachsen, in der man herabsetzende Bemerkungen über ihre Weiblichkeit machte, und sie stelle diese daher übertrieben zur Schau. Erickson hoffte, daß Kathy durch seine Arbeit lernen würde, ein Kompliment eines Mannes in der Gegenwart eines anderen Mannes anzunehmen. Darüberhinaus konnte sie diesen Vorgang ohne nachteilige Wirkung durchleben. Ich für meinen Teil habe etwas über meine Fähigkeit, starkem Druck standzuhalten, erfahren.

So weit ich weiß, hat Erickson Kathy nie gesagt, daß sie auf eine natürlich induzierte Amnesie, auf eine Suggestion, die er ihr indirekt präsentiert hatte, reagierte, als sie ihre Sonnenbrille vergaß. Ich bin auch sicher, daß Erickson diese Reaktion Kathy gegenüber nie gedeutet hat.

Beispiel zwei

Eine junge Frau litt unter extremen Gewichtsschwankungen. Wenn sie das College besuchte, nahm sie zu, und wenn sie zuhause war, nahm sie wieder genauso viel ab. (Eine ausführliche Darstellung dieses Falles findet sich bei Rosen 1982a, S. 145.)

Erickson gab mir eine Deutung ihres Verhaltens und erklärte, zuhause müsse sie „das kleine Mädchen" sein. Ich fragte ihn, ob er das Mädchen mit dieser Deutung konfrontieren würde, und er sagte entschieden: „Nein." Er wollte, daß sie ihr Verhaltensmuster änderte, und er glaubte nicht, daß diese Interpretation sie dazu angeregt hätte.

In der Therapiesitzung, bei der ich anwesend war und die sich nicht in Rosens Bericht findet, arbeitete Erickson mit ihr an dem zusätzlichen Problem ihrer Prüfungsangst. Er erzählte ihr mehrere Geschichten, die ihr suggerierten, daß sie besser arbeiten könne, wenn sie ruhig und entspannt sei und sich wohlfühle.

Als sie aus der Trance kam, deutete Erickson indirekt an, daß sie ihrem Unbewußten erlauben könne, ihre Augen zu schließen. Als sie zögerte, deutete er ihren Widerstand als ein inneres Phänomen, das sich nicht gegen ihn richtete. Er sagte mir später, daß sie, wenn sie seiner Suggestion gefolgt wäre, sich auch hätte eingestehen müssen, daß ihr Körper in Ordnung war, und dagegen habe sie sich zum damaligen Zeitpunkt gewehrt.

Beispiel drei

Nach einer Induktion sah Erickson zu einer Frau auf, die ziemlich negativ eingestellt war. Er sicherte sich ihre Aufmerksamkeit und sagte dann mit Nachdruck zu ihr: „Wenn sie sich einen Garten anschauen, können Sie entweder die Blumen sehen oder Sie können das Unkraut sehen." Das war eine bemerkenswerte Art, eine positive Sichtweise zu suggerieren. Diese Analogie machte einen bleibenden Eindruck auf mich. Ich habe sie bei mehreren Patienten mit Erfolg verwendet.

Nachdem ich bisher einige von Ericksons Methoden dargestellt habe, die er bevorzugte, um Lösungen herbeizuführen, werde ich jetzt ein Transkript von meiner ersten intensiven Zusammenkunft mit Erickson im Dezember 1973 bringen. Der Leser kann dabei Erickson bei der Arbeit über die Schulter sehen und erhält Gelegenheit, nicht nur die Mikrodynamik seiner Methoden, sondern auch den ganzen Prozeßverlauf zu studieren. Dabei ist zu sehen, wie Erickson immer wieder Ratschläge gibt, die dem gesunden Menschenverstand entsprechen, und wie er sie durch die dramatische Beschreibung von Fällen und Familienvignetten indirekt („one-step removed") darbietet.

4. Milton Erickson: Ein Transkript vom 3. – 5. Dezember 1973

Die Darstellung des Anfangs meiner Ausbildung bei Erickson am 3., 4. und 5. Dezember 1973 eignet sich zur Demonstration wirksamer therapeutischer Mehrebenenkommunikation, und sie ist ein Beispiel für Ericksons Methode der individuellen Schulung eines angehenden Psychotherapeuten. Ich hatte damals gerade meinen Magistergrad in Klinischer Psychologie erworben und arbeitete an einem stationären Behandlungszentrum für schwer gestörte Patienten. Bevor ich das Transkript wiedergebe, möchte ich einleitend meine erste Begegnung mit Erickson von Anfang an schildern (Zeig 1980a, S. 19-20).

Mein erster direkter Kontakt verlief ziemlich ungewöhnlich. Ungefähr um halb elf Uhr nachts traf ich bei Ericksons ein. An der Tür begrüßte mich Roxanna. Sie gab ihrem Vater, der direkt links neben der Tür saß und fernsah, ein Zeichen und stellte mich ihm vor. Sie sagte: „Das ist mein Vater, Dr. Erickson." Erickson hob seinen Kopf langsam, mechanisch, in kleinen schrittweisen Bewegungen. Als er die horizontale Ebene erreicht hatte, drehte er seinen Kopf langsam, mechanisch, mit denselben schrittweisen Bewegungen zu mir hin. Als er sicher war, daß ich ihn mit ganzer Aufmerksamkeit ansah, und er mir in die Augen schaute, fing er wieder an, dieselben mechanischen, langsamen, schrittweisen Bewegungen zu machen und sah mich so entlang der Mittellinie meines Körpers von oben bis unten an. Ich war von dieser Art der Begrüßung, gelinde gesagt, ziemlich schockiert und überrascht. Noch nie hatte jemand zu mir auf diese Art „Hallo, willkommen" gesagt. Einen Augenblick lang war ich kataleptisch – erstarrt – und wußte nicht, was ich tun sollte. Roxanna führte mich in ein anderes Zimmer und erklärte mir, ihr Vater sei ein Spaßvogel, der gerne seinen Schabernack treibe.

Ericksons Verhalten war jedoch kein Schabernack. Es war eine ausgezeichnete nonverbale hypnotische Induktion. Er zeigte mir in seinem nonverbalen Verhalten alle Taktiken, die bei einer Hypnoseinduktion nötig sind. Er setzte Konfusion ein, um meine bewußten Denkgewohnheiten zu unterbrechen. Ich erwartete, daß er mir die Hand gab und „Hallo" sagte. Nun wußte ich nicht, wie ich reagieren sollte. Ich konnte nicht auf gewohnte Muster zurückgreifen. Erickson bediente sich nicht nur der Musterunterbrechung, sondern er baute auch neue Muster auf. Die hypnotischen Phänomene, insbesondere die schrittweisen kataleptischen Bewegungen, die Patienten bei einer Armlevitation zeigen, von denen er wollte, daß ich sie am eigenen Leib erfahre, demonstrierte er mir modellhaft an sich selbst. Seine Handlungen fokussierten auch meine Aufmerksamkeit, was eines der Kennzeichen der Trance ist. Und schließlich, als er mich entlang der Mittellinie meines Körpers von oben bis unten ansah, suggerierte er mir, „nach innen, tief hinunter", d.h. in Trance zu gehen.

Erickson hatte mir ein Beispiel für die Ausdrucksstärke und Energie gegeben, die er in die Kommunikation hineinlegen konnte.

Erster Tag, 3. Dezember 1973

Am nächsten Morgen wurde Erickson von seiner Frau mit dem Rollstuhl in sein Gästehaus gebracht. Ohne ein Wort zu sagen oder Blickkontakt aufzunehmen wechselte er unter Schmerzen aus seinem Rollstuhl hinüber auf seinen Bürostuhl. Ich fragte ihn, ob ich mein Tonbandgerät aufbauen dürfe, und er nickte zustimmend, ohne mich anzusehen. Dann begann er langsam und gemessen zum Fußboden gewandt zu sprechen:[1]

Erickson: Um dir über den Schock von all dem Violetten hinwegzuhelfen …
Zeig: Mhm.
Erickson: Ich bin teilweise farbenblind.
Zeig: Ich verstehe.

1 Anmerkung des Herausgebers: Ericksons Worte sind hier praktisch unverändert wiedergegegeben; es wurden nur geringe grammatikalische Korrekturen vorgenommen, um die Lesbarkeit zu gewährleisten. Seine Sprache war außerordentlich präzise.

Erickson: Und das violette Telefon ... war ein Geschenk von vier Studierenden.
Zeig: Aha.
Erickson: Zwei von ihnen wußten, daß sie die Prüfungen in ihren Hauptfächern nicht bestehen würden ... und zwei von ihnen wußten, daß sie ... die Prüfungen in ihren Nebenfächern nicht bestehen würden. Die zwei, die wußten, daß sie ihre Hauptfachprüfungen nicht schaffen, ihre Nebenfachprüfungen jedoch bestehen würden ... haben alle Prüfungen bestanden. Und die beiden, die wußten, daß sie ihre Hauptfachprüfungen bestehen, durch ihre Nebenfachprüfungen jedoch durchfallen würden ... fielen in ihren Hauptfächern durch und schafften ihre Nebenfächer. Mit anderen Worten, sie wählten sich die Hilfe aus, die ich ihnen anbot. (Erickson sieht Zeig zum ersten Mal an und fixiert seinen Blick.)

Diese kurze Anekdote ist ein elegante Kommunikationssequenz. Es handelt sich eigentlich um eine natürliche Hypnoseinduktion mittels Konfusion, die viele Mitteilungsebenen hat. Meine vollständige Amnesie für die Induktion war nur eine ihrer Wirkungen! (Für eine ausführliche Beschreibung von Ericksons Methode und meinen Reaktionen siehe Zeig, 1980a).

Erickson: Wenn es um Psychotherapie geht, übersehen die meisten Therapeuten etwas Grundlegendes. Der Mensch zeichnet sich nicht nur durch Beweglichkeit aus, sondern auch durch Denken und Emotion, und der Mensch verteidigt seinen Verstand mit emotionalen Mitteln. Und keine zwei Menschen haben notwendigerweise dieselben Ideen, aber alle verteidigen ihre Ideen, ob diese nun psychotisch oder persönlich begründet sind. Wenn man versteht, wie der Mensch tatsächlich seine intellektuellen Ideen verteidigt und wie emotional er dabei werden kann, sollte man erkennen, daß das erste Gebot der Psychotherapie lautet: Versuche nicht, jemanden zur Änderung seiner Ideenbildungen zu zwingen, sondern begleite diese Ideenbildungen und verändere sie schrittweise und schaffe Situationen, in denen die jeweilige Person selbst ihr Denken bereitwillig ändert.

Ich denke, mein erstes echtes Experiment in Psychotherapie habe ich 1930 gemacht. Ein Patient im Worcester State Hospital in Massachusetts verlangte, daß man ihn in seinem Zimmer einsperrte, und er verbrachte seine Zeit damit, ängstlich und voller Furcht Drähte um die Gitter am Fenster seines Zimmers zu wickeln. Er wußte, daß seine Feinde hereinkommen und ihn töten würden, und das Fenster war die einzige Öffnung. Die dünnen Eisengitter erschienen ihm zu schwach, deshalb verstärkte er sie mit Draht.

Ich ging zu ihm ins Zimmer und half ihm, die Eisengitter mit Drähten zu verstärken. Dabei entdeckte ich, daß der Fußboden Risse hatte und schlug vor, daß die Risse mit Zeitungspapier zugestopft werden sollten, um jede Möglichkeit auszuschließen (daß seine Feinde ihn erwischen), und dann entdeckte ich auch noch Risse um die Tür herum, die mit Zeitungspapier verschlossen werden sollten. Allmählich brachte ich ihn zu der Erkenntnis, daß sein Zimmer nur eines von mehreren auf der Station war, und nach und nach zeigte er sich auch bereit, die Pfleger als einen Teil seiner Verteidigung gegen die Feinde zu akzeptieren, dann das Krankenhaus selbst, dann die Gesundheitsbehörde von Massachusetts, schließlich das Polizeisystem und den Gouverneur. Darüberhinaus habe ich seine Verteidigung noch ausgeweitet auf die angrenzenden Staaten, bis ich zuletzt die gesamten Vereinigten Staaten von Amerika zu einem Teil seines Verteidigungssystems gemacht hatte. Das ermöglichte es ihm, ohne verschlossene Tür auszukommen, weil er noch so viele andere Verteidigungslinien hatte.

Ich versuchte nicht, seine psychotische Vorstellung, daß seine Feinde ihn töten wollten, zu korrigieren. Ich wies ihn nur darauf hin, daß er unzählige Verteidiger hatte. Das führte dazu, daß der Patient fähig wurde, die Anstaltsprivilegien anzunehmen und sich im Gelände sicher zu bewegen. Er hörte mit seinen krampfhaften Bemühungen auf, arbeitete in den Anstaltsläden und war viel weniger problematisch …

Meine nächste wichtige Lektion, die ich lernte, war … daß es ein schlimmer Fehler ist, bestimmte Dinge über einen Patienten anzunehmen.[2]

2 Hinweis des Herausgebers: Dieser zweite Abschnitt des Transkripts wurde bereits in Zeig, 1980b veröffentlicht, wo er als ein Beispiel für Symptomverschreibung erörtert wird. Alle anderen Teile des Transkripts sind bisher noch nicht veröffentlicht worden.

Ungefähr um das Jahr 1900 wurde Jimmy ins Landeskrankenhaus gebracht. Wenn ich mich recht erinnere, lautete seine Diagnose chronischer Schwachsinn. Er war ein Schizophrener, der vor sich hin vegetierte. Er saß da, er aß und lernte schließlich noch Sauberkeitsverhalten. Als er ins Krankenhaus kam, war er ungefähr 30 Jahre alt. Er bekam das Privileg, sich auf dem Anstaltsgelände frei zu bewegen und wanderte dort überall herum, um Zweige und Blätter aufzulesen. Ich erinnere mich an eine (man fand sie bei ihm) mumifizierte Kröte, die von einem Lastwagen überfahren worden war. Jeden Abend leerten die Pfleger den Abfall aus seinen Taschen aus. Er sprach nur selten. Er zeigte für nichts Interesse. Er aß, er schlief, füllte seine Taschen mit Abfall und zeigte keinen Groll, daß man seine Schätze aus seinen Taschen herausnahm.

Eines Tages, als ich aus Boston zurückkehrte, herrschte ziemlich große Aufregung. Auf der Station war Feuer ausgebrochen. Dort hielten sich zwei Pfleger und ungefähr 40 Patienten auf. Beide Pfleger waren durch das Feuer zu Tode erschrocken. Zu diesem Zeitpunkt erschien Jimmy. Er gab einem Pfleger die Anweisung: „Holen Sie alle Patienten zusammen. Bringen Sie sie zu einer Seitentür und nehmen Sie sie dann mit nach draußen und zählen Sie sie. Wenn Sie sehen, daß alle da sind, bringen Sie sie hinüber zu jenem Baum im Hof und sorgen Sie dafür, daß sie dort bleiben."

Zum anderen Pfleger sagte er: „Sie geben mir jetzt Ihre Schlüssel und kommen mit mit mir." Und Jimmy durchsuchte jedes Zimmer, sah unter den Betten nach und schloß dann jedes Zimmer ab, nachdem er es sorgfältig inspiziert hatte; ihm entging kein einziges mögliches Versteck. Nachdem er die Station vollständig überprüft hatte, brachte er den verängstigten Pfleger nach draußen und half ihm, den anderen Pfleger bei der Beaufsichtigung der Patienten zu unterstützen. Dann ging er davon und las wieder Zweige und Blätter und anderen Abfall auf.

Als ich aus Boston zurückkehrte, war der Feueralarm gerade verstummt. Es war kein großer Schaden entstanden. Die Patienten wurden auf die Station zurückgebracht, und Jimmy kam herein und setzte sich wie immer in seine Ecke auf der Station, nicht anders als der Jimmy, den ich seit mehreren Monaten kannte. Ich fragte ihn, was passiert sei. Er vermutete, daß etwas passiert sein müsse. Er war jedoch nicht sicher, was geschehen war. Ich stellte ihm Suchfragen; ich stellte ihm Fragen, die in eine bestimmte Richtung lenkten. Doch alles, was er zu wissen schien, war, daß etwas passiert sein mußte. Er wußte wirklich nicht, was es war. Die beiden verängstigten Pfleger waren sehr verlegen, als sie mir berichteten, was geschehen war. Verschiedene Patienten, die mehr im Kontakt mit der Wirklichkeit waren, bestätigten, was die Pfleger über Jimmy berichtet hatten. Den beiden Pflegern war es äußerst peinlich, daß Jimmy, dem in einer Diagnose chronischer Schwachsinn attestiert worden war und der 30 Jahre in der Anstalt verbracht hatte, viel kompetenter reagiert hatte als sie.

Wenn man also zu einem geistig Behinderten kommt, weiß man nie, womit man es zu tun hat.

Es war kein Zufall, daß es in Ericksons ersten beiden Anekdoten um schwer gestörte Patienten ging. Etwas von dem wenigen, was Erickson damals über mich wußte, war, daß ich mich für Schizophrenie interessierte. In meinem ersten Brief hatte ich ihm mitgeteilt, daß ich an einem stationären Behandlungszentrum für chronische Patienten arbeite und hatte ihm den Entwurf eines Artikels über akustische Halluzinationen geschickt, den ich verfaßt hatte (Zeig, 1974). Seinem Grundprinzip, dem Patienten in seinem jeweiligen Bezugsrahmen zu begegnen, folgend, sprach Erickson die Sprache meines Erfahrungshintergrundes, bildete mich in meinem eigenen Interessengebiet aus und stellte indirekt Gemeinsamkeiten her.

Man beachte, daß Erickson weder viel über mich wußte, noch daß er mir Fragen stellte. Er war verbal viel aktiver als ich. Sein Stil zwang mich dazu, über vieles nachzudenken, um es zu verarbeiten und zu verstehen. Erickson erzählte mir seine Geschichten und lernte mich durch meine Reaktionen auf sie kennen. Die Richtung, die er einschlug, hing von meinen Reaktionen ab. Ich mußte ihm nicht viel sagen. Im allgemeinen bestimmte er seine Ziele lieber danach, wie er meine minimalen unbewußten Reaktionen wahrnahm.

Ericksons wichtigstes Ziel war es, mich in der Kunst der Psychotherapie zu unterweisen. Gleichzeitig half er mir bei meiner persönlichen Entwicklung. Diese Ziele waren nicht in einem expliziten Vertrag formuliert. Sie waren jedoch klar zu verstehen. Dieser ganze Doppelsinn hatte zur Folge, daß ich etwas verwirrt war (ohne mich dabei jedoch unwohl zu fühlen). Es wurde mir leichter gemacht, mich zu verändern, weil ich nicht auf eine bestimmte Abmachung festgelegt war.

Ericksons Kommunikation zeichnete sich noch durch ein anderes Muster aus. Als er den Fall von dem psychotischen Patienten und dem Draht schilderte, zeigte er Prinzipien auf und bot zugleich eine Illustration dazu an. Der Fall sagte etwas über oder spielte an auf folgende Ideen: 1) die Notwendigkeit, über Patienten keine Vermutungen anzustellen; 2) die Wichtigkeit einer schrittweisen Veränderung; 3) Patienten auf dem Boden ihrer Existenz zu begegnen; 4) Situationen zu schaffen, in denen Leute erkennen können, daß sie selbst die Kraft haben, ihr Denken zu verändern.

Im nächsten Fall (Jimmy) schmückte er die Pointe aus, daß Kliniker bei der Durchführung einer Behandlung von der Perspektive des Patienten und nicht von vorgefaßten Meinungen ausgehen sollten. Um das gewünschte Ergebnis zu erzielen, bediente Erickson sich regelmäßig einer dreistufigen anekdotischen Methode. Erstens, wenn er einen Fall schilderte, gebrauchte er oft einen einleitenden Satz, der auf allgemeine Art die Begriffe ansprach, die er einführen wollte. Zweitens, folgte(n) eine (oder mehrere) illustrative und dramatische Fallstudie(n). (Es war unüblich, daß die ersten beiden Anekdoten Fallfragmente waren. Besonders in seinem späteren Leben erzählte Erickson meist Geschichten über erfolgreiche Therapien oder über interessante Lebensereignisse. Aus praktischer Erfahrung berichtete er nicht über besondere Interventionen, wenn sie nicht erfolgreich waren.) Drittens, gab Erickson eine zusammenfassende Stellungnahme ab, die die Idee sorgfältig herausarbeitete, auf die es ihm besonders ankam. Dieses dreistufige Muster wird sich im gesamten Transkript immer aufs neue wiederholen.

Wie lange Erickson bei einem Punkt blieb, der ihm wichtig war, hing von meinen Reaktionen ab. Es schien, als beobachte er meine minimalen Hinweise, um zu sehen, ob ich die Pointe „mitbekommen" hatte, bevor er zur nächsten überging. Hatte ich das Wesentliche noch nicht begriffen, arbeitete er es noch besser heraus und gab weitere Fallbeispiele.

Beachten Sie, daß jeder Schritt dieses Prozesses absichtlich eine gewisse Unbestimmtheit hat, d.h., die Begriffe wurden oft indirekt, one-step removed[3], dargeboten. Ich mußte mir Mühe geben, die Pointe zu erfassen, und meine Anstrengungen sollten der Situation Kraft und Eindrücklichkeit verleihen.

3 Siehe Anmerkung 1 in Kapitel 3.

Erickson: Nun, wenn du an das Problem der Psychotherapie herangehst, solltest du versuchen zu hören, was die Patienten dir sagen, wie sie es sagen und was sie damit meinen. Die Psychotherapie ist gestraft durch viele Leute mit wundervollen theoretischen Formulierungen. Doch bis jetzt wurde wenig unternommen, um die Psychotherapie in ihrer Beziehung zum Patienten in seiner Lebenssituation voranzubringen. Statt dessen wird ein Gebäude von theoretischen Begriffen erstellt und dann versucht, den Patienten in dieses Prokrustesbett hineinzuzwängen.

Weißt du, was ich mit dem Prokrustesbett meine?

Zeig: Ich kann es mir ungefähr vorstellen.

Erickson: Ich meine das Bett des Prokrustes aus der griechischen Mythologie. Er bot Reisenden ein Bett zum Übernachten an. Denen, die für das Bett zu lang waren, wurde der Teil, der über das Bett hinausragte, abgeschnitten. Und jene, die für das Bett zu kurz waren, wurden gestreckt, bis sie hineinpaßten.

Ich gebe dir jetzt maschinengeschriebene Unterlagen zu lesen. Meine Sekretärin hat das Material aufgeschrieben. Eine Oberschwester hatte über mein Büro die Anweisung erhalten, mich zu verständigen, wenn ein neuer Patient ins Krankenhaus aufgenommen würde, der redselig, laut und gestört sei. Meine Sekretärin konnte ausgezeichnet stenographieren. Sie konnte alles mitschreiben, was der Patient sagte, so schnell wie ein Protokollführer bei Gericht.

Von den drei Fällen, die ich dir gebe, hat sie das, was zwei von ihnen sagten, aufgezeichnet. Bei der anderen Patientin handelt es sich um eine Frau, deren Mann mich eines Morgens anrief, als ich während des Zweiten Weltkrieges bei der Einberufungsbehörde in Detroit war. Der Inhalt des Telephongesprächs war folgender: Die Armee habe ihm einen Urlaub von 60 Tagen gewährt, damit er seine Frau zu einem Psychiater bringen könne. Der Urlaub werde am nächsten Morgen um 8 Uhr enden und er habe den Wunsch, daß ich seine Frau noch um 6 Uhr an diesem Abend sehe, weil er jetzt erst dazugekommen sei, seine Frau zum Arzt zu bringen.

Nun wollte ich unbedingt diese Patientin sehen. Ich dachte, es könnte sich als interessant erweisen. Deshalb empfing ich sie am Abend um 6 Uhr in meinem Büro. Die Frau machte drei Bemerkungen, und ich sagte: „Gnädige Frau, ich kenne niemanden, den ich genügend hasse, um Sie zur medizinischen Behandlung zu ihm zu schicken." Das war im März.

Als Reaktion auf diese Abweisung begab sich die Frau am nächsten Besuchstag ins Krankenhaus. Ich hatte meiner Sekretärin Anweisung gegeben, sie solle Diane (alle Namen sind erfunden) auf dem Stuhl Platz nehmen lassen. Weiter sagte ich ihr: „Sprechen Sie nicht mit ihr, und hören Sie ihr nicht zu. Sie wird reden. Sorgen Sie dafür, daß Sie keinesfalls mit ihr sprechen.“ Wenn ich mich zu dieser Zeit zufällig im Büro aufhielt, redete ich nicht. Sie kam immer an Besuchstagen. Sie verbrachte manchmal eine oder zwei Stunden in meinem Büro und erzählte mir von ihren Kindern, Nicky und Joan. Ich gab ihr nie eine Antwort. Ich hörte ihr zu. Ich wußte, daß Joan ein Mädchenname ist. Und ich wußte, daß Nicky ein Jungenname oder ein Mädchenname sein konnte. Sie benutzte die Pronomen *sie* und *ihr* für Joan. Wenn es um Nicky ging, sagte sie einfach nur Nicky. Sie sagte: „Nickys Spielsachen, Nicky hat dieses getan, Nicky hat jenes getan. Nicky aß das Frühstück. Nicky lernte etwas Neues. Nicky ging mit ihr zum Park.“

Eines Tages erhielt ich einen Anruf von der Oberschwester, die sagte, wir hätten eine neue Patientin namens Diane, die sehr redselig sei, und sie erklärte: „Diane unterzieht sich gerade dem Aufnahmeverfahren.“

Ich ging zu einem sehr begabten Psychiatriestudenten und sagte ihm, daß ich eine neue Patientin auf der Station habe. Ich hatte vor, sie ihm zuzuweisen, weil ich wußte, daß sie für ihn äußerst lehrreich sein würde. Ich gab ein paar Anweisungen. Er sollte ein halbes Dutzend oder ein Dutzend gespitzte Bleistifte und viel unbeschriebenes Papier nehmen und sie einem Pfleger geben. Dann sollte er Diane an einen Tisch setzen und ihr erklären, daß er ihr Therapeut sein werde, und daß er wolle, daß sie ihre Lebensgeschichte für ihn aufschreibe. Er sollte außerdem einen Pfleger neben diesem Tisch postieren, der jede Seite an sich nehmen sollte, wenn Diane sie vollgeschrieben hatte, und er sollte sie behalten und Diane nicht erlauben, irgendwelche Korrekturen, Umstellungen oder andere Abänderungen und Streichungen oder etwas Derartiges vorzunehmen.

Diane schrieb so viel, daß sie am Nachmittag eines sehr heißen, schwülen, dumpfigen Tages 37 engzeilig getippte Seiten füllte. Und Diane schrieb wie im Fieber. Ihre beschriebenen Seiten wurden hinunter zu meiner Sekretärin gebracht, die Weisung erhalten hatte, alles sorgfältig abzutippen und es dann in eine bestimmte Schublade einzuschließen, zu der nur sie einen Schlüssel hatte. „Ich möchte nicht wissen, was drinsteht, und ich möchte nicht, daß es sonst irgendjemand weiß."

Der Student freute sich, als er die Patientin am nächsten Tag sah. Er sagte, sie sei eine äußerst charmante Patientin, mit Eifer zur Psychotherapie bereit, und daß es so scheine, als mache er mit ihr ausgezeichnete Fortschritte. Er sah sie am Montag. Am Samstag war er den Tränen nahe, weil er irgendeinen dummen Fehler begangen und bewirkt hatte, daß die Patientin dorthin zurückfiel, wo sie bei ihrem Eintritt stand.

Ich sagte ihm, daß jeder immer irgendwelche Fehler macht und er solle sich deswegen nicht grämen, sondern die Therapie fortsetzen und sehen, ob er seinen Irrtum korrigieren könne. Während der nächsten beiden Wochen ging der Psychiatriestudent wie auf Wolken, Diane sprach so gut auf seine therapeutischen Bemühungen an. Er verzichtete sogar auf seinen Sonntag, um mit Diane zu arbeiten. Nach zwei Wochen war er wieder den Tränen nahe. Wieder hatte er einen dummen Fehler gemacht und Diane in die alte Verfassung zurückversetzt, in der sie die Klinik betreten hatte. Drei Monate lang machte er Fehler um Fehler. Diane gewann immer den Boden zurück, den sie verloren hatte, und machte weitere Fortschritte.

Am Ende der drei Monate machte er einen weiteren schlimmen Fehler und warf sie erneut auf ihren ursprünglichen Zustand zurück. Er kam zu mir und sagte: „Ich weiß, daß ich Fehler machen kann, aber niemand kann so viele Fehler machen, wie ich mit Diane gemacht habe. Niemand könnte so eine Menge Fehler machen, doch wie es scheint, habe ich es getan. Würden Sie mir bitte sagen, was da vor sich geht? Ich denke, sie hat mit mir Yo-yo gespielt."

Ich nahm ihn daraufhin mit in mein Büro und bat meine Sekretärin: „Bringen Sie mir die Lebensgeschichte, die Diane aufgeschrieben hat." Ich gab sie ihm und sagte zu ihm, er solle sie lesen und mir dann alles mitteilen, was er über Diane wisse. Ich berichtete ihm, daß sie an jenem Tag im März mir gegenüber drei Bemerkungen gemacht habe, auf die ich ihr zur Antwort gab: „Ich kenne niemanden, den ich genügend hasse, um Sie zu ihm zur psychiatrischen Behandlung zu überweisen." Und ich berichtete ihm auch, wie Diane an jedem Besuchstag gekommen war, um entweder mit meiner Sekretärin oder mit mir zu reden, und daß sie oft von Nicky und Joan gesprochen habe.

Erickson (zu Zeig): Ich werde dir jenen Fallbericht geben.[4] Wenn du den ersten Abschnitt gelesen hast, weißt du alles über Diane. Wenn du den zweiten Abschnitt liest, wirst du nicht nur alles wissen, sondern du hast gleich Belege dafür. Wenn du den dritten Abschnitt liest, hast du nicht nur vollständiges Wissen über Diane und Belege dafür, sondern du kennst auch ihre Methode. Und der vierte Abschnitt wird alles bestätigen.

Meine Frage an dich lautet: „Was hat sie auf der letzten Seite geschrieben?" – Sieh nicht nach. Denk selber nach, denn wenn du die ersten vier Abschnitte gelesen hast, solltest du genau wissen, was auf der letzten Manuskriptseite steht. (Erickson gibt Zeig noch zwei weitere Fallberichte.)

Nun also, hier sind diese Stenogramme – ich nenne sie so, weil meine Sekretärin eine Stenographiermaschine benutzte – von Eva Parton.[5] Um eine Diagnose zu stellen, brauchst du nur den ersten Abschnitt zu lesen; um zu wissen, welchen Beruf sie hat, genügt die erste Seite, und um zu wissen, wie alt sie ist, mußt du die letzte Seite lesen. Am Ende der zweiten Seite hast du jeden nur möglichen Beleg, den du brauchst, um ihre Diagnose, ihr Alter und ihren Beruf zu bestätigen und um die bedeutsamen Ereignisse ihres Lebens klar zu erkennen.

Das dritte Stenogramm ist von Millie Parton (nicht verwandt mit Eva Parton).[6] Du liest die erste Seite und die zweite Seite, und dann solltest du alles wissen, was Millie dir gesagt hat. Du solltest es *ganz vollständig* wissen. Du kannst auch die anderen Seiten ganz lesen, wenn du möchtest, und dann weißt du alles, was sie dir sagt. Natürlich kennst du dann ihre Diagnose. Und du wirst auch in der Lage sein, dir zu beweisen, daß du lesen kannst und verstehst, was du liest.[7]

4 Die erste und letzte Seite der Biographie, die diese Patientin geschrieben hat, ist in diesem Buch in Anhang A wiedergegeben. Das vollständige Manuskript von 37 Seiten befindet sich bei den Akten in den Archiven der Erickson Foundation.
5 Das ganze vierseitige Transkript ist in Anhang B dieses Buches abgedruckt.
6 Siehe Anhang C für die ersten 4 Manuskriptseiten. Das ganze, zehn Seiten umfassende Transkript liegt bei den Akten in den Archiven der Erickson Foundation.
7 Anmerkung des Herausgebers: Wer von der folgenden Diskussion den größtmöglichen Nutzen haben will, sollte die Transkripte im Anhang studieren und versuchen, Ericksons Fragen zu beantworten, und erst dann hier weiterlesen.

Um 12 Uhr kommt eine Patientin zu mir. Während der Stunde, in der sie hier ist, kannst du dich mit der Lektüre dieses Materials beschäftigen. Während ich die Patientin sehe, kannst du die ersten zwei Seiten über Eva Parton durchgehen, dann so viel, wie du von Millie Parton lesen willst und die erste Seite von Diane. Um ein Uhr werde ich dir dazu Fragen stellen, um zu sehen, ob du das Material überhaupt gelesen hast. Denn die meisten Leute wissen nicht, wie man liest. Sie wissen nicht, wie man zuhört. Die meisten neigen dazu, das zu hören, was sie hören wollen, zu denken, was sie denken wollen und zu verstehen, was sie verstehen wollen. Nicht zu verstehen, was der Patient oder die Patientin sagt oder schreibt. Sie versuchen das, was sie hören oder lesen, in den Rahmen ihrer eigenen Erfahrung zu stellen, und das ist nicht der richtige Weg, um Psychotherapie zu machen. Man muß dem *Patienten* oder der *Patientin* zuhören. Man muß den *Patienten* oder die *Patientin* verstehen.

Um jetzt einmal zu unterbrechen, ich weiß nicht genau, was du von mir erwartest, aber ich habe nicht die Absicht, dich von hier weggehen zu lassen, ohne daß du ein gewisses Verständnis gewonnen hast, was menschliche Kommunikation ist, wie Menschen denken und reagieren, wie sie sich verhalten und wie sie denken, daß sie über sich selbst und die Welt um sie herum nachdenken.

Das hier sind drei informative Fälle. Ich habe meine Psychiatriestudenten diese Transkripte so lange lesen lassen, bis sie in der Lage waren, in ein abgeschlossenes Zimmer zu gehen, wo ein gestörter, lärmender Patient eingesperrt war, ihm zuzuhören und dann zurückzukommen und die richtige Diagnose zu stellen. Natürlich taten sie das nicht immer. Manchmal brauchten sie mehrere Monate, bis sie verstanden, was sie gehört hatten und was sie sofort hätten verstehen sollen. Doch es war eine wundervolle Lehrerfahrung und eine wundervolle Lernerfahrung.

Wenn ich jetzt gleich das Büro verlasse, steht es dir völlig frei, dich hier umzusehen, wenn du das wünschst. Ich werde dir nicht allzu viel Zeit widmen, aus dem einfachen Grund, weil ich körperlich nicht dazu in der Lage bin. Ich sehe ein oder zwei Patienten pro Tag, besonders interessante Patienten – Patienten, von denen ich denke, daß ich ihnen mit minimaler Anstrengung helfen kann. Heute kommt eine Patientin, morgen zwei.

Die Patientin, die heute kommt, hat mir, ohne es zu wissen, schon gesagt, daß sie mit ihrem Problem noch nicht fertigwerden will, und sie will nicht wissen, daß sie mit ihm fertigwerden will, aber sie will auch nicht wissen, daß sie nicht mit ihm fertigwerden will. Sie hat mir angedeutet, daß eine bestimmte Zeitspanne vergehen soll (*ehe sie damit fertig wird*), aber wie groß diese Zeitspanne sein soll, hat sie mich nicht wissen lassen. Ich kenne einige Gründe, die sie hat, mit ihrem Problem nicht fertigzuwerden, doch sie hat sie falsch beschrieben. Ich ließ die Patientin von Dr. Ernest Rossi beobachten und ließ ihn sehen, wie sie zeigte, daß sie jetzt mit ihrem Problem noch nicht fertigwerden will. Sie kannte ihr Problem und sie wußte, daß sie damit fertigwerden würde, aber sie wußte nicht, wie lange sie brauchen würde, für ihre Gesundung. Und daß sie das nicht wissen wollte, zeigte sie mit Nachdruck.

Ich glaube, morgen kommen zwei neue Patienten zu mir. Wenn ein Patient oder eine Patientin dabei ist, die ich dir zeigen kann, werde ich das tun. Doch die meisten psychiatrischen Patienten wollen ihre Probleme nicht Fremden anvertrauen.

Erickson: Gut, hast du jetzt noch Fragen zu dem Ganzen?

Zeig: Ja, zu dem Fall, von dem Sie gerade gesprochen haben – die Frau, die Sie heute sehen, woran leidet sie – welches Problem hat sie?

Erickson: Sie sagte, sie habe eine phobische Angst, mit dem Flugzeug zu fliegen.

Zeig: Woran zeigte sich, daß sie ihre Phobie nicht aufgeben wollte?

Erickson: Hast du einen Bleistift?

Zeig: Ich habe einen Füllfederhalter.

(Erickson zeichnet drei Linien auf ein Blatt Papier, eine horizontale, eine vertikale und eine diagonale.)

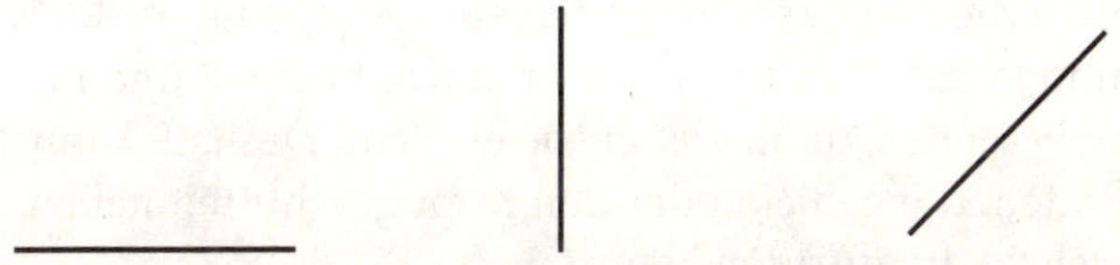

Erickson: Kannst du das lesen? (Pause). Also, das „Ja" ist durch eine vertikale Linie gekennzeichnet.

Zeig: Mhm.

Erickson: Das „Nein" ist durch eine horizontale Linie gekennzeichnet.

Zeig: Mhm.

Erickson: Patienten brauchen nicht zu wissen, daß sie in einer hypnotischen Trance sind. Es ist völlig in Ordnung, wenn man sie in dem

Glauben läßt, sie seien es nicht. Warum sollte man mit ihnen darüber streiten? Wenn du nur weißt, daß sie in Trance sind, dann genügt das.

Zur damaligen Zeit zweifelte ich an meiner Fähigkeit, in Trance zu gehen. Vielleicht hat Erickson das erkannt und sprach indirekt meine positive Reaktion auf die natürlich induzierte Konfusion an, die er mir zuvor dargeboten hatte.

Erickson: Wenn du vor Zuhörern eine Vorlesung über ein umstrittenes Thema hältst, dann beobachtest du die Zuhörer, während du liest. Und du siehst dann Leute, die folgendes tun (nicken). Und du siehst auch, wie manche das tun (den Kopf schütteln). Am Ende der Vorlesung gibst du Zeit für Fragen und Antworten. Du zeigst auf einen von diesen (einen, der genickt hat). Frage ihn, was er meint, was du gesagt habest, und er unterstützt warm deine Ansichten. Dann fragst du einen weiteren (der genickt hatte) und einen dritten und einen vierten. Dann nimmst du einen, der mit seinem Kopf diese Bewegung machte (er schüttelt den Kopf), und er wird zögernd seine Meinung vertreten. Dann fragst du einen anderen (der genickt hat) und dann noch einen (der den Kopf geschüttelt hat). Er bringt seine Zweifel noch etwas abgeschwächter zum Ausdruck. Und niemand von den Zuhörern weiß, was du gemacht hast. Weil die Zuhörer die Vorlesung nicht beobachtet haben.
Zeig: Weiß, was du gemacht hast?
Erickson: Ja, sie hörten die Vorlesung. Sie denken, daß jeder dir zustimmt. Niemand schien dir zu widersprechen.

Nun, „Ich weiß nicht" heißt nicht „Ja", und es heißt nicht „Nein". Es bedeutet dies (Erickson neigt seinen Kopf in diagonaler Richtung schräg und lacht). Und wenn sie ihren Kopf neigen und ihn in diese Richtung bewegen, dann wissen sie es nicht. Deshalb kannst du die herausfinden, die genickt oder den Kopf geschüttelt haben, und du weißt, welche du aufrufen kannst.

Erickson bot seine Information über minimale Hinweise auf dramatische Art dar und veranschaulichte sie durch aussagekräftige Anekdoten. Dadurch wurden diese einfachen Ideen lebendig und prägten sich meinem Gedächtnis unauslöschlich ein.
Erickson: Und wenn du eine Tranceinduktion mit einer Gruppe machst, gebrauchst du deine Augen – du siehst, was vor sich geht. Denn nur ganz wenige Leute bemerken je, daß sie immer wieder nicken.

Zeig: Hervorragend.
Erickson: (lacht). Und so war es bei dieser Frau, während sie über ihre Phobie redete, redete sie auf diese Art über die Phobie (schüttelt seinen Kopf für „nein"). Und auf diese Weise (legt seinen Kopf in die „Ich weiß nicht"-Stellung). Ich konnte sehen, daß sie minimale Bewegungen machte, um mir zu sagen, daß sie vorsichtig sei, weil große Bewegungen vom Selbst erkannt werden könnten, während minimale Bewegungen unbewußt bleiben können.

Und deshalb stellst du deine Fragen vorsichtig und wartest auf minimale Bewegungen. Minimale Bewegungen sind zu sehen, wenn der Patient oder die Patientin auf der Hut ist, das Selbst nicht zu betrügen; sie kommunizieren mit dir, nicht jedoch mit sich selbst, weil das Unbewußte auf seine eigene Weise funktioniert.

Wir denken bewußt, und wir wissen, wo wir sind – hinsichtlich der Tageszeit, dem Wochentag, dem Monat und Jahr – aber wir wissen wirklich nicht, was im Unbewußten vor sich geht.

Du hast schon oft erlebt, daß du Leuten begegnet bist und sie vermutlich völlig grundlos nicht gemocht hast. Du brauchst manchmal vielleicht Monate, um herauszufinden, weshalb du sie nicht magst, aus dem einfachen Grund, weil wir in unserer Kultur lernen, gewisse Dinge nicht zu offenbaren. Wir lernen, daß wir bestimmte Verhaltensweisen niemals zeigen sollten. Diese Neigung, Dinge zu verdrängen und sie im Unbewußten zu halten, kennzeichnet das menschliche Verhalten. Das ist ein Vorteil, weil das Bewußtsein auf die jeweils gegenwärtige Situation ausgerichtet sein sollte.

Du kannst mir jetzt zuhören, ohne dich zu bemühen, darauf zu achten, wann die Heizung sich ein- oder ausschaltet; du brauchst diesen Stimulus nicht wahrzunehmen. Du brauchst die Bücherregale, die Aktenschränke oder die Violettöne in diesem Zimmer nicht bewußt zu bemerken. Aber du kannst deine bewußte Wahrnehmung nicht bewußt befreien von dem Tonbandgerät, dem Schreibtisch, dem Briefumschlag, dem Kissen oder von meiner Haltung. Du hast viele Punkte, auf die du gleichzeitig deine Aufmerksamkeit richtest. In Hypnose gilt: du verminderst einfach die Anzahl dieser Aufmerksamkeitsfoci, bis nur noch ein einziger übrigbleibt. Und diesen Focus kann man ganz einfach benennen, weil der Patient dich in Hypnose hören kann, auch wenn sie die Augen offen haben, aber sie brauchen dich weder zu sehen, um dich zu hören, noch müssen sie dich bewußt hören, um dich zu verstehen. Auf diese Weise beschränkst du die Brennpunkte ihrer Aufmerksamkeit auf deine Stimme und die Bedeutung deiner Worte.

Dieser letzte Abschnitt war eine Erörterung über das Wesens der Hypnose, aber darüber hinaus war er eine weitere natürliche Induktion. Beachten Sie, wie Erickson meine Aufmerksamkeit leitete und zweideutige Personalpronomen benutzte, um Suggestionen einfließen zu lassen, zum Beispiel: „In Hypnose verminderst du (Hervorhebung von mir, J.Z.) einfach die Anzahl der Aufmerksamkeitsfoci."

(Das Telefon klingelt und Erickson nimmt das Gespräch entgegen. Es war sein Sohn, Robert Erickson, der anrief.)

Erickson: Nun also, zur Frage der Beobachtung: Ein Teil unseres Trainings besteht darin, Dinge zu sehen, und ein Teil unseres Trainings in unserer Kultur besteht darin, Dinge nicht zu sehen. Man sieht darüber hinweg, wenn jemand, der mit einem redet, etwas falsch ausspricht; das Ei, das jemand auf seiner Krawatte hat, sieht man lieber nicht, oder wenn ein Mann zu einer Zuhörerschaft spricht, lenkt man seine Aufmerksamkeit nicht auf seine offene Fliege. Man ignoriert so viele Dinge.

Nun, ich habe trainiert, bei Patienten und bei Leuten im allgemeinen schrecklich viel zu sehen. Normalerweise schalte ich bei meinen privaten Sozialkontakten meinen genauen Blick aus, weil das, was ich bei den Leuten sehen könnte, mich nichts angeht. Je mehr ich jedoch sehe, wenn sie zu mir als Patienten kommen, desto besser ist es, denn Patienten tischen einem schreckliche Lügen auf.

Dieser Frau gab ich ich weiß nicht wie viele Gelegenheiten, mir zu sagen, daß sie eine Flasche in ihrer Handtasche hatte, die Whisky enthielt – daß sie eine Alkoholikerin war, obwohl sie das geheimhielt.

(Das Telefon klingelt. Erickson spricht mit einem Therapeuten in Detroit und erklärt sich bereit, einen Patienten zu sehen, den der Therapeut überwiesen hat.)

Erickson: Nun, diese Frau hielt diese Information vor mir zurück, und ich mußte schließlich von der Bitte Gebrauch machen, sie möge mir ihren Führerschein zeigen, weil ich dachte, daß die Tatsache, daß ihr Führerschein demnächst ablaufen werde, ein Teil ihrer Angst sei.

Als sie mir den Führerschein zeigte, wies ich sie darauf hin, daß sie eine Woche Zeit hätte, um die Prüfung zu machen, und daß sie das machen sollte und fragte sie was sie davon abhielte. Und erst dann verriet sie mir ihre Alkoholabhängigkeit. Aber sie hatte mir ungeheuer viele Dinge über sich gesagt, von denen sie nicht geglaubt hätte, daß sie sie je irgendjemandem sagen würde. Eine Sache fand ich zu ihrem Erstaunen heraus, als ich eine selbstenthüllende nonverbale Kommunikation bemerkte, die sie selbst nicht verstand.

Diese Geschichte über die phobische Frau fokusierte sicherlich mein Denken. Ich fragte mich, was ich nonverbal anderen mitteilte, und ich dachte über meine eigenen „verborgenen" Schwierigkeiten nach.

Erickson: Nun zur nonverbalen Kommunikation: Während des Zweiten Weltkrieges arbeitete ich bei der Einberufungsbehörde, und ich fuhr mit dem Bus von Detroit zum Allgemeinen Krankenhaus von Wayne County. Eines Nachmittags, als ich zum Allgemeinen Krankenhaus von Wayne County zurückfuhr, saß ich im Bus an einem Fensterplatz. Ein junger Mann stieg ein und setzte sich neben mich. Er sprach nicht und ich sprach nicht. Der Bus fuhr über die Livernois Avenue und kam dann in die Gegend, in der Henry Ford seinen Obstgarten hatte, wo er Äpfel anbaute.

Neugierig beobachtete ich die Augäpfel des jungen Mannes. Ich sah, wie seine Augäpfel die Länge des Obstgartens maßen, dann die Breite und schließlich die Anzahl der 361 Körbe mit Äpfeln, welche die Pflücker am Ende des Gartens nah bei der Straße abstellten. Der junge Mann murmelte vor sich hin: „Gut im mittleren Bereich". Das war eine Einschätzung des Ernteertrages. Andere Hinweise gab es nicht.

Ich fragte ihn: „Wo war die Farm, auf der Sie aufgewachsen sind?" Nur ein Bauernjunge, der etwas von Ernteerträgen verstand, konnte diese Frage stellen. Und er sagte: „Virginia". Und dann nahm er unbewußt wahr, daß ich ihm die Frage eines Bauernjungen gestellt hatte. Er sagte: „Wo war die Farm, auf der Sie aufgewachsen sind?" Ich antwortete: „Wisconsin", und dann war die Unterhaltung zu Ende. Er wäre nie auf die Idee gekommen, mich zu fragen, wie ich das alles wußte, was mir erlaubte, diese Frage zu stellen.

(An dieser Stelle unterbricht Erickson die Sitzung. Er gibt Zeig die drei Transkripte und empfängt seine für 12 Uhr angemeldete Patientin. Die Sitzung ging danach weiter.)

Erickson: Wieviel von dem Fall Eva Parton hast du gelesen?
Zeig: Ich habe alles über Eva gelesen.
Erickson: Gut, und wieviel von Millie Parton?
Zeig: Ich las 5 oder 6 Seiten. Und dann las ich nur die ersten zwei Seiten von Diane.
Erickson: Gut. Zunächst, was denkst du über Eva Parton? (Siehe Anhang B)
Zeig: Also. Sie scheint sich wirklich geschützt zu haben. Sie sagt, daß sie Gelegenheit gebe, ihr Fragen zu stellen, aber in Wirklichkeit erlaubt sie nicht, daß man Fragen stellt. Daraus schließe ich, daß sie wirklich einige Aspekte ihrer selbst schützt. Ich dachte zum Beispiel daran, daß sie sich vielleicht davor fürchtet ...
Erickson: (gleichzeitig): Was hat sie dir gesagt?
Zeig: Was sie mir gesagt hat, fragen Sie?
Erickson: Mhm.
Zeig: Was ich von ihr verstehe ist, daß sie nicht sehr gut einschätzen kann, wo sie als Person steht. (Zu Erickson gewandt) Sie wollen keine analytische Beschreibung. Es ist schwierig für mich, weil ich nach analytischen Beschreibungen gesucht habe.
Erickson: Ich kann die Antwort zusammenfassen. Sie hat überhaupt nichts gesagt.
Zeig: (lacht)
Erickson: Absolut nichts. Und du hast es nicht mitbekommen. Du hast lauter Nichtigkeiten analysiert.
Zeig: (lacht)
Erickson: „Stellen Sie einfach Fragen, und ich werde sie beantworten." Das sind zwei positive Aussagen. „Sagen Sie mir nicht, daß Sie das nicht wüßten." Das sind zwei negative Aussagen.
Zeig: Ja.
Erickson: „Ich bin 32 Jahre alt, oder man nimmt an, ich sei 32 Jahre alt."
Zeig: Mhm.
Erickson: „Man nimmt an" steht im Widerspruch zu „Ich bin 32 Jahre alt." „Ich wurde am 6. Juli 1912 in Meridian, Missouri (erfundener Name) geboren. Es ist eine Kleinstadt – Geschwätz, über den hinteren Zaun wie Spülwasser – wie schmutziges Spülwasser, das man für die Schweine hinausschüttet." Das sagt über die Stadt nicht das Geringste aus, oder?
Zeig: Nein.

Erickson: Man weiß nicht einmal, ob es eine Stadt ist. (lacht) „Zweibeinige Hündinnen und Schlangen in Menschengestalt." Schlangen haben keine Menschengestalt. Kennst du irgendwelche Schlangen, die wie Menschen aussehen? Sie hat einem bisher nichts gesagt. Und zweibeinige Hündinnen. Was soll das heißen? Sie sagt nicht, welche zweibeinigen Hündinnen – sie sagt nicht, wer sie sind.
Zeig: Ich dachte, das sei vielleicht ihre Vorstellung von Frauen und Männern.
Erickson: „Es gibt viele Leute, die ich nicht mag." Diese Aussage könnte man als positiv und negativ bezeichnen.

„Eine von ihnen ist die Dame, die mich großgezogen hat."

Eine Dame zieht nicht groß – eine Dame erzieht. Also ist sie keine Dame gewesen. (Erickson lacht)
Zeig: Aha.
Erickson: „Ich verehrte den Mann, der mich großzog. Er war weiß wie eine Lilie, und sein Haar war rabenschwarz." Sie stellt schwarz gegen weiß. Sie stellt weiß „rabenschwarz" als Gegensatz gegenüber.
Zeig: Mhm.
Erickson: Sie redet jedoch nur über Farbe. Du dachtest jedoch, sie sage etwas über eine Person.
Zeig: Mhm.
Erickson: „Seine Augen waren gelb wie Leoparden, aber er war ein Leopard, der nie seine Farbflecken änderte." Ob sie den Mann verehrte, das Meiste, was sie dir über ihn sagt, ist, daß er gelbe Augen habe. Schwarz steht im Gegensatz zu weiß, und Leoparden ändern ihre Farbflecken nicht. (Erickson lacht). „Er war hell, ihre Mutter war dunkel." Hell-dunkel – wieder ein Gegensatz.

„Er hatte einen älteren Bruder, der die Familie beherrschte, und er steckte seine Frau in eine Anstalt für Geistesgestörte." Wenn man seine Frau in eine Anstalt für Geistesgestörte steckt, hat man keine Frau.

„Sie befindet sich jetzt an einem anderen Ort." Das steht im Widerspruch zu der vorherigen Aussage.
Zeig: Mhm.
Erickson: „Wenn sie Gummizellen haben, schlägt man sich nicht den Schädel ein." Ein weiterer Widerspruch. Jetzt wurde sie in eine andere Anstalt gebracht.

„Sie wurde vor 18 Jahren in seine Obhut entlassen, und der schmutzige, lausige Scheißkerl hat sie geschwängert." Dann wurde sie zurückgebracht – ein Widerspruch.

Und „Ihr *kleiner* Junge ist jetzt 18 Jahre alt." Welcher kleine Junge ist 18 Jahre alt? Ein Achtzehnjähriger ist kein kleiner Junge.

„Meine Schwägerin, Norma Kowalski, die Frau meines Halbbruders, Jakob Kowalski, der in 12345 Braile in Detroit wohnt ..." Das klingt wie eine Hausnummer, nicht wahr?

Zeig: Ja.

Erickson: Aber man kann 1-2-3-4-5 schneller sagen als man eine Hausnummer angeben kann. 3-4-2-8-5 zum Beispiel. Sie gab eine Zahlenfolge an, die sie am schnellsten sagen konnte.

Zeig: Ich verstehe.

Erickson: (liest das Ende des Transkripts vor) „In der Bibel heißt es, eine Hure sei eine, die ihren Körper verkauft, aber ich habe nie meinen Körper verkauft, doch ich habe vor, das zu tun, wenn ich hier herauskomme, weil ich es müde bin, für das, was ich von dieser Welt bekomme, so verdammt hart zu arbeiten. Ich werde nie mehr arbeiten." Widersprüche, einer nach dem anderen. Man bleibt mit einer Fülle von Nichtigkeiten zurück.

Zeig: Es stecken viele verschiedene Dinge drin, die man herausgreifen, interpretieren und analysieren kann.

Erickson: Das hat nichts damit zu tun ...

Zeig: (gleichzeitig) daß man wirklich auf das Gleichgewicht achtet, das sie herstellt.

Erickson: Daß man auf das Gleichgewicht schaut, das sie herstellt.

Zeig: Und es summiert sich am Ende zu Null und Nichts.

Erickson: Und es summiert sich zu Null und Nichts. Und der unsinnige Versuch, das zu analysieren – man muß es interpretieren.

Zeig: Mhm.

Erickson: Als sie sich von ihrer manischen Phase erholte, schrieb sie mir einen Brief – vollständig genesen. Diesmal gab sie mir Informationen über sich.

„Gestern habe ich einen Kuchen gebacken, aber heute backe ich keinen Kuchen."

Zeig: Dieselbe Art.

Erickson: Dasselbe Gleichgewicht, aber mit echten Aussagen. Nichts, was sie als Person wirklich wiederherstellte. Du hattest Recht, als du sagtest, daß sie sich schützte. Doch sie schützte sich, indem sie Lärm machte.

Zeig: Und wäre der Kernpunkt der Therapie mit einer Person wie dieser, daß man ihren Wunsch, nichts von sich enthüllen zu wollen, respektiert? Wie würden sie es anpacken, mit ihr zu arbeiten?

Erickson: Laß sie einfach reden: „Schreien sie nur alles heraus, machen Sie allen Lärm, den Sie machen wollen. Früher oder später werden Sie mir zuhören. Und dann werde ich Ihnen zuhören können."

Zeig: Ihrem Widerstand begegnen und viel Fürsorge zeigen. „Ich bin für Sie da, wenn Sie so weit sind."

Erickson: Ihr sagen: „Ich werde Ihnen zuhören, und Sie können so viel Lärm machen, wie Sie wollen. (Mit sanfterer Stimme) Und vielleicht werden Sie mir irgendwann zuhören." Das gibt ihr die Möglichkeit, darüber zu streiten oder es anzunehmen.

Zeig: Dieser ganze Lärm dient also dem Zweck, daß sie Ihnen nicht zuhören muß.

Erickson: Mhm. Und es ist wichtig, ihr zu sagen, daß sie mein Verhalten nicht kontrollieren kann. Ich bin frei zu tun, wozu ich Lust habe, und vielleicht wird sie mir zuhören. Sie kann diese Aussage nicht in Zweifel ziehen, ohne ihre Bedeutung anzuerkennen, und sie kann nicht zustimmen, ohne die Bedeutung anzuerkennen – wie auch immer habe ich sie drangekriegt.

Ich wandte diese Idee in einer meiner Techniken an. Die American Psychiatric Association dachte daran, mich deswegen auszuschließen. Ich hielt einen Vortrag über körperliche Zwangsmaßnahmen als erstrebenswerte Methode in der Psychiatrie. Sie sagten andere, gleichzeitig anberaumte Veranstaltungen und Konferenzen ab, um meinen Vortrag zu hören. Freunde warnten mich, ich solle den Vortrag besser nicht halten. Ich tat es trotzdem. Ich führte aus, daß Psychiatrie-Patienten sich oft zwischen Matratzen und Bettfedern zwängen und sich in dunklen Ecken verbergen. Sie ziehen sich in dunkle Ecken zurück, verstecken sich und hüllen sich ein im Versuch, sich zu schützen. Ich habe herausgefunden, daß ich Patienten in Zwangsjacken stecken und damit ihrem Bedürfnis, sich zu verbergen, entsprechen kann. Dabei teile ich dem Patienten mit: „Sobald Sie sich wohlfühlen, brauchen Sie nur die Schwester zu bitten, die Zwangsjacke abzunehmen."

Zeig: Damit haben Sie auch gesagt: „Ich lasse mich von Ihnen nicht in eine Zwangsjacke stecken."

Erickson: Ja. Ich ließ meinen Patienten Zwangsjacken anlegen. Es kann ungefähr 15 Minuten dauern, bis man einem Patienten so eine Zwangsjacke angelegt hat. Sobald die Zwangsjacke zugeschnürt war, sagte der Patient meist: „Ich glaube, Sie können mich jetzt wieder herausholen." Und die Krankenschwester mußte sie dann wieder abnehmen. Die Krankenschwestern haßten das, aber meinen Patienten gefiel es. Und sie wußten, daß sie jederzeit eine Zwangsjacke verlangen konnten. Ich hielt das für weit besser als daß sie sich zwischen Matratzen und Sprungfedern oder hinter der Tür zu versteckten.

Zur selben Zeit, als es Eva allmählich besser ging, dachten meine Frau und ich nach über die Frage der Wortspiele mit Namen. Was für ein Wortspiel kann man mit dem Namen „Erickson" machen? Uns fiel keines ein. Als ich am nächsten Morgen auf der Station war, sagte Eva zu mir: „Kann ich eine Zigarette haben, Dr. Erickson?" Ich sagte: „Nein, Eva." Sie antwortete: „Nun gut, Dr. Irksome[8]." Wirklich schön. (Erickson lacht.)

Zeig: Mhm.

Erickson: Das ist nun also ein Teil des Materials, das du gelesen hast, ohne zu wissen, was du liest. Wie sieht es aus mit Millie Parton ... was ist die Diagnose, wie alt ist sie, welchen Beruf hat sie?[9]

Zeig: Hm. Ich mag keine Etikettierungen. Ich würde sagen, sie wurde als schizophren und paranoid diagnostiziert. Hinsichtlich des Alters habe ich keine Ahnung. Beruf – weiß ich nicht.

Erickson: Nun gut. Ungeachtet deiner Abneigung für Etikettierungen: „Zunächst einmal bin ich nicht als Patientin hier." Wo war sie?

Zeig: (lacht)

Erickson: Was für eine Art von Realitätsverzerrung brachte sie zum Ausdruck?

Zeig: Mhm.

Erickson: „Ich wurde vor zwei Tagen von meiner Tante hierher gebracht. Ich bin sicher, daß meine Tante gute Absichten hatte." Kein paranoider Mensch hat jemals einem anderen gute Absichten zugeschrieben. Es handelt sich hier also um eine Realitätsverzerrung, die anderen gute Absichten zugesteht.

„Sie dachte, ich bräuchte irgendeine Behandlung. Aber was für eine es sein sollte, davon habe ich nicht die leiseste Ahnung." Nun, was für eine Geistesstörung hat man, wenn man von nichts die leiseste Ahnung hat? (Erickson lacht)

8 *Irksome* bedeutet „ärgerlich, verdrießlich, lästig, beschwerlich". (Anm. d. Ü.)
9 Siehe Anhang C.

„Sie hatten mich nach Bellevue in New York City gebracht, als ich dort war. Während der letzten drei Jahre war ich immer wieder drinnen und draußen. Eigentlich meist draußen, weil mein Mann während dieser ganzen Zeit beim Militär war …"

Nun, welcher Patient kann, ohne eine Miene zu verziehen, sagen, „Ich habe immer wieder drinnen und draußen gelebt. Eigentlich meist draußen …" Sie hatte wirklich keinen Boden mehr unter den Füßen. Der Typ von Patient, den man als katatom im Anfangsstadium bezeichnet. Niemand gab mir Recht, bis sie einige Monate später einen katatonen Stupor entwickelte.

„Draußen und drinnen." Da ist eine Spur von listigem Humor drin: „meistens draußen". Listiger Humor, der in seiner Bedeutung nicht erkennbar ist. Nur Katatone im Anfangsstadium sind zu solch listigem Humor fähig, weil sie außerhalb ihrer selbst stehen und amüsiert zuschauen.

Zeig: Aha.

Erickson: „Mein Onkel hat mich großgezogen, und er war sehr gut zu mir. Ich war dort glücklich, bis ich erwachsen wurde. Dann – nun, ich denke, jeder kommt einmal in das Alter, wo er sein eigenes Zuhause haben will. Daran ist nichts Falsches oder Unnatürliches, oder?"

Wie alt muß man sein, um diese Philosophie der mittleren Jahre zum besten zu geben?

Zeig: Sagen wir, um 40?

Erickson: Das ist richtig. Man muß um die 40 sein. Es ist ein Ausdruck des mittleren Alters, eine Philosophie des mittleren Alters. (Zu Zeig gewandt) Nun, kannst du das erhärten?

„Warum etwas daran falsch sein soll, wenn man einen deutschen Namen führt, weiß ich nicht. Doch es scheint so, daß jedes Mal, wenn in diesem Land Krieg herrscht, Leuten mit deutschen Namen die Zeit zur Hölle gemacht wird."

Sie muß also bereits während des Ersten Weltkrieges gelebt haben.

Zeig: Das leuchtet mir ein.

Erickson: (lacht) Nun, und auf dieser Seite findet sich ein absoluter Beweis für ihre Tätigkeit.

Zeig: Wirklich?

Erickson: Mhm. Und er schreibt sich mit vier[10] Buchstaben.

10 In der Originalsprache sind es die drei Buchstaben des Wortes *too*.

Zeig: Vier Buchstaben?
Erickson: Die Tätigkeit wird mit verschiedenen Wörtern genannt und dann durch ein Wort mit vier Buchstaben bestätigt.
(Eine lange Pause, während Zeig das Material studiert).
Zeig: Also, ich gebe es auf.
Erickson: Sie ist eine Frau von Welt.
Zeig: Eine Frau von Welt? Sie meinen, eine Prostituierte?
Erickson: Ja. (lacht) „Und Chris ist auch draußen in der Welt gewesen."

Als sich die Dinge im Henry Hudson Hotel schlecht entwickelten, zog sie in ein anderes Hotel. Und dann kam sie zurück, wieder in ein anderes Hotel.

Zeig: Aha.
Erickson: Sie bediente die Hotels. (Zu Zeig gewandt) Warum verstehst du nicht, was du liest?

Was weißt du über Diane? (Siehe Anhang A)

Zeig: Mir kam unter anderem der Gedanke, daß Sie eine wirksame Intervention gemacht haben. Mir schien, daß sie schauen wollte, ob sie jemanden finden könnte, der wirklich stark wäre – jemand, den sie nicht manipulieren konnte; den sie nicht kontrollieren konnte.

Auch ihr Ärger, ihr echtes Wütendsein, wird, obwohl etwas indirekt geäußert, doch sehr offensichtlich.

Erickson: Nun, was weißt du über sie?
Zeig: Ich mache es wieder, hm? (lacht)
Erickson: (Pause) Erinnere dich, daß sie mir gegenüber drei Bemerkungen machte – und ich sagte ihr, daß ich niemanden kenne, den ich genügend haßte, um sie an ihn zu überweisen.
Zeig: Welches waren die drei Bemerkungen?
Erickson: Nun, du solltest sie herausfinden können. Du solltest auch wissen, was auf der letzten Seite steht. Im ersten Abschnitt werden vier Personen mit Geringschätzung erwähnt.
Zeig: Mhm.
Erickson: Wovon ist im nächsten Abschnitt die Rede?
Zeig: Vom Stehlen.
Erickson: Und von einem Klavierstuhl – auch von ihm spricht sie geringschätzig.
Zeig: Mhm.
Erickson: Ein diamantenes Schmuckstück im Lavallière-Stil wird Zehncent-Ersparnissen gleichgestellt. Man stellt Diamanten nicht

Zehncent-Stücken gleich; sie gehören nicht derselben Kategorie an. Außerdem erwähnt sie eine fünfte Person in geringschätziger Weise.

(Erickson paraphrasiert den dritten Abschnitt) Wir hatten so viel Kohle, daß wir sie gar nicht ganz im Keller unterbringen konnten. Die Leute blieben meist stehen und verfluchten uns. Sie kann nur Wärme bekommen, wenn sie „das richtige Maß an Dankbarkeit" zeigt.
(Aus dem vierten Abschnitt) Und was war ihre früheste Erinnerung an ihre hübsche Mutter?

Zeig: Die Hand auszustrecken und deren Kleid zu berühren.
Erickson: Ihr Kleid – nicht ihre Mutter.
Zeig: Es ist die Erinnerung an ein Kleid. Das war ihre früheste Erinnerung an ihre Mutter – die Berührung ihres Kleides.
Erickson: So ist es. Sie kam in mein Büro und sagte: „Ich habe schreckliche Kopfschmerzen. Und das Durcheinander auf dem Schreibtisch Ihrer Sekretärin hat meine Kopfschmerzen noch schlimmer gemacht. Und man sollte denken, daß ein Doktor anständigere Möbel haben könnte. Jeder, der medizinische Bücher liest, sollte wissen, wie man sie richtig in einem Bücherregal aufreiht."
Zeig: Alles abschätzige Bemerkungen.
Erickson: Alles abschätzige Bemerkungen. Und der arme Alex machte mit ihr Psychotherapie – sie spielte mit ihm wie mit einem Yo-yo. Eine Woche aufwärts, und in der nächsten Woche abwärts, bis er wußte, daß er alle diese Fehler nicht allein gemacht haben konnte.
Zeig: Mhm.
Erickson: Dann wurde Danny auf seine eigene Bitte hin ihr Doktor. Er sagte: „Ich weiß, was Ihr falsch gemacht habt, Jungs – warum habt ihr Diane nicht einer gründlichen Untersuchung unterzogen, wie sie bei den Soldaten üblich ist?" Ich sagte: „Wahrscheinlich, weil wir zu dumm sind." Danny sagte zu uns: „Also, ich habe für sie eine solche vollständige Untersuchungsreihe angeordnet." Ich fragte: „Wann wird sie geröntgt?"

Wir fanden heraus, wann sie von ihrer ersten Röntgenuntersuchung zurückkommen würde, deshalb stellten Alex und ich uns in der Nähe des Lifts auf, als Diane zurückkehrte. Sie stieg aus dem Lift aus und sagte: „Ich habe jetzt einen annehmbaren Doktor bekommen." Ich sagte: „Das ist gut, Diane." Sie ging um die Ecke; ich zögerte einen Augenblick, dann gingen auch wir um die Ecke. Diane war am Trinkbrunnen und trank so viel Wasser wie sie nur konnte, um die zweite Röntgenuntersuchung unbrauchbar zu machen. Als sie uns sah, sagte sie: „Verdammt, Ihr Klugscheißer." Sie bog in die Damentoilette, und Alex und ich waren keine Gentlemen, wir folgten ihr. Und wir fanden Diane, die sich den Finger in den Hals gesteckt hatte und versuchte, das Barium[11] zu erbrechen.

Nun, es gelang ihr, diese Röntgenserie zu ruinieren. Danny schickte sie deshalb für eine zweite Serie herüber. Er bekam die erste Aufnahme, dann verließ sie das Krankenhaus und kam zwei Tage später zurück. Er ordnete eine dritte Röntgenserie an. Sie lief ein zweites Mal weg und kehrte wenige Tage später zurück. Er ordnete eine vierte Serie an. Diesmal ließ er sie in strengen Gewahrsam nehmen und erhielt eine vollständige Reihe von Röntgenbildern. Dann flüchtete sie wieder aus dem Krankenhaus und kam erst drei Monaten später zurück. (Erickson lacht) Mit anderen Worten, sie war eine Soziopathin, die alles und jeden zerstörte.

Zeig: Was steht auf der letzten Seite?

Erickson: Kannst du es nicht erraten?

Zeig: Nein.

Erickson: Ich hatte Alex gesagt, er solle einen Pfleger bitten, sich neben den Tisch zu stellen, und Diane ein Dutzend Bleistifte geben, und er solle dafür sorgen, daß der Pfleger jedes Blatt an sich nehme, sobald Diane es vollgeschrieben habe.

Zeig: Richtig.

Erickson: Ich berichtete ihm, wie sie von März bis August an Besuchstagen kam und mit der Sekretärin oder mit mir redete, wobei weder die Sekretärin noch ich ihr irgendwelche Anzeichen gaben, daß wir ihr zuhörten. Sie sprach immer von Joan, was für ein reizendes Mädchen sie sei, und daß Nicky gern Spiele mache. Und Nicky möge Pfannkuchen. Aber sie benutzte nie ein Pronomen im Zusammenhang mit Nickys Namen. Nun, du versuchst, von zwei Menschen zu sprechen und das Geschlecht der einen Person ohne Mühe preiszugeben, aber das Geschlecht der anderen Person nur ja nicht zu verraten.

Anfang August hatte ich einen Auftrag auf dem Gelände des Krankenhauses. Ich kam um die Ecke und sah Diane mit Nicky und Joan. Und ich sagte: „Entschuldigen Sie, Diane. Es war meinerseits völlig unbeabsichtigt, Sie so zu sehen."

11 Barium wird beim Röntgen als Kontrastmittel verwendet. (Anm. d. Ü.).

Und sie sagte: „Gott verdamme Ihre Seele." Denn jetzt wußte ich, welches Geschlecht Nicky hatte. Sie zahlte es mir heim, indem sie nach Detroit in die Stadt fuhr und dort einen Richter von Detroit dazu brachte, sie an das Krankenhaus von Wayne County zu überweisen. Dabei wohnte sie in Pontiac County und gehörte nicht in eine Institution von Wayne County. (Erickson lacht) Sie brachte den Richter dazu, einen Fehler zu machen.

Zeig: Damit mußte sie von Ihnen behandelt werden.

Erickson: Ja, von mir. Als der Pfleger neben ihr stand, wußte sie, daß ich dafür verantwortlich war, daß sie ihre Lebensgeschichte schrieb, auch wenn Alex ihr gesagt hatte, er werde ihr Therapeut sein.

Auf der letzten Seite heißt es: „Sie haben das Krankenhaus vorgeschlagen. Ich wollte nicht – doch ich wußte, daß ich dorthin gehen würde. Ich erinnerte mich – an die Aufnahmestation – schnoddrige Pfleger – Angst, wegzugehen – müde – ich schämte mich, über körperliche Schmerzen zu klagen, die mich plagten – weil man mich ausgelacht hatte, sogar als ich im Krankenhaus eine Blinddarmentzündung bekam, und weil man mir gesagt hatte, es sei alles nur „in meinem Kopf" – alles in Pontiac ist „nur in deinem Kopf".

„Sie kennen den Rest. Ich wünschte, ich hätte den Mut, zuerst zu sterben, und dann Ihr Gesicht zu sehen und alles aus mir herauszuschreien. Ich dachte, Sie müssen glauben, daß ich gesund werden könnte, sonst würden Sie mir nicht Ihre Zeit widmen ..."

(Zu Zeig gewandt) Ich habe ihr kein bißchen von meiner Zeit gewidmet. (Erickson lacht und liest weiter)

„Ich fürchte, ich werde Sie enttäuschen. Ich bin nicht sehr mutig. Ich weiß das. Unter der Oberfläche ist mein Geist überhaupt nichts Schönes. Ich werde wahrscheinlich alles tun, um Sie davon abzuhalten, das zu erkennen."

„Das ist alles. Ich habe es rasch geschrieben, so wie es mir einfiel. Es ist kein Meisterstück, und die Schrift ist schlecht." (Erickson lacht)

(Zu Zeig gewandt) Sie ist ein Ass im Abwerten von Dingen – sogar ihre Lebensgeschichte und ihre Handschrift sind davon nicht ausgenommen. (Liest weiter)

„Es brachte mir jedoch einen entzündeten Arm und einen steifen Nacken ein, und mein Kopf ist sehr müde."

„Ich kann meine Lebensgeschichte nicht abschließen, weil ich noch nicht tot bin. Ich bin nicht einmal sicher, ob ich nochmal sterben möchte – aber – oh, wie ich es hasse, am Morgen aufzustehen!"

Sie nahm ein Zitat aus einem Lied, um ihre Lebensgeschichte zu beenden. (Erickson lacht) In einer Klinik für Geisteskranke – „O, wie ich es hasse, am Morgen aufzustehen!" Sie entwertet alles – die Handschrift, das Papier, sich selbst, die Geschichte als solche, und füllt das Ganze mit Lügen.

Ich kam um die Ecke und sah die beiden Kinder – es waren zwei kleine Mädchen. Ich entschuldigte mich bei Diane – „Ich hatte nicht die Absicht, Ihnen so zu begegnen." „Gott verdamme Ihre Seele", sagte sie. (Erickson lacht).

Zeig: Und welchen Zweck verfolgte sie damit? ...

Erickson: Sie wollte mich zwingen, sie nach Nickys Geschlecht zu fragen. Doch ich war gespannt, wie lange Diane es für sich behalten konnte.

Zeig: Offensichtlich sehr listig.

Erickson: Diane entfloh ein letztes Mal aus dem Krankenhaus. Danny ärgerte sich, weil sie nach Albuquerque floh. Eines Morgens wurde die Post im Krankenhaus verteilt. Dannys Sekretärin sagte zu mir: „Danny hat Post von Diane." Ich rief daher Alex zu mir und wir gingen hinunter zu Dannys Büro, um auf ihn zu warten, bis er seine Post holte. Er holte sie und sah sie durch. Er sagte: „Diane schreibt mir, und nicht Euch beiden!" Und Danny öffnete den Brief und begann zu lesen, wobei sein Gesicht Freude widerspiegelte. Diane hatte eine schöne poetische Schilderung der Berglandschaft in Prosa geschrieben. Doch der zweite Abschnitt begann: „Morgen gehe ich am Barsch-Loch fischen."

(Erickson zu Zeig gewandt) „Barsch-Loch – Arschloch." (Erickson lacht)

Erickson: (seinen Bericht fortsetzend) Danny las diese Zeile und sagte: „Verflucht!" und warf den Brief auf den Boden. Diese schöne Prosa (Erickson lacht) gefolgt von einer solchen Vulgarität.

Fünfzehn Jahre später rief sie mich an. Sie sagte: „Ich bin jetzt in Phoenix. Ich gehe demnächst zu einem guten Arzt. Ich habe immer noch diese Kopfschmerzen. Ich gehe zu Dr. St. George." Ich rief daher Dr. St. George an und sagte: „John, du hast eine neue Patientin, Diane Chow aus Albuquerque in Neu-Mexico. Sie ist eine frühere Patientin von mir, als ich noch in Michigan war. Möchtest du auf dem leichten Weg etwas von mir über sie erfahren? Oder möchtest du sie auf dem schwierigen Weg kennenlernen?" Er sagte: „Der schwierige Weg klingt interessanter." Deshalb begann er bei ihr mit einer Reihe von

Röntgenaufnahmen des Schädels und mit Angiogrammen[12]. Als er die Hälfte der Tests abgeschlossen hatte, verließ Diane ohne Zustimung das Krankenhaus. Sie ging nach Neu-Mexiko und überließ es St. George, ihre Krankenhausrechnung zu bezahlen. Er rief an und sagte: „Ich habe mein Lehrgeld bezahlt."

Hier habe ich einen Brief, den Diane mir im Jahre 1967 schrieb.[13] (Erickson liest daraus vor) „Dr. Erickson, tun Sie nicht so, als hätten Sie mich vergessen. Ich weiß, daß Sie mich nicht vergessen haben. Ich entschuldige mich nicht für meine große Schrift, außer um zu erklären, daß ich nicht mehr gut sehe und durch ein Vergrößerungsglas schreiben muß (und wenn Sie meine Schrift nicht lesen können, sind Sie blinder als ich). (Erickson lacht) Zu meiner Überraschung eröffnete mir das eine ganz neue Perspektive. Ich konnte nicht mehr viel lesen noch malen, und es war erstaunlich, wie nützlich doch die Augen sind. Aber ich habe bei mir zwei Talente entdeckt, das eine ist, überall anzuecken, und das andere – Musik. Ich spiele Orgel, und es gibt kaum etwas, was ich nicht in wenigen Minuten nach Gehör spielen kann."

(Zu Zeig gewandt) Mit anderen Worten, sie kann sich selbst etwas beibringen, indem sie einmal ein Lied hört und es dann sofort spielen kann. Das geht jedoch nicht nach gedruckten Noten. Sie verläßt sich einfach auf ihr Gedächtnis. Bei neuen Liedern kann man sich eben nicht auf das Gedächtnis verlassen. Mit anderen Worten, sie spielt aufs Geratewohl und gibt sich damit zufrieden. (Liest weiter den Brief vor) „Ich habe einen Ihrer Kollegen kennengelernt (er behauptete, ein Freund zu sein, doch er wußte nicht, wie gut ich Sie kenne). (Erickson lacht).

„Erstens bezweifle ich, daß Sie viele Männer „Freund" nennen möchten, und zweitens weiß ich, was Sie von der Fähigkeit der meisten Psychiater halten, und drittens war er ein rosabackiger Arsch, sonst nichts." (Zu Zeig) Von 1944 bis 1967.

Zeig: 23 Jahre – und keinerlei Veränderung.

Erickson: Ja, so ist es. Alles, worauf du hören mußtest, waren die drei Sätze: „Der Tisch Ihrer Sekretärin war ein Durcheinander; Ihre Möbel waren billig; alle diese medizinischen Bücher, und sie sind es Ihnen nicht wert, sie in einer Reihe aufzustellen."

12 Röntgenologische Untersuchung der Blutgefäße. (Anm. d. Ü.)

13 Der ganze Brief befindet sich bei den Akten der Erickson-Archive in Phoenix.

So etwas analysiert man nicht. Man hört es nur und versteht es. Und man weiß, daß jede Information, die man von ihr bekommt, völlig unzuverlässig ist.

Armer Alex – er hat drei Monate und viele Wochenenden geopfert, um zu lernen. Denn man glaubt nicht alles, was man hört, und man analysiert nicht alles, was man hört. Man versteht nur, was es bedeutet.

Zeig: Dann war es also klar, daß es keine Intervention gab – man konnte nichts tun.

Erickson: So ist es. Man konnte viel verlieren.

Zeig: Aber es gab nichts zu gewinnen.

Erickson: Sie konnte nichts gewinnen, und du konntest nichts gewinnen. Aber ich sorgte dafür, daß Alex etwas Erfahrung bekam. (Erickson lacht) Und Diane war wütend auf mich, weil ich sie dazu benutzte, um Alex diese Erfahrungen zu ermöglichen.

Zeig: Und sie ist noch immer …

Erickson: (unterbricht) unverändert. Und St. George mußte sein Lehrgeld zahlen. Er hatte es so gewählt. Er rief an und berichtete mir darüber: „Ich habe mein Lehrgeld bezahlt." Ich sagte: „Hättest du mir geglaubt, wenn ich dir gesagt hätte, daß sie dich zum Verlierer macht, ganz egal, was du tust?" Er sagte: „Nein, ich hätte es nicht geglaubt. Sie war bezaubernd, liebenswert. Sie ist attraktiv, aber sie weiß ganz genau, wie sie dich zum Narren halten kann."

Zeig: Ich hab immer das Gefühl, daß es auch bei Leuten, die wirklich schwierig sind, irgendeinen Weg geben müßte zu intervenieren; wenn ich nur geschickt und erfahren genug wäre, dann …

Erickson: Du solltest dich besser schnell von dieser Idee lösen. Denn was du da sagst, meint letztlich: Es muß irgendeinen Weg geben, den Tod zu verhindern. Es müßte einen Weg geben, alle Krankheiten zu verhindern – wenn du nur genügend Fähigkeiten hättest.

Zeig: Nicht so sehr einen Weg, Krankheiten zu verhindern. Doch wenigstens einen Weg, sie zu heilen oder damit umzugehen.

Erickson: Ich denke, du mußt dich der Erkenntnis stellen, daß du nicht alle Krankheiten heilen kannst, aber genau das ist es, was viele dumme Psychotherapeuten denken. Sie haben die grandiose Idee, daß sie jeden heilen könnten, wenn sie fähig genug wären – und daß sie diese Fähigkeit sicher in sich finden könnten – anstatt der Tatsache ins Auge zu sehen, daß es viele Leute gibt, die man nicht behandeln kann, die die Behandlung mißbrauchen werden.

Den Fall Diane mit Erickson zu besprechen beeinflußte mich in mehrfacher Hinsicht:

1 Er half mir zu verstehen, daß Therapie bestimmte Grenzen hat, gleichgültig, wie fähig der Therapeut oder die Therapeutin ist. Ich kam zu Erickson, weil er so erfolgreich war. Doch der erste Fall, den er genauer mit mir besprach, war einer, in dem er keinen Erfolg hatte und in dem er nicht einmal versucht hatte, Psychotherapie zu machen. Es ist wichtig, im Bereich des praktisch Durchführbaren und Möglichen zu arbeiten. Erickson nahm nicht jeden Beliebigen als Patient an; er arbeitete nicht mit jeder Art von Problemen. Er wußte, wo er seine Energie sinnvoll einsetzen konnte.
2 Ich konnte nun den Typ von Dianes Verhaltensmuster erkennen, verstehen und benennen. In Zukunft wußte ich, wie ich mit dieser besonderen Art von Patienten umgehen mußte.
3 Ich konnte nach vorhersagbaren Mustern in der klinischen Arbeit mit allen möglichen Patiententypen suchen, besonders jene Muster, die sich im Sprachgebrauch zeigen.
4 Allmählich wurde mir klar, daß die Ericksonsche Methode darauf basierte, auf welche Weise die Patienten auf die Kommunikation der Therapeuten reagierten. Ohne Reaktionsbereitschaft – ohne Lernen – gibt es keine Therapie, gleichgültig, wie kreativ die Technik des Therapeuten sein mag.
5 Ich reagierte auf persönlicher Ebene. Ich erinnere mich, daß ich dachte: „Ich bin dabei, mich zu verändern."

Erickson fuhr fort und gab mir noch ein weiteres Beispiel eines ähnlichen Musters. Ich vermute, daß er sicher sein wollte, daß ich „kapierte", worum es ging.

Erickson: Ein Hausarzt in Phoenix schickte mir einen Patienten, der Schmerzen im Oberschenkel hatte. Er hatte den Patienten mit schmerzstillenden Medikamenten behandelt. Der Patient kam herein und beschrieb mir seine Schmerzen. Ich wußte, daß es eine gute Beschreibung war – so gut wie ich sie in jedem medizinischen Buch finden konnte. Der Patient zeigte sich bekümmert, weil er dem Arzt so viele Umstände bereitete. Er sagte mir, er sei Ingenieur. Er wisse, wie man viele teure Maschinen wiederherstellen könne, die bei irgendwelchen Unfällen kaputtgegangen seien. Es war eine äußerst vernünftige Geschichte. Natürlich bräuchte er ungefähr 100 Dollar als Startkapital für den Job. Ich fragte ihn, wieviel er sich beim Hausarzt geangelt habe. Er sagte, er habe sich 500 Dollar geliehen, die jedoch nicht genügt hätten, deshalb habe er sich weitere 500 Dollar geliehen. Er habe gedacht, wenn er sich von mir 100 Dollar leihen könnte, wäre er sicher, daß er sich die Ausrüstung holen und uns alle drei reich machen könnte.

Ich sagte: „Glauben Sie wirklich, daß ich so dumm bin? Sie haben einen guten Weg gefunden, regelmäßig an freie Drogen zu kommen. Und von einer Quelle, die von den Betäubungsmittelfahndern nicht beachtet wird. Es ist ganz offensichtlich, daß Sie etwas über den Schmerz gelesen und erkannt haben, wie leicht Sie dadurch an Drogen herankommen können. Sie haben sich bei Ihrem Hausarzt Geld erschwindelt, und Sie wollen mich auch auf die Liste derer setzen, die auf Sie hereingefallen sind. Ich werde das Ihrem Hausarzt mitteilen."

Der Hausarzt war zornig, weil ich diesem Patienten nicht mit Wohlwollen begegnete. Viele Jahre später kamen er, seine Frau und seine Tochter zu mir. Er sagte: „Ich weiß, daß ich alles verpfändet habe. Ich weiß, daß ich meiner Frau versprochen habe, daß ich keine Hypothek auf das Haus aufnehmen würde, weil es ihr gehörte. Aber ich verpfändete das Haus doch und ich mußte diesem Mann noch mehr Geld geben, weil ich weiß, daß er das zurückgewinnen kann, was ich in ihn investiert habe."

Seine Frau sagte: „Wir haben unser Heim verloren; Besitz, den wir hatten; wir verloren meinen Schmuck und die Hochzeitsgeschenke. Wir mußten unsere Kinder aus dem College nehmen, und der verdammte Narr will diesem Betrüger noch mehr Geld leihen."

Ich sagte zu ihm: „Wenn ein Patient Ihnen eine schmerzhafte Krankheit wie ein Lehrbuch beschreibt und sagt, er nehme nicht gern Betäubungsmittel und sicher wissen will, daß er nicht abhängig wird, dann wäre es besser, wenn Sie sofort wüßten, daß er ein Drogenabhängiger ist. Und wenn Sie einem Mann 500 Dollar leihen, dann leihen Sie ihm nicht noch weitere 500 Dollar, um ihm zu helfen, die ersten 500 Dollar zurückzuzahlen."

Er hatte mehr als 30.000 Dollar von seinem Sparkonto verliehen, bevor er das Haus seiner Frau verlor und seine Kinder um ihre Collegeausbildung brachte. Sie lebten irgendwo draußen und waren sich selbst überlassen, arbeiteten, und er war wirklich abgezehrt vor

Überarbeitung. Er wurde so gierig nach Geld (das er brauchte, um es dem Schwindler zu leihen), daß er viele Patienten verlor.

Warum kommt ein Patient zu dir? Ich glaube nicht alles, was mir ein Patient sagt, der auf diesem Sessel sitzt.

Zum Beispiel die Frau, die heute morgen dort saß – ich habe dir erzählt, daß sie immer zu allem mit dem Kopf nickte.

Im ersten Interview hatte ich sie gefragt, ob sie mehr als eine außereheliche Affäre hatte, und sie gestand offen, daß sie mehrere Affären hatte. Aber sie führte mich bezüglich ihrer Probleme weiter in die Irre, und schließlich sagte ich zu ihr: „Ich habe alles getan, um von Ihnen zu erfahren, was das Problem ist. Zeigen Sie mir mal Ihren Führerschein." Sie wollte nicht, aber sie holte ihn heraus und zeigte ihn mir. Ich sagte: „Ihr Führerschein wird also im Verlauf der nächsten Woche ungültig. Sie haben wirklich Angst, dorthin zu gehen und die Prüfung zu machen. Würden Sie mir jetzt bitte sagen, warum Sie Angst haben, dorthin zu gehen und die Prüfung zu machen? Sicherlich wissen Sie jetzt, daß ich weiß, was Ihr Problem ist, weil ich diese Information über Ihren Führerschein herausbekommen habe. Nun holen Sie aus Ihrer Handtasche Ihr wirkliches Problem heraus, den Whisky." (Erickson lacht).

Heute habe ich angefangen, ihr Anekdoten über Patienten zu erzählen. Sie fand sie interessant. Sie konnte sich einfühlen in die eine Frau, die wegen eines Problems mit Angstgefühlen bei ihrer Arbeit immer wieder zu mir kam.

Ich erzählte ihr eine Reihe von Geschichten, und auch sie erzählte mir eine Reihe von Geschichten. Plötzlich wurde ihr klar, daß alle ihre Geschichten einen gemeinsamen Nenner hatten. Dann erkannte sie, daß der gemeinsame Nenner in ihren Anekdoten auch der gemeinsame Nenner in meinen Anekdoten war. (Erickson lacht)

Zeig: Die Bedingungen herstellen, so daß sie selbst spontan verstehen kann.

Erickson: Mhm. Ich erzähle dir drei erfundene Anekdoten – du bist nicht berechtigt, die wirklichen Anekdoten zu kennen.

Drei ihrer Freunde begannen sich neue Häuser zu bauen. Zur gleichen Zeit taten sie und ihr Mann das auch. Eine andere Frau kam in dieser Situation hinzu und zerstörte die drei Ehen.

Eine andere gute Freundin traf eine Frau, die sie kannte. Sie ist nicht wirklich sympathisch. [(Zu Zeig) Was bedeutet, daß sie attraktiv ist, aber nicht sympathisch.] Und dann hat diese Frau die Ehe von einem ihrer Freunde zum Scheitern gebracht.

(Zu Zeig) Die andere Frau; der gemeinsame Nenner in den Geschichten war – die andere Frau. Mit anderen Worten, ihre Ehe ist bedroht. Dadurch erfuhr ich, daß sie eine Affäre hat.

Sie sagte: „Ich weiß noch, daß mein Mann mir ein Buch über Sex schenkte und mich auslachte, weil ich es nicht lesen wollte. Ich habe es in der Schublade meines Schreibtisches versteckt und habe es seither nicht mehr angeschaut." Ich sagte: „Ja, Sie unterschätzen Ihren eigenen persönlichen Wert."

Das ist ihr Problem. Ihr Problem ist nicht eine Phobie, mit dem Flugzeug zu fliegen. Sie wollte nicht in den Staat zurückkehren, wo sie und ihr Mann ein neues Haus bauen. Sie sagte, sie habe Angst, ins Flugzeug zu steigen. Ich wußte verdammt gut, daß sie keine Angst hatte, ins Flugzeug zu steigen. Sie wollte sich nicht eingestehen, daß sie fürchtete, daß sie vielleicht ihrem Mann nicht ganz genügte. Sie hat nie gewagt sich einzugestehen, daß sie sich minderwertig fühlt.

Sie will am nächsten Freitag nach Hause fliegen und hat vor, den Flug zu genießen. Sie weiß nichts davon; sie hat sich dazu entschlossen, ohne es zu wissen. Sie kam heute, um mich zu sehen und hoffte, es mir zu sagen.

Als das alles herauskam, sagte sie: „Auf der Rückreise von Kalifornien geriet ich auf freier Straße beinahe in einen Unfall. Es ist schrecklich, Auto zu fahren. Es ist ein so schöner Tag, um durch die Luft zu segeln." Ihr Mann hatte beruflich mit fliegen zu tun, deshalb dachte sie gestern, es sei ein schöner Tag, um eine Ballonfahrt zu machen. Wenn sie eine wirkliche Phobie hätte, in der Luft zu sein, dann dächte sie nicht, es sei ein schöner Tag, um mit dem Flugzeug zu reisen. Ich mußte mir heute zwei Stunden Zeit für sie nehmen, als ich sah, daß sie sich richtig im Kreise drehte und wie eine Schnecke in sich zurückzog.

Erickson kehrt zur Geschichte der Patientin des heutigen Tages zurück. Er zeigt, wie er Anekdoten benutzte, um Assoziationen zu lenken, indem er Geschichte um Geschichte vorlegte, bis die Patientin den „gemeinsamen Nenner" in seinen Geschichten erkannte. Er begegnete ihr auf ihrer Stufe und respektierte ihr, von ihr selbst unerkanntes Bedürfnis, Information zurückzuhalten. Gleichzeitig stellte er die äußeren Bedingungen für eine Veränderung her und richtete seine Therapie zeitlich so ein, daß die direkte Konfrontation der Patientin mit ihrem geringen Selbstwertgefühl ihre Wirkung nicht verfehlte.

Erickson kommt auf das Thema der vorhersagbaren Verhaltensmuster zurück, indem er über seinen Schwiegersohn Dave redet.

Erickson: Hast du diesen Nachdruck gelesen? (Erickson hatte dafür gesorgt, daß ich den Nachdruck seines Artikels „Eine Felduntersuchung der Bedeutung der Geräuschlokalisierung für das menschliche Verhalten mittels Hypnose" [1973] erhalten hatte.)
Zeig: Ich habe den Artikel durchgesehen, und ich hatte ihn vorher auch schon einmal gelesen. Er ist in der letzten Ausgabe des American Journal of Clinical Hypnosis erschienen.
Erickson: Mhm. Die erste Version schrieb ich 1929, die zweite 1940, und die dritte 1968. Ich hatte alles im Rohfassung. Erst im letzten Jahr schrieb ich den Artikel so, daß er den letzten Schliff bekam.
Zeig: Ich verstehe nicht, wie Sie je darauf kamen, die Idee der Geräuschlokalisierung auf diesen dritten Herrn anzuwenden.
Erickson: Das war eine rein zufällige, glückliche Eingebung. Ich mußte Dr. Hackett zeigen, daß ich eine Trance induzieren konnte, ohne das Wort Trance zu gebrauchen, das an sich ja nichtssagend ist. Jeder hat die Erfahrung mit der Geräuschlokalisierung gemacht.

Als meine blauäugige Tochter (Betty Alice Elliott) diesen Bericht ganz gelesen hatte, sagte sie: „Papa, das ist einfach widerlich. Wenn ich daran denke, was ich gemacht habe, als ich noch zur Schule ging, werde ich richtig krank."

Ihr Mann war ein Oberstleutnant der Luftwaffe. Auf Geräusche zu reagieren ist etwas von den Dingen, die man lernen muß zu beherrschen, wenn man Pilot eines Düsenflugzeugs werden will.

Das erklärt auch seine Art, Auto zu fahren. Meiner Tochter machte sein Fahrstil nichts aus, bis sie ihr erstes Baby hatte. Sie nahmen ihr Baby im Auto mit auf eine Spazierfahrt, und sie sagte: „Dave, kauf sofort ein zweites Auto. Und dann fahre ich mit dem Baby immer in dem einen Auto, und du fährst hinter mir her." Sie fährt auf diese Weise vorsichtig und wie es sich gehört, und er fliegt in perfekter Formation hinterher. (lacht) Sie kamen aus Nevada – die Autobahn dort war ganz gerade, und sie sagte: „Ich möchte gern wissen, wie gut er Formation fliegen kann. Ich werde abwechselnd verlangsamen und beschleunigen." Er folgte ihr genauso und bemerkte überhaupt nicht, daß sie absichtlich hin- und herpendelte. (Erickson lacht)

Dave konnte sie nicht hören, wenn sie ihm zuschrie: „Halte an, es ist Zeit, etwas zu essen." Er hörte nur den Motor; er war auf ihn konzentriert. Wenn man ein einmotoriges Düsenflugzeug in einer Höhe von 20.000 m fliegt, muß man auf den Motor achten und ihn hören. Man muß die genaue Position des Flugzeugs im Verhältnis zu sich selbst kennen. Man muß wissen, ob das Flugzeug in Seitenlage fliegt, mit der unteren Seite nach oben oder auf der anderen Seite. Man muß die Position des Flugzeugs im Verhältnis zu sich selbst und das Geräusch des Motors kennen.

Jetzt ist er ein Sicherheitsbeamter. Meine Tochter hatte ihren Spaß daran, das führende Auto zu fahren und im Rückspiegel zu sehen, wie er in Formation hinter ihr her flog. Sie probierte aus, wie es war, wenn sie plötzlich bremste – er bremste genauso schnell. Er fliegt in perfekter Formation, und es ist angenehm. Er weiß, daß er in perfekter Formation ist, und was das Auto an der Spitze tut, ist in Ordnung; er sorgt nur dafür, daß er dessen Vorgabe genau nachahmt. Er wußte, wovon dieser Artikel handelte.

Als Kind war ich neugierig, woher Geräusche kamen, und ich lauschte in alle möglichen Richtungen. Aber Hackett dachte, man müßte immer dieselbe stereotype Induktion machen: „Entspannen Sie sich. Ihre Augen schließen sich. Ihre Hand hebt sich höher und höher. Ihre Lider schließen sich immer mehr." Dieses ganze Geplapper und dieser Wortschwall bedeuten überhaupt nichts.

Du schaffst eine Situation, in welcher der Patient in Trance geht, und es ist nicht wichtig, daß Patienten wissen, daß sie in Trance sind. Wichtig ist, daß du als Therapeut das weißt. Wenn sie dir sagen wollen, sie seien nicht in Trance gewesen, kannst du ihnen in deinem eigenen Interesse widersprechen, aber nur, wenn es dir in deinem Interesse wichtig ist.

Ich erinnere mich an einen Mann, der sagte: „In zwei Wochen muß ich nach Boston fliegen. Wenn es um Flugzeuge geht, wird mir eiskalt. Mehrere Male habe ich versucht, an Bord eines Verkehrsflugzeuges zu gehen, aber ich verliere dabei die Kontrolle über meine Muskeln, ich werde wie gelähmt – ich bekomme Angst. Ich habe versucht, in ein Privatflugzeug zu steigen, aber ich kann es nicht. Ich habe tausende von Stunden im Flugzeug verbracht. Ich weiß, wie man ein Flugzeug fliegt. Ich muß nach Boston gehen, aber seit fünf Jahren war ich nicht mehr fähig, in ein Flugzeug einzusteigen. Mein Geschäftspartner macht alle Reisen. Aber jetzt muß ich gehen. Werden Sie mich in Trance versetzen und mir meine Flugzeugphobie nehmen?" Ich sagte zu ihm: „Ja."

Ich setzte dafür wenig mehr als eine Stunde ein. Er sagte: „Das war völlig unbefriedigend. Ich war nicht in einer richtigen Trance. Ich konnte die Autos draußen hören, und die Vögel, den Bus, kleine und große Lastwagen, Sportwagen, die Fords und Chevrolets. Es gelang mir nicht, die verschiedenen Autos nicht zu hören. Was halten Sie davon, mit mir noch eine Sitzung zu machen?" Ich sagte: „Sie waren in einer genügend tiefen Trance. Ich denke nicht, daß ich mit Ihnen noch eine weitere Sitzung machen sollte." Er sagte: „Das glaube ich nicht. Machen Sie noch eine Sitzung mit mir." Ich sagte: „Gut, die können Sie haben. Aber wenn Sie heute gehen, möchte ich, daß Sie mir vor allem das absolute Versprechen geben, daß Sie nichts tun werden, um Ihr Problem, so wie Sie es sehen, zu ändern."

Er kam noch einmal zu einer zweiten Sitzung – und wieder war es ein Fehlschlag. Ich sagte ihm nichts von den beiden Sirenen, die während der ersten Trance zu hören waren. Er ging nach Boston.

Eine andere Patientin sagte zu mir: „Heute ist Montag, und am Donnerstag muß ich nach Dallas oder ich verliere meinen Job. (Dieser Fall wird umfassender und unter anderen Aspekten berichtet in Zeig, 1980a, S. 64.) 1962 erlebte ich ein Flugzeugunglück; das Flugzeug war nicht nennenswert beschädigt, niemand wurde verletzt. Ich flog auch danach noch mit dem Flugzeug, wich aber zunehmend auf andere Arten des Reisens aus – ich benutzte Züge, Autos, Busse. Auf diese Weise verbrauchte ich meine Freizeit und die Zeit, in der ich wegen Krankheit fehlte. Jetzt sagt mein Chef, daß ich das Flugzeug nehmen muß. Es ist schon ein Jahr her, seit ich das zum letzten Mal gewagt habe."

Sie gab mir noch weitere Information. „Solange das Flugzeug am Boden ist, geht es mir gut. Ich kann mit dem Taxi bis zum Ende der Rollbahn fahren und vom Ende der Rollbahn bis zum Flughafen, aber sobald das Flugzeug abhebt, gerate ich in einen Zustand entsetzlichster Angst. Ich zittere die ganze Zeit, bis ich körperlich völlig erschöpft bin."

Ich machte die Therapie mit ihr. Nachdem sie aus Dallas zurückgekommen war, rief sie mich vom Flughafen von Phoenix aus an und sagte mir, die Reise sei phantastisch gewesen. An diesem Abend kamen vier Doktoranden zu mir zu einem Seminar, deshalb bat ich sie, zu diesem Anlaß zu kommen. Auch den Mann, von dem ich zuvor berichtet habe, lud ich ein. Sie berichtete den Studenten, wie sie zu mir gekommen war und was ich tat. Ich hatte sie in Trance versetzt. Nach der Therapie ließ ich sie in Phoenix an Bord des Flugzeugs gehen. Auf dem Weg nach El Paso, dem ersten Zwischenhalt, wurde ihr unwohl, als sie sich fragte, ob ihre Flugangst zurückkommen werde. Sie sagte: „Als wir in El Paso ankamen, hatten wir dort einen zwanzigminütigen Aufenthalt. Ich stieg aus dem Flugzeug aus und suchte mir auf dem Flughafen einen einsamen Ort. Ich setzte mich und sagte mir: „Zähle bis zwanzig und geh in Trance. Sage dir genau dasselbe, was Dr. Erickson dir gesagt hat, was du tun sollst, und komm aus der Trance zurück, wenn du von 20 bis 1 zählst." Sie tat das, und die weitere Reise war angenehm.

Ich ließ sie die Geschichte den vier Studenten und dem Mann erzählen, und dann sagte ich zu ihr: „Sie denken, daß Sie mir gesagt haben, was Ihr Problem ist, nicht wahr?" Sie sagte: „Ja, das hab' ich getan." „Aber Sie haben mir nicht alles gesagt." Sie sagte: „Doch, das hab' ich." „Nein, Sie haben noch ein paar andere Probleme. Überlegen Sie mal, ob Sie nicht noch ein paar Ängste haben, die Sie behindern." „Aber ich habe keine", sagte sie. „Vielleicht ist es besser, wenn ich Ihnen helfe. Wie steht es mit Akrophobie?" Sie sagte: „Was ist das?" – „Höhenangst". Sie sagte: „O ja. Als ich nach Dallas kam, ging ich in das Gebäude, an dem der Fahrstuhl außen angebracht ist, und ich fuhr problemlos bis ganz nach oben und auch wieder hinunter. Es war das erste Mal, daß ich so mit einem Fahrstuhl fahren konnte."

Ich sagte: „Gut, das war ein Teil Ihres Problems. Welchen anderen Teil gibt es?" Sie sagte: „Ich weiß es nicht. Es gibt keinen anderen Teil." Ich sagte: „Ich weiß, daß es einen anderen Teil Ihres Problems gibt. Gibt es da irgendetwas Seltsames oder Eigentümliches, das Sie tun, wenn Sie Auto fahren?" Sie sagte: „Ach, ja. Immer wenn ich im Auto mitfahre und eine Brücke überqueren muß, schließe ich die Augen und kauere mich zusammen. Ich habe Angst, Brücken zu überqueren."

Der Mann sprang auf und sagte: „Mir fällt etwas ein." Ich sagte: „Ja? Sagen Sie ihnen, wie Sie das Versprechen gebrochen haben, das Sie mir gaben." Er sagte: „Alles, was ich getan habe, war, in die Stadt zu gehen und diesen äußeren Lift bis zur obersten Etage zu nehmen. Das hatte nichts mit meinem Problem zu tun. Dann ging ich zum Flughafen und fuhr mit dem Flugzeug bis zum Ende der Rollbahn, aber ich konnte nicht starten." Ich sagte: „Das stimmt, aber Sie haben einen Teil Ihrer Reise nach Boston und zurück genossen."

Zeig: Ich bin verwirrt. Sie sagten ihm, er solle nichts an seinem Problem verändern, so wie er es sah.

Erickson: (einfallend) ... so wie er es verstand. Er ist zum ersten Mal in seinem Leben mit einem Lift gefahren, und er ist mit dem Flugzeug bis zum Ende der Startbahn gerollt.

Du hast nicht zugehört, als ich dir gesagt habe, was sein Problem ist. Er konnte bei einem Verkehrsflugzeug nicht an Bord gehen. Er wurde dann wie gelähmt. Er konnte nicht in ein Flugzeug hineingehen. Er konnte nicht in ein Flugzeug steigen. Er dachte, es sei Angst vor dem Fliegen. Ich ließ ihn in dem Glauben, es sei Angst vor dem Fliegen. (Erickson lacht). Deshalb tat er nichts, um das zu korrigieren. Und deshalb konnte er es durch die Hypnose korrigieren lassen, die er für unbefriedigend hielt. (Erickson lacht).

Zeig: Und er korrigierte das.

Erickson: Er korrigierte es nicht, sondern ich hatte es korrigiert.

Und die Frau, was war ihre Furcht? Sie fürchtete sich nicht, mit dem Flugzeug zu fliegen, sie konnte mit dem Taxi zum Ende der Rollbahn fahren und sie konnte vom Ende der Rollbahn zum Flughafen fahren. Sie hatte daher keine Angst davor, in einem Flugzeug zu sein. Sie dachte nur, daß sie davor Angst habe. Meine Therapie bestand darin, daß ich ihr sagte: „Bevor ich überhaupt mit der Therapie anfange, muß ich herausfinden, ob Sie sich für Hypnose eignen. Lassen Sie uns sehen, ob Sie eine Trance entwickeln können." Sie konnte es. Ich holte sie aus der Trance und sagte: „Nun hören Sie mir gut zu. Sie wollen Therapie. Ich kann Ihnen Therapie geben. Sie verstehen Ihr Problem nicht wirklich, oder Sie wollen Ihr Problem nicht haben. Ich kenne den richtigen Weg, es zu korrigieren. Ich möchte, daß Sie mir unbedingt versprechen, fraglos und ohne Einschränkungen, daß Sie alles das tun werden, was ich sage, ob es gut oder schlecht ist. Sie sind eine attraktive Frau. Ich bin ein Mann. An den Rollstuhl gebunden zu sein, bedeutet nicht wirklich allzu viel. Ich möchte ein absolutes Vesprechen, daß Sie alles Beliebige tun werden, worum ich Sie bitte." Sie zögerte und sagte dann: „Nichts, worum Sie mich bitten könnten, das ich tun sollte, könnte schlimmer sein als das, was mit mir im Flugzeug geschieht. Ich verspreche es Ihnen absolut."

Was sie nicht wußte, war, daß Sie es nicht aushalten konnte, in einem geschlossenen Raum zu sein, unter dem sie keinen Boden sehen konnte. Auch der Mann konnte das nicht. Wozu ich ihn bringen mußte war, die Furcht zu überwinden, in ein Flugzeug einzusteigen.

Wozu ich sie bringen mußte war, die Furcht zu überwinden, sich absolut vertrauensvoll auszuliefern.

Zeig: Sich absolut auszuliefern?

Erickson: Weil man sich absolut ausliefert, wenn man in einem Flugzeug in der Luft ist. Man kann über nichts bestimmen. Der Pilot fliegt das Flugzeug. Man kann nichts tun – man kann nicht aussteigen; man kann es nicht lenken - man ist ausgeliefert.

Zeig: Als sie daher ihr Vertrauen auf Sie setzte und sich Ihnen überließ ...

Erickson: (überschneidend) Als sie sich mir absolut anvertraute, fand sie heraus, daß sie es überleben konnte, sich absolut anzuvertrauen.

Zeig: Ich verstehe.

Erickson: Dadurch wußte ich, daß sie eine Brückenphobie und eine Fahrstuhlphobie haben mußte.

Zeig: Und das Auto, das über die Brücke fährt mit jemand anderem am Steuer – ich verstehe.

Erickson: Und die meisten Leute werden versuchen, diese Phobie unter anderen Gesichtspunkten zu analysieren.

Zeig: Dann beachten Sie die Klage der Person im allgemeinen nicht?

Erickson: Ich höre auf den Sinn dessen, was sie beschreiben. Sie sagte, daß sie mit dem Taxi mühelos bis zum Ende der Rollbahn und von dort zurück zum Flughafen fahren konnte. Doch wenn das Flugzeug in der Luft war, zitterte sie. Und er sagte, daß er wie gelähmt war und nicht in ein Flugzeug einsteigen konnte; die Furcht, in ein Flugzeug einzusteigen, darin lag sein Unbehagen. Ich ließ ihn in dem Glauben, er fürchte sich weiterhin – daß ich nicht erfolgreich war. Und er hat die wirkliche Bedeutung der Fahrt im Lift sicherlich nicht verstanden.

Zeig: Und deswegen waren Sie sicher – daß er das ausprobieren würde.

Erickson: Ich wußte, daß er das ausprobieren würde. Er dachte, er habe sein Problem noch immer. Und zu viele Leute hören sich das Problem an und hören nicht, was der Patient nicht sagt (Erickson lacht), wenn es wichtig wäre, das zu tun. Das ist es, worauf es eigentlich ankommt.(Erickson ruft im Hauptgebäude an und bittet Frau Erickson zu kommen und ihn abzuholen.)

Erickson: Das war's für heute.

Zeig: Gut, in Ordnung.

Erickson: Du bist frei zu tun, was du möchtest. Morgen habe ich eine Sitzung vereinbart auf 11 Uhr und eine auf 13 Uhr. Um 12 Uhr gehe ich in mein Haus und nehme ein kleines Mittagessen zu mir und komme dann zurück, um meinen Ein-Uhr-Patienten zu sehen. Um zwei Uhr sehe ich dich. Bis dahin empfehle ich dir, diesen Artikel über meine Technik von Haley und Weakland zu lesen, um zu sehen, wie ich die Dinge strukturiere.
Zeig: Die *„Trance-Induktion mit Kommentar"*, nicht wahr? (Erickson, Haley & Weakland 1959). In Ordnung.
Erickson: Denn wenn man mit Patienten zu tun hat, sagt man etwas und erwähnt etwas, dessen Bedeutung dem Patienten vielleicht in einer halben Stunde, vielleicht erst eine Woche später aufgeht.
Zeig: Säen.
Erickson: Und die beste Art, wie ich ohne dein Wissen herausfinden kann, ob du Brüder hast, ist, wenn ich anfange, mit meinem Bruder zu prahlen.

Zusammenfassung

In der Sitzung dieses Tages berichtete Erickson über drei Fälle mit Phobien. Ich denke nicht, daß das Zufall war.

Bereits vor meinem Besuch wußte Erickson, daß ich Angst hatte, ihn zu treffen. Ich hatte bei einer Fachtagung, an der ich unmittelbar vor meinem Besuch bei Erickson teilgenommen hatte, zwei seiner Kollegen kennengelernt, Dr. med. Robert Pearson und Dr. med. dent. Kay Thompson. Pearson hatte Erickson danach angerufen und ihm von mir erzählt (Pearson 1982).

Mit seinen Phobie-Geschichten zeigte Erickson Einfühlung für meine unausgesprochenen Ängste. Darüberhinaus waren die Ergebnisse positiv; in jedem Fall gab es eine unerwartete Auflösung der Phobie. Auf eine ähnliche Weise wurde ich subtil in Richtung der Lösung meiner eigenen Ängste gelenkt.

Indem Erickson über Phobien sprach, arbeitete er daran, meine Assoziationen zu leiten. Er sagte mir nicht direkt, was ich denken sollte. Vielmehr erzeugte er einen subtilen Druck, in bestimmte Richtungen zu denken. So etwa, als er das Beispiel nannte, wie man eine Person dazu bringt, von ihrem Bruder zu sprechen, indem man von seinem eigenen Bruder spricht. Zuerst verstand ich die Bedeutsamkeit dieser Technik nicht. Ich verstand jedoch bald, daß die

Lenkung von Assoziationen ein Eckpfeiler der Ericksonschen Methode war. Psychotherapie geschieht oft auf der Ebene der vorbewußten Assoziationen, auf derselben Ebene, auf der Probleme entstehen. Das Denken eines Patienten kann durch geleitete Assoziationen allmählich verändert werden. Durch diese Methode wird die Veränderung stärker durch den Patienten initiiert.

Untersuchen wir noch ein paar andere Themen der Sitzung. Um ein Klima zu schaffen, in dem die Veränderung vom Patienten ausgeht, maß Erickson Ansätzen, die dem gesunden Menschenverstand entsprechen, besondere Bedeutung zu. Er setzte Dramatik ein, um die Wirksamkeit seiner Methode zu steigern. Einerseits konnte er indirekt sein (one-step-removed). Andererseits jedoch konnte er Grenzen setzen und bestimmt und konfrontierend sein. Beobachtung und Nutzbarmachung von minimalen Hinweisen waren wie das Verstehen des Patienten in seinem persönlichen Bezugsrahmen von höchstem Wert. Erickson betonte auch das Positive. Er suchte im realen Kontext nach Ressourcen, die benannt und entwickelt werden konnten. Wo andere Lippenbekenntnisse über die Wichtigkeit der Stärken des Patienten ablegten, zeigte Erickson, wie ein Therapeut diese Stärken wirklich nutzen konnte.

In den nächsten zwei Tagen wird Erickson Geschichten erzählen, die auf persönlich und beruflich relevante Themen gerichtet sind, wie zum Beispiel „Vertraue deinem Unbewußten", „Sei spielerisch und flexibel in der Therapie und im Leben", und „Trete Ängsten offen entgegen". Er wird noch einmal besonders auf die Vorhersagbarkeit von Verhalten und auf unveränderbare Verhaltensmuster eingehen. Außerdem wird er Geschichten erzählen, die familienorientiert sind und dabei besonders traditionelle Werte und Selbstvertrauen thematisieren. Etwas von seiner Methode zielte vielleicht darauf, mir in meinem spezifischen Entwicklungsstadium zu helfen. Zur damaligen Zeit war ich ein junger Erwachsener, der sich auf den Übergang zur Gründung einer eigenen Familie freute.

Zweiter Tag, 4. Dezember 1973

Erickson hat sichtlich Schmerzen. Er hat Mühe, sich von seinem Rollstuhl auf den Bürostuhl zu setzen. Seine Stimme ist schwach.

Erickson: Gestern habe ich vergessen dir etwas zu sagen. Die Wahl des richtigen Zeitpunkts ist sehr wichtig. Wenn man mit einem Patienten oder mit einer Patientin spricht und möchte, daß er oder sie einen gemeinsamen Nenner erkennt, oder wenn man bei ihm oder ihr eine Erinnerung stimulieren will, versucht man, für seine Äußerung den Zeitpunkt zu wählen, an dem man ihn oder sie genau im richtigen Moment mit dem in Kontakt bringt, was man sagen möchte.

Heute werde ich langsam vorgehen. Ich mußte die Dinge mit der Patientin von gestern zeitlich sehr sorgfältig planen, und wenn man sich selbst einen bestimmten Zeitplan vorgibt, baut man Spannung auf. Die gestrige Anstrengung hatte zur Folge, daß ich es nicht vermeiden konnte, meine Muskeln anzuspannen, und deshalb hatte ich die ganze Nacht hindurch unzählige Muskelkontraktionen und starke Schmerzen. Weißt du, ich habe eine Arthritis der Wirbelsäule, Riticulitis, Muskelentzündung, Sehnenscheidenentzündung und Gicht. Meine Hände, meine Knie, mein Ischiasnerv, mein Bein, mein rechter Fuß und mein Kopf waren in einer ungünstigen Lage. Ich bekam ein steifes Genick. Deshalb bin ich heute verlangsamt.

Nachdem du mich jetzt kennengelernt hast, hast du endlich die Antwort auf die sorgenvolle Frage gefunden, die du Pearson und Thompson gestellt hast.

Zeig: Was war das für eine Frage?

Erickson: Was tue ich, wenn ich ihm gegenüberstehe?

Zeig: (lachend) Es war eine sehr beunruhigende Frage. Als ich an jenem Tag mit Dr. Pearson sprach, fürchtete ich mich.

Erickson: Wovor? Ich sitze im Rollstuhl. Ich kann dich nicht herumjagen. Ich habe nicht genügend Muskelkraft, um dich herumzuwerfen.

Zeig: (Spürbar bewegt) Dr. Erickson, ich bin so unglaublich beeindruckt von Ihnen.

Erickson: Das Einzige, was ich dazu sagen kann, ist, daß es mir schließlich doch gelungen ist, meine Kinder zu beeindrucken.

Zeig: Wie bitte?

Erickson: Es ist mir letztendlich gelungen, meine Kinder zu beeindrucken. Sie hielten mich immer für ein wenig rückständig. Ein bißchen geistig zurückgeblieben.

Zeig: Sie sind ein unglaublicher Mensch.

Erickson: Ich bin ein neugieriger Mensch.

Zeig: Die Gelegenheit, mit Ihnen diese paar Stunden zu verbringen, ist so bedeutsam für mich, daß mir die Worte fehlen, das zu beschreiben.

Erickson: Nun, ich bin auch nur ein Narr auf der Bühne des Lebens.
Zeig: (lacht)
Erickson: Was hast du gemacht, seitdem ich dich gestern gesehen habe?
Zeig: Einige Zeit habe ich damit zugebracht, noch einmal das Band von unserer Sitzung durchzugehen.
Erickson: Wie deutlich ist meine Sprache?
Zeig: Sehr deutlich. Ich habe sie sogar deutlicher verstanden, als ich mir das Band anhörte. Ich habe auch einige Zeit darauf verwendet, die *„Trance-Induktion mit Kommentar"* durchzulesen, bin aber noch nicht ganz fertig damit.

Zu einer Sache, die Sie gestern gesagt haben, habe ich noch eine Frage. Als Sie mit der Frau mit der Phobie Therapie machten, sagten Sie zu ihr: „Ich bin ein Mann, und ich sitze im Rollstuhl, und Sie sind eine Frau." Warum haben Sie diese Ideen auf diese Weise vorgebracht? Warum haben Sie betont, daß Sie ein Mann sind und daß sie eine Frau ist?
Erickson: Sie ist eine attraktive verheiratete Frau. Alles vom Besten bis zum Schlimmsten. Die schlimmste Drohung für eine attraktive, junge verheiratete Frau wäre Sex.
Zeig: Dann hatte Ihre Suggestion etwas eindeutig Verführendes.
Erickson: Es war keine Verführung, sondern eine sexuelle Drohung. Weit entfernt von Flugzeugen. Wenn ich körperlich auch an den Rollstuhl gebunden bin, so könnte ich sie doch bitten, sich auszuziehen. Ich könnte sie immer noch bitten, mit ihren Brüsten zu spielen, oder sie bitten, mit mir zu spielen. Ich könnte immer noch sexuelle Bemerkungen machen. Ich wollte, daß sie sich hoffnungslos gefangen fühlte, so wie sie sich fühlt, wenn das Flugzeug vom Boden abhebt.

Man muß Patienten im Rahmen ihrer Schwierigkeit behandeln. Sie wußte nicht, was der Rahmen ihrer Schwierigkeit war. Ich wußte, was es war – eine Angst, völlig in der Falle zu sitzen und keinerlei Kontrolle zu haben. Und mein männlicher Patient dachte zwar, seine Schwierigkeit bestünde darin, in ein Flugzeug einzusteigen, aber ich wußte, daß es das nicht war. Darum ist es so wichtig, wirklich zu hören, was dir die Patienten sagen.

Und noch etwas – wir alle haben auch eine nonverbale Sprache. Als ich meine erste Stelle in Worcester, Massachusetts, antrat, sagte der ärztliche Direktor zu mir: „Erickson, Sie hinken schwer. Das tue ich auch. Ich weiß nicht, was bei Ihnen die Ursache ist, meine Gehbehinderung habe ich aus dem Ersten Weltkrieg. Ich hatte 29 Operationen wegen Osteomyelitis (Knochenmarkentzündungen) an meinem Bein, und ich habe aus Erfahrung gelernt, daß eine körperliche Behinderung in der Psychiatrie von enormem Vorteil ist. Man weckt den mütterlichen Instinkt der Frauen; sie möchten einem helfen. Gleichgültig, wie psychotisch sie sind, man spricht ihre mütterlichen Instinkte an, sie wissen es nur nicht. Was die Männer betrifft, so ist man für sie keine Bedrohung – man ist für sie kein Rivale. Man ist nur ein Krüppel. Dadurch bringt man in der Psychiatrie viel zustande."

Als nächstes rate ich dir: Verziehe nie das Gesicht, sei für alles zugänglich. Wie viele junge Leute sind neugierig auf Sex? Es gibt so viele unbeantwortete Fragen. Wenn man keine Angst hat, über Sex zu reden, wenn man nicht primitiv damit umgeht, wenn man nicht versucht, das Thema lächerlich zu machen, wenn man es behandelt wie eine Frage nach dem Blutdruck oder dem Puls, dann sehen sie einen als gute, vertrauenswürdige Person an.

Höre auf jede tastende Frage bezüglich Sex: Die Leute werden mit dir darüber reden. Und achte auf die nonverbale Kommunikation genauso wie auf die verbale. Und vermittle ihnen dabei deine Bereitschaft, über alles zu reden. Und weil du immer mehr Erfahrung gewinnst, weißt du wahrscheinlich bald mehr als sie, und das hilft ihnen, dir zu vertrauen, solange sie denken, du wüßtest mehr als sie. „Er weiß es schon, warum sollte ich also nicht mit ihm drüber reden."

Zeig: Wenn man allgemein redet, heißt das vage zu sein?

Erickson: Nein, nicht vage. „Natürlich weiß ich, was neulich los war."

Zeig: Ich verstehe.

Erickson: Es ist eine Anklage; aus ihr ergibt sich, daß ich Bescheid weiß. Vielleicht stimmt das auch nicht. Aber solange ich Bescheid weiß, kann der andere auch reden.

(Ericksons nächste Patientin ist da.)

Erickson: (Zur Patientin gewandt) Kommen Sie herein.

(Er empfängt die Patientin und setzt die Sitzung mit mir nach der Stunde fort.) Diese letzte Patientin kam zu mir mit einem speziellen Problem. Eigentlich hat sie ein mangelhaftes Selbstbild. Da war ein bestimmter Rhythmus ihrer Lippen …

Zeig: Ein Rhythmus in ihren Lippenbewegungen?
Erickson: Ich habe einen unnötigen Rhythmus in ihren Lippenbewegungen bemerkt. Und ich bemerkte eine Beschleunigung ihres Pulsschlags.
Zeig: An ihrem Hals?
Erickson: Ja. Sie trug einen Minirock. Ich bemerkte eine rhythmische Bewegung ihres inneren Oberschenkelmuskels. Deshalb sagte ich zu ihr, sie habe sexuelle Konflikte.
Zeig: Und wie hat sie darauf reagiert?
Erickson: Sie sagte, daß sie sicher solche Konflikte habe und fragte mich, wie ich das wisse. Ich sagte es ihr. Sie war froh, daß ich das ansprach, weil sie es mir nicht hatte sagen wollen. Als sie hereinkam, wollte sie nicht, daß ich das weiß. Aber ihr Unbewußtes wollte, daß ich es weiß, und drum sagte ich es ihr. Und ich bat nicht um genauere Informationen.

Sie wollte nächste Woche wiederkommen und ich sagte zu ihr: „Sind Sie nicht ein bißchen ungeduldig?" Sie sagte: „Das ist mein Fehler." (Erickson lacht) Sie weiß, daß sie zu ungeduldig ist.
Zeig: Waren Sie einverstanden, sie nächste Woche zu sehen?
Erickson: Nein. Ich gab ihr einen Termin für in zwei Wochen. Ich fragte, ob das in Ordnung sei, und ihr Kopf nickte mehrmals, ohne daß sie es bemerkte.
Zeig: Zustimmung.
Erickson: Beobachte deine Patienten und schau, was sie tun und sagen, verbal und nonverbal.
Zeig: Manchmal entscheiden Sie sich, auf eine unbewußte Bewegung indirekt zu reagieren. In diesem Fall machten Sie eine direkte Interpretation.
Erickson: Das hängt davon ab, ob man einen ziemlich offenen Menschen vor sich hat oder einen eher ängstlichen. Diese junge Frau ist ziemlich offen, und sie ist ungeduldig. Das erste, was bei ihr zu korrigieren ist, ist ihre Ungeduld. Ich gab ihr den neuen Termin nicht so bald, wie sie wollte. Und sie berührte mich vorsichtig an der Schulter, als sie ging.
Zeig: Und das bedeutet?
Erickson: „Ich mag Sie."
Zeig: Eine Frage, die damit zusammenhängt. Manchmal wählen Sie Antworten oder Reaktionen, die so beschaffen sind, daß sie sich dem Bewußtsein des Patienten oder der Patientin entziehen.

Erickson: Mhm. Eine junge Frau sagte mir, sie habe Angst, mit einem Flugzeug zu fliegen. Ich glaubte das nicht. Ich sagte ihr, sie habe keine Angst vor Flugzeugen. Letztes Jahr hat sie einen deutschen Flugingenieur geheiratet. Sie entwickelte eine Angst, nach Deutschland zu fliegen. Sie war 32 Jahre alt; es war ihre erste Ehe. Sie war sehr attraktiv, sehr sympathisch. Ihr deutscher Ehemann sprach ein fast akzentfreies Englisch. Es war offensichtlich, daß er sie liebte. Aus beruflichen Gründen mußte er nach Deutschland zurückkehren; er hatte hier am Flugstützpunkt eine technische Zusatzausbildung beendet. Danach ging er zurück nach Deutschland, um seinen Job zu sichern, und kam dann wieder hierher, um sie abzuholen.

Ich sagte zu ihr, daß ich beweisen könne, daß sie keine Angst vor Flugzeugen habe. Ich ließ sie ein Flugzeug nach Tucson nehmen. Sie war dort auf dem ganzen Weg ängstlich; die Stewardeß mußte ihre Hand halten und sie trösten. Sie war so erschöpft, daß sie einen ganzen Tag über in Tucson bleiben mußte. Auf dem ganzen Rückweg war sie hysterisch.

Sie kam zum vereinbarten Termin wieder und fragte mich, wohin ich sie als nächstes fliegen lassen werde. Wenn sie wirklich Angst gehabt hätte, hätte sie nicht als erstes gefragt, wohin ich sie als nächstes fliegen lasse. Deshalb sagte ich zu ihr: „Sie sind nicht entwöhnt. Sie haben darum gekämpft, bei Ihren Eltern zu bleiben. Sie haben Ihre Eltern nie wirklich verlassen."

Kürzlich habe ich von ihr eine Karte bekommen. Sie war auf deutsch geschrieben. Darauf stand: „Mit Grüßen von unserem Heim an Ihr Haus." (Erickson lachte) Ein Haus ist kein Heim. Es ist für sie nur ein Haus. Ihre Eltern leben in einem Haus in Arizona. Und Heim ist jetzt Deutschland. (lacht) So eine Kleinigkeit. „Grüße unseren Heim Ihren Haus.[14]" Ein Heim in Phoenix auf ein bloßes Haus zu reduzieren und Deutschland zum „Heim", zur Heimat machen. (Erickson lacht). So eine kurze Erklärung. Alles, was man wissen muß, ist der Unterschied zwischen einem Haus und einem Heim. Sie hätte schreiben können „von Haus zu Haus", aber sie schrieb „von unserem Heim an Ihr Haus". Heim zu Haus. Das sagte alles. Außerdem würde eine echte Phobikerin nicht hereinkommen und sagen: „An welchen Ort werden Sie mich als nächstes fliegen lassen."

14 Dieses Zitat ist aus dem Originaltext unverändert übernommen worden. Vermutlich entspricht es dem originalen Wortlaut der im Text genannten Karte. (Anm. d. Ü.)

Zeig: Was bei Ihnen mit ihrer Erfahrung als Vater einhakte.
Erickson: Mhm.
Zeig: Und Sie haben das aufgegriffen, wie sie sich zu Ihnen in Beziehung setzte, um sie zu konfrontieren.
Erickson: Daß sie nicht abgelöst war, obwohl sie schon 32 Jahre alt war. Warum sollte man sich die Mühe machen, ihre Kindheit zu analysieren. Man kann die Vergangenheit nicht ändern. Man kann den Patienten Einsicht über ihre Vergangenheit verschaffen, aber wozu soll bloße Belehrung über die Vergangenheit gut sein? Man lebt heute, morgen, die nächste Woche, im nächsten Monat. Und darauf kommt es an. Jugendlichen sage ich: „Wann möchtest du glücklich sein, jetzt, in deinen kurzen Teenager-Jahren, in deinen kurzen Zwanzigern, oder wärst du lieber die letzten 50 Jahre deines Lebens glücklich?" (Erickson lacht)
Zeig: Darüber müssen sie dann erst mal nachdenken.
Erickson: Das stimmt. Die Teenager-Zeit und auch die Zwanziger *sind* kurz. Die letzten 50 Jahre ihres Lebens ist eine lange, lange Zeit.
Zeig: Wenn es nicht möglich ist, bei ihrem nächsten Patienten mit drin zu sitzen, wäre es vielleicht möglich, die Sitzung auf Band aufzunehmen und sie dann gemeinsam durchzugehen?
Erickson: Psychiatrie-Patienten denken dann: „Was, zum Teufel, will dieser Psychiater über mich wissen?" Ein Tonband mitlaufen zu lassen kann eine schreckliche Beleidigung sein. Wenn ich einen neuen Patienten sehe, weiß ich noch nicht, wie dieser Patient oder diese Patientin ist. Ich werde ihm oder ihr nicht eine Bedrohung bieten. Es ist ein Nachteil für dich – aber ein Gewinn für den Patienten. Der Patient oder die Patientin will einen sicheren Raum, und dieser in hohem Maß individuelle, rein persönliche Raum vermittelt Sicherheit.

Erickson macht eine Pause und kommt dann zurück. Er nimmt den Faden wieder auf, indem er mit mir den Fall einer zögerlichen Patientin bespricht, der er die Anweisung gab, „Schlittschuh zu laufen, oder vom Eis herunter zu kommen." Sie konnte einen weiteren Termin haben, unter der Bedingung, daß sie sich verpflichtete und eine Woche lang freiwillig etwas arbeitete.

Erickson: Wenn sie eine Woche lang arbeitet, kann sie wieder zu mir kommen.

Zeig: Aber sie muß eine Woche lang arbeiten, und das ist das Schlittschuhlaufen.

Erickson: Es muß eine Woche harte Arbeit sein, nicht nur die Absicht, freiwillig etwas zu tun.

Zeig: Das war das Problem – die Absichten. „Ich werde es versuchen, ich werde es versuchen", aber nichts geschieht.

Erickson: Sie kommt einfach nicht dazu, es zu versuchen (lacht). Und ihr Therapeut, zu dem sie früher gegangen ist, hatte ihr geduldig Woche für Woche gesagt: „Sie sollten es wirklich versuchen." Nun, jetzt hat sie ihr Ultimatum bekommen. Sie hat in harter Währung dafür bezahlt. Ich habe keine Lust, meine Zeit zu verschwenden.

Zeig: War das eine Hypnosesitzung? Haben Sie formal eine Trance induziert?

Erickson: Man gibt seinen Patienten nicht Gelegenheit zu sagen: „Sie haben mir eine hypnotische Suggestion gegeben, und die hat nicht funktioniert." (Erickson lacht) Wenn ich es so mache, können sie mir die Schuld geben. Ich gebe ihnen aber Suggestionen, und sie müssen selbst die Verantwortung übernehmen.

Zeig: Dann präsentieren Sie ihnen Ideen und Suggestionen, die außerhalb ihrer bewußten Wahrnehmung liegen.

Erickson: (Als spräche er mit der Patientin) Und Sie wollen doch nicht für die nächsten Jahre zu Hause ihre Zeit vergeuden und von der Hand in den Mund leben. Sie versprechen sich dauernd, daß Sie sich auf einen Job vorbereiten. Dabei haben Sie noch nicht einmal das Haus verlassen, um den Zoo zu besuchen oder das Heard Museum oder die Kunstgalerie oder den Botanischen Garten. Sie haben nichts getan als immer wieder zu sagen „Ich sollte wirklich etwas tun."

Zeig: Sie haben ihr das so präsentiert, daß sie es nicht leugnen konnte und der Wirklichkeit ins Auge sehen mußte.

Erickson: Nur eine kühle, freundlich formulierte Anerkennung nackter Tatsachen. (Erickson lacht) Ich sagte ihr, sie müsse Schlittschuhlaufen oder vom Eis herunterkommen. Sie sagte darauf: „Mein früherer Therapeut hat mir das auch schon mindestens 50 Mal gesagt." Ich sagte: „Also gut, dann werde ich das anders ausdrücken. Scheißen Sie, oder gehen Sie runter vom Topf. Ich sage das einmal." (Erickson lacht)

Zeig: Nicht wie vorher 50 Mal. Gut. Ich habe eine Frage. Sie empfangen die Leute nicht nach einem rigiden Zeitplan, wie das viele andere

Therapeuten tun. Die Leute, die hierher gekommen sind, sind manchmal zehn Minuten oder fünf Minuten oder sogar eine halbe Stunde zu früh gekommen, und Sie haben sie dann direkt empfangen.
Erickson: Wenn ich dann verfügbar bin. Warum sollte ich sie warten lassen?
Zeig: Nicht bedrohlich zu sein, ist wohl ein ganz wichtiger Punkt.
Erickson: Sie kommen zu mir, weil sie Hilfe brauchen. Wenn dann nichts anderes meine Aufmerksamkeit erfordert, beginnen wir doch lieber gleich. Freiheit. Zu viele Psychotherapeuten machen mit ihren Patienten schon für drei Monate im voraus Termine aus. Sie leben immer jeweils für 50 Minuten und machen 10 Minuten Pause. Es ist ein ritualisiertes Muster, das nicht durchbrochen wird. So treibt man nicht Psychotherapie. Psychotherapie sollte die Leute lehren zu leben, und nicht einem rigiden, strengen Stundenplan zu folgen.

Meine Patienten haben Verständnis, wenn ich an dem Tag, für den ich mit ihnen einen Termin vereinbart hatte, zufällig eine Gelegenheit habe, irgendwohin zu gehen, und sie wissen, daß es einen anderen Tag in der Woche gibt. Wir lassen uns nicht fesseln; ich habe Freiheit in meinem Leben, und sie sollten sie auch haben. Man sollte auf vernünftige Art auf einander Rücksicht nehmen. Ich sollte die Freiheit haben, Entscheidungen zu treffen, und du solltest die Freiheit haben, alles das anzunehmen, was ich dir zu geben bereit bin.
Zeig: Oder es abzulehnen.
Erickson: Du bekommst nicht mehr, als ich zu geben bereit bin.
Zeig: Viel Spielraum und viel Festigkeit.
Erickson: So ist es. Ein Verständnis, das fest ist. Wenn eine junge Frau sagt: „Ich möchte Sie so gern küssen." Dann sagst du ihr: „Das ist Ihr Wunsch; ich bin nicht stark genug, Ihnen Widerstand zu leisten, aber ich muß dabei nicht mitmachen."
Zeig: Haben sie diese Situation schon einmal erlebt?
Erickson: O ja.
Zeig: Und wie war die Reaktion, nachdem Sie so etwas gesagt hatten?
Erickson: Die Reaktion war erhöhter Respekt. Ich erinnere mich an ein bestürzendes Ereignis. Eines Tages kam eine Frau von der Straße eilig hereingelaufen; für Frau Erickson war sie eine Fremde. Sie legte ihre Arme um mich und küßte mich und küßte mich und küßte mich. Meine Frau fragte sich, was das zu bedeuten hatte. Die Frau ließ mich

schließlich los und sagte: „Ich bin so froh, daß Sie mich dieses Versprechen geben ließen. Vielen, vielen Dank." Ich sagte: „Auch ich bin froh, daß Sie dieses Versprechen gemacht haben. Ich habe Radio gehört. Ich weiß, was passiert ist."

(Zu Zeig) Ich nahm ihr das Versprechen ab, sich von ihrem Mann scheiden zu lassen und sich zu weigern, sowohl selbst mit ihm zusammen in einem Auto zu fahren als auch ihrer Tochter zu erlauben, mit ihm zu fahren. Ich nahm ihr das Versprechen in Gegenwart ihres Mannes ab. Sie erwirkte die Scheidung. Er ging und kaufte sich ein neues Auto. Zu seiner Frau sagte er: „Ich habe gerade dieses neue Auto gekauft. Wie wärs mit einer kleinen Fahrt um den Block?" Sie war schon dabei einzusteigen, tat es dann aber doch nicht. Sie dachte an ihr Versprechen. Als sie nicht einstieg und sich weigerte, ihre Tochter einsteigen zu lassen, sagte er: „Dann eben nicht. Dann gehe ich hinüber zu meiner Freundin." Er ging glücklich zu seiner Freundin. Dann geriet er in einen Rausch und fing an, schnell zu fahren. Die Freundin wurde im Autowrack getötet. Er war vom Nacken abwärts gelähmt. Ich hatte ihn richtig eingeschätzt. Seine Ex-Frau fuhr mit ihrem Auto und hatte das Radio an, aus dem sie die Meldung hörte.

Zeig: Und sie kam hier vorbei.

Erickson: Sie kam vorbei, weil ihr klar wurde, wie knapp sie dem Tod entgangen war. Sie ließ mir keine Zeit, meiner Frau die Sache zu erklären.

Diese fremde Frau kam ins Haus gestürmt und inszenierte diesen Auftritt. Sie war nur eine Häuserzeile von meinem Haus entfernt gewesen, als die Meldung durchgegeben wurde. Deshalb brauchte sie nicht lange, um hierher zu kommen. Ich hörte, was am Radio gesagt wurde und dachte, wie gut es war, daß ich seine Ex-Frau gewarnt hatte, nicht mit ihm zu fahren. Ich tat es vor ihrem Mann. Ich war offen. Sie hörten, was ich sagte. Ich sagte es ohne Zorn. Ich sagte es in der Art einer Feststellung.

Ich war vollkommen bereit, ihm und seiner Frau zu sagen: „Ihre Frau möchte, daß Sie weiterhin Freundinnen haben – das ist das Privileg, das sie Ihnen gibt. Ich denke nicht, daß es gut für sie ist, und ich denke nicht, daß es für Sie gut ist, aber Sie sollen es meinetwegen genießen. Ich zweifle daran, ob Ihre Frau es genießt. Ich sehe nicht, wie das eine Ehe verlängert. Ich denke, es ist wahrscheinlicher, daß das zur Scheidung führt." Er hat meinen Rat nicht angenommen. Ich habe gesagt, was ich zu sagen hatte. Da war kein Zorn, kein Groll und keine Feindseligkeit, gegen die sie kämpfen konnten. Sie mußten mir zuhören.

Zeig: Sie bringen den Leuten, die zu Ihnen kommen, ein enormes Maß an Respekt und Fürsorge entgegen.

Erickson: Das stimmt.

Zeig: Auf vielen verschiedenen Ebenen.

Erickson: Ja, das ist richtig. Es ist eine leichtere, viel angenehmere Art zu leben.

Eine meiner Töchter besuchte die achte Klasse. Eines Sonntags kam sie mit schmutzigen Händen an den Tisch. Es gab ihr Lieblingsessen, Huhn, zur Hauptmahlzeit, und ich fing an, das Essen auszuteilen.

Ich sagte zu ihr: „Wenn man zum Essen an den Tisch kommt, dann kommt man mit sauberen Händen." Sie sah ihre Hände an. Sie waren sehr schmutzig. Sie sprang auf, stürmte in die Küche, ging an den Wasserhahn in der Küche, kam wieder heraus und schüttelte ihre Hände trocken. Sie setzte sich und sah das Huhn mit hoffnungsvollem Blick an.

Ich sagte: „In der Küche werden schmutzige Teller gewaschen; schmutzige Hände wäscht man im Badezimmer." Sie lief eilig ins Badezimmer, wusch ihre Hände, kam heraus und schüttelte sie trocken, setzte sich hin und schaute auf das Huhn. Ich sagte: „Ich bedaure noch immer. Wenn man sich die Hände wäscht, trocknet man sie mit einem Handtuch ab."

Sie ging also ins Badezimmer, wusch ihre Hände, kam heraus, trocknete sie sehr sorgfältig ab, ging zurück ins Badezimmer, hängte das Handtuch auf, kam zurück, setzte sich und sah mich an mit einem Ausdruck, der besagte: „Ich habe alles getan, was du gesagt hast." Sie hat wirklich alles heruntergeschrubbt. (Erickson lacht) Sie setzte sich wieder hin. Ich sagte: „Jetzt ist schon Zeit, ein zweites Mal zu schöpfen, und da ich dir nicht ein erstes Mal geschöpft habe, weiß ich jetzt nicht, wie ich dir ein zweites Mal schöpfen soll. Es ist dir freigestellt, zum Kühlschrank zu gehen und dir von dort etwas herauszunehmen, was deine Mutter nicht zubereitet hat." Sie nahm eine Milchflasche heraus, ging zum Brotkasten und nahm das Brot heraus und aß Brot und trank Milch dazu. Es gibt keinen Grund, hungrig zu bleiben. Reste, nein. Karotten, Salat und Sellerie, ja. Die Mutter hat sie nicht zubereitet.

Zeig: Sie sagen also sehr bestimmt, daß sie einen solchen Ausbruch nicht erlauben.
Erickson: Indem ich das Kind ernten lasse, was es gesät hatte. Sie hätte nicht mit schmutzigen Händen an den Tisch kommen sollen. (Erickson lacht) Sie wußte das so gut wie ich. Ich machte nur eine allgemeine Bemerkung. Sie wußte, auf wen die zutraf.
Zeig: Ich verstehe.
Erickson: Einmal sagte mein Sohn trotzig: „Ich esse nichts von diesem Zeug." Ich sagte: „Gewiß nicht. Du bist nicht alt genug. Du bist nicht groß genug. Du bist nicht stark genug." Und seine Mutter sagte, ihn sehr in Schutz nehmend: „Er ist zu groß genug. Er ist zu stark genug." (Erickson lacht)

Seine Mutter und ich debattierten darüber. Ich war schwer zu überzeugen. Mein Sohn hoffte, seine Mutter würde gewinnen. Und jetzt wendet er den gleichen Trick bei seinen Kindern an. (lacht) Warum sollte man es nicht so machen?
Zeig: Die Bedingungen festlegen, so daß ihnen die Wahl überlassen bleibt.
Erickson: Es ist ihre Wahl. Ich habe meine Kinder sagen hören: „Ach, ich habe vergessen, etwas zu machen." Die Geschwister antworteten: „Du hättest es nicht vergessen dürfen. Ich bin gespannt, was Daddy davon hält." (Erickson lacht) Und er oder sie sagt dann: „Ich glaube, es ist besser, wenn ich das gleich noch mache." (Erickson lacht)
Zeig: Wenn sie zum Beispiel eine Arbeit ums Haus herum vergessen haben.
Erickson: Denn was Daddy davon hält, ist so wenig berechenbar.
Zeig: Es könnte schlimmer sein, als das, was sie sich vorstellen.
Erickson: Es ist immer schlimmer. (lacht)

Eine meiner Töchter hatte vor, an Weihnachten ihren Freund vorzustellen. Er war fast zwei Meter groß. Das erste Mal, als er sich westlich von Chicago aufhielt, war kurz vor Weihnachten. Obwohl er durch Tucson fuhr, war er zu schüchtern, um bei uns anzurufen. Deshalb sagte ich zu meiner Tochter: „Wenn du ‚Kleines Huhn' über die Weihnachtsferien hierher bringst, werde ich ihn mit einem Beil begrüßen und ihn fragen, was er für Absichten hat." (lacht) Sie sagte: „Tu das nicht, das ist schrecklich." Ich sagte: „Nun gut, ich kann mir auch was Schlimmeres ausdenken." (lacht)

Einer meiner jüngsten Söhne versammelte verschiedene Freunde in unserem Hause, um seine Verlobung bekanntzugeben. Er hat einen sehr verschrobenen Sinn für Humor. Sehr unerwartet. Sehr schwierig zu kapieren, aber man kapiert ihn dann doch immer. Er erzählte einen surrealistischen Witz: „Ich ließ euch hier in dieses Haus kommen, weil ich euch etwas sehr Wichtiges sagen wollte. An einem Tag, ich glaube, es war im vergangenen März - vielleicht war es auch im Mai – wie auch immer, ich fuhr mit dem Auto..." Er machte so weiter und entfernte sich immer mehr vom eigentlichen Gegenstand der Einladung. Nach einer halben Stunde entschied er sich, von etwas zu erzählen, aus dem indirekt hervorging, daß er seine Verlobung bekanntgab. Ich sagte: „Wenn wir jetzt Roggenbrot hätten, dann könnten wir Schinken mit Roggenbrot essen."

Schabernack und Streiche gehören bei uns zum Lebensstil. Psychotherapie sollte diesem Stil folgen.

Als Bert (Ericksons ältester Sohn) in Michigan lebte, lebten wir in Arizona. (Dieser Fall wird auch berichtet in Rosen, 1982a, S. 218.) Im Juni beendete er seinen Dienst bei der Marine ,und schrieb uns einen Brief: „Ich muß jetzt schließen. Ich muß noch Delores besuchen." In der nächsten Woche bekamen wir wieder einen Brief: „Ich hatte ein schönes Abendessen mit Delores." Das war alles. In einem andern Brief hieß es: „Vielleicht möchtet ihr gerne ein paar Schnappschüsse von Delores sehen."

Mit meinen Eltern führte er die gleiche Korrespondenz. Im September bekamen wir einen netten Brief: „Ich bin gespannt, ob Großvater und Großmutter Delores mögen?" Im Oktober sagte er, er habe einen Weg gefunden, daß Großvater und Großmutter mit Delores zusammentreffen könnten. Später im Oktober beschloß er mit Großmutter und Großvater und Delores Thanksgiving zu feiern.

Nachts um 1 Uhr am Thanksgiving Day – es war sehr kalt in Milwaukee – klopfte er an die Tür meiner Eltern. Bert hat die Fähigkeit zu schielen, wie ein Betrunkener zu schwanken und seine Arme hilflos herunterhängen zu lassen. Und er kann ein mattes Grinsen im Gesicht haben. Man möchte ihm dann eine runterhauen, weil es so widerlich ist, dieses matte Grinsen. Mein Vater öffnete die Tür. Bert kam herein. Mein Vater sagte: „Wo ist Delores?" Bert stand da auf seinen Füßen wie ein Betrunkener, schielend, mit hängenden Armen und dem matten Grinsen im Gesicht und sagte: „Ich hatte Probleme, Delores ins Flugzeug zu bekommen." „Probleme, was meinst du damit?" „Sie ist nicht richtig angezogen." „Wo ist sie?" „Sie ist draußen. Sie ist nicht richtig angezogen." Meine Mutter sagte: „Ich hole einen Bademantel." Mein Vater sagte (befehlend): „Bring' dieses Mädchen herein." Bert kam herein mit einer großen weißen Kiste. Er sagte (mit schwacher Stimme): „Das war der einzige Weg, wie ich sie ins Flugzeug bringen konnte. Sie war nicht richtig angezogen." Mein Vater sagte befehlend: „Mach das auf!" Bert öffnete langsam die Kiste. Delores war drin – eine Gans und ein Truthahn – und beide hießen Delores. Und Großmutter und Großvater mochten Delores. (Erickson lacht) Ein Langstreckenwitz.

Zeig: Und gut geplant und inszeniert.

Erickson: Betty Alice war durch Europa gereist und hatte in Detroit an einer Schule unterrichtet. Ich hielt dort Vorlesungen. Sie kam in die Vorlesung, und danach gingen wir ins Hotel zum Essen. Die Bedienung kam. Meine Tochter bestellte und sagte, sie wolle die Weinkarte sehen. Sie sah sich die Karte an. Ich bestellte einen Daquiri; Frau Erickson tat dasselbe. Die Bedienung sah Betty Alice unsicher an. Sie fragte: „Könnte ich bitte Ihren Ausweis sehen." Die Bedienung war sehr höflich. Betty Alice mußte ihr Alter auf sechs verschiedene Arten beweisen. Schließlich sagte die Bedienung: „Ich vermute, es ist in Ordnung, wenn Sie ein alkoholisches Getränk bestellen." Betty Alice sagte: „Bitte einen Rosigen Diakon." Die Bedienung sah ein wenig verwirrt aus und ging zur Theke. Sie kam zurück und sagte: „ Der Barkeeper sagte, es gebe kein solches Getränk." Betty Alice sagte: „Dann bringen Sie mir einen Blassen Prediger." Die Bedienung ging wieder zum Barkeeper, kam zurück und sagte: „Der Barkeeper sagt, es gebe kein solches Getränk." Betty Alice sagte: Würden Sie bitte den Geschäftsführer rufen?" Der Geschäftsführer des Hotels kam an unseren Tisch. Betty Alice sagte: „Ich habe einen Rosigen Diakon bestellt, und der Barkeeper hat zu Ihrer Bedienung gesagt, daß das Getränk nicht im Hause sei, deshalb wollte ich einen Kompromiß machen und sagte, ich hätte gerne einen Blassen Prediger. Der Barkeeper hat sich geweigert, einen Blassen Prediger zu machen. Also, wenn es Ihnen nichts ausmacht, mein Herr, meinen Sie nicht auch, Sie sollten Ihrem Barkeeper einen Barkeeper-Führer kaufen?" Er sagte: „Wir haben einen." Er ging zurück, und der Barkeeper sah im Barkeeper-Führer nach, und der Geschäftsleiter fragte: „Wie macht man einen Blassen Prediger?" Sie sagte es ihm. Sie sahen im Barkeeper-Führer nach; sie wollten sich vergewissern. (Erickson lacht) Jede Bedienung, die so lange brauchte, um zu entscheiden, ob dieses zweiundzwanzigjährige Mädchen schon 21 war oder nicht, war für einen kleinen, harmloses Scherz gut.

Zeig: Mhm.

Erickson: Und der Geschäftsführer ließ auch einen Rosigen Diakon machen und sagte: „Ich werde ihn auch probieren." Er setzte sich zu uns und trank einen Rosigen Diakon. Dann bestellte er einen Blassen Prediger. Schließlich sagte er zu Betty Alice: „Ich lasse diese beiden Getränke auf unsere Karte setzen", und er lachte.

In New Orleans ging ich in eine Austern-Bar. Ich sagte zum Kellner: „Bringen Sie mir ein Dutzend rohe Austern, und während ich die esse, bereiten sie ein weiteres Dutzend zu." Er sagte: „Das sind Mississippi-Austern, und die sind ziemlich groß." Ich sagte: „Ich weiß. Bereiten Sie nur das zweite Dutzend zu." Ich aß das erste Dutzend. Er brachte das zweite Dutzend. Ich sagte: „Während ich die esse, bereiten Sie ein drittes Dutzend zu." Er sagte: „Mein Herr, haben Sie den Verstand verloren?" Ich sagte: „Nein, ich möchte nicht, daß mir die Austern ausgehen." Ich bestellte, trotz seines Protests, fünf Dutzend Austern. Ich aß 60 Austern. Er sah mich ungläubig an: „Sechzig Mississippi-Austern!" „Ja", sagte ich, „und 60 Geburtstage." (Erickson lacht) Warum sollte ich an meinem 60. Geburtstag nicht 60 Austern haben?

Zeig: Wie viele wollen Sie morgen essen?

Erickson: Meine Frau kauft zwei zusätzliche Dosen, plus die zwei Dosen, die wir haben.

Zeig: Wie alt werden Sie morgen?

Erickson: Zweiundsiebzig.

Zeig: Herzlichen Glückwunsch!

Erickson: Im Osten ging ich in den Speisesaal eines Hotels. Man gab mir eine Menükarte in französischer Sprache. Ich protestierte, und sagte, daß ich Französisch nicht lesen könne. Der Kellner, der einen sehr starken Akzent hatte, sagte, daß er mir helfen würde. Ich zeigte auf ein Gericht und fragte: „Was ist das?" er erklärte, was es war, aber es war sehr schwierig, ihn zu verstehen. Ich zeigte auf andere Dinge. Ich verriet ihm nicht, daß ich jeweils wußte, was es war. Schließlich sagte ich: „Bringen Sie mir ein Glas mit Eiswürfeln." Er sah verdutzt aus, aber er brachte es. Ich sagte: „Jetzt bringen Sie mir eine Flasche mit French Dressing." Er war noch verdutzter. Ich goß etwas French Dressing über die Eiswürfel und sagte: „Jetzt werfen Sie das bitte in den Abfall." Er sagte (ohne die Spur eines Akzents): „Ja, mein Herr." (Erickson lacht) Er wußte, daß ich wußte, daß sein Akzent nicht echt war. Warum soll man sich mit einem Kellner herumstreiten? Er möchte einen reinlegen, warum soll man sich daraus keinen Spaß machen?

Einige Jahre später begrüßte mich im Speisesaal eines Hotels in Portland, Oregon, ein Kellner und sagte: „Wie geht es Ihnen, Dr. Erickson?" Ich sagte: „Nun, ich kenne Sie nicht. Aber Sie kennen mich offensichtlich." Er sagte: „Sie werden wissen, wer ich bin, bevor der Abend vorbei ist." (Zu Zeig) Ich habe kein gutes Personengedächtnis. (Erzählt weiter) Er brachte mir die Rechnung. Ich bezahlte. Er brachte mir das Wechselgeld zurück. Ich gab ihm das Trinkgeld, und er dankte mir mit einem sehr starken französichen Akzent. (Erickson lacht) Dann wußte ich, wer er ist!

Und mit den Problemen von Patienten geht man ähnlich um. Zum Beispiel jene Frau, die mir sagte, sie sei es leid und müde, so schrecklich gehemmt zu sein. Das Leben ihrer Mutter war gekennzeichnet durch eine vollständige Hemmung durch ihren feindseligen Ehemann. Sie und ihre Schwestern hatten sich nach dem Vorbild ihrer Mutter entwickelt. Ihr Leben war gehemmt. Sie wünschte sich, über ihr Gehemmtsein hinwegzukommen. Ich sagte ihr, sie solle vom Eis herunterkommen oder Schlittschuhlaufen. Das hatte ihr ein anderer Psychotherapeut schon oft gesagt. „Gut, ich sage es Ihnen nur einmal. Gehen Sie vom Topf runter oder scheißen Sie." (Erickson lacht)

Ich habe sie hart getroffen. Und das war viel besser als sie noch einmal über ihre Hemmungen zu belehren. Und jetzt kann sie nicht mehr über ihre Vergangenheit nachdenken, ohne sie in diesen groben Begriffen zu betrachten. Es ist für sie jetzt nicht mehr so leicht zu sagen: „Ich bin gehemmt." Sie muß denken: „Geh vom Topf runter oder ..." (Erickson lacht) Wenn man zu einer gehemmten Person so etwas sagt, dann muß sie von da an ihr Problem immer mit diesem Namen benennen.

Die lustigen Sachen, die Patienten einem erzählen werden ... Eine Patientin kam zu mir und sagte: „Ich ging mit Frau Soundso essen, die auch eine Patientin von Ihnen ist, und sie hat mich in eine schrecklich peinliche Lage gebracht. Ich konnte meine Verlegenheit kaum verbergen. Bei Tisch sagte sie, sie sei schwach auf der Brust[15]." Ich sagte:

15 *Flat-busted* ein vulgärer Ausdruck für „kein Geld mehr haben, abgebrannt, pleite sein". Wörtlich heißt es aber auch „flachbrüstig sein".

„Es kann einem peinlich sein, daß man schwach auf der Brust ist. (Erickson lacht) Und auf zwei verschiedene Arten[16]."

Einige Wochen später, war sie im Country Club und fand sich ebenfalls in einer peinlichen Lage. Sie sagte: „Ich hatte kein Geld mehr am Hintern[17]." (Erickson lacht) Aber für sie war es die andere Frau, die etwas Vulgäres gesagt hatte: „Schwach auf der Brust." Und sie sagte jetzt: „Kein Geld mehr am Hintern."

Ein Psychiater aus einem anderen Staat, der bei mir studiert hatte, schickte eine Patientin zu mir, mit der er schon drei Jahre lang gearbeitet hatte. Ich fragte sie nach ihrem Namen, Adresse, Telefonnummer. Ich fragte sie nach ihrem Problem. Ich erhielt von ihr alle allgemeinen Daten.

Ich sagte: „Gnädige Frau, Sie sind eine Frau. Ich bin ein Mann. Wenn ich eine Frau ansehe, habe ich das Recht, an einem bestimmten Bereich ihres Körpers Höcker zu sehen. Wenn sie die nicht haben, dann können Sie in die Stadt gehen und sich Prothesen kaufen. Kaufen Sie sich die Größe, die sie sie haben wollen, klein, mittel oder groß. Wenn Sie das nächste Mal in dieses Büro kommen, möchte ich die Prothesen auf ihrer Brust sehen." Sie trug eine sehr enge Bluse. Sie hatte keine Brüste.

Zur nächsten Sitzung erschien sie mit Prothesen mittlerer Größe. Wir sprachen über Verschiedenes, auch darüber, daß sie Witwe war. Sie war glücklich verheiratet gewesen. Ihr Mann starb und hinterließ ihr einen angemessenen Geldbetrag. Ungefähr einen Monat später sah ich ihren Psychiater, der zu mir sagte: „Was in aller Welt haben Sie mit dieser Frau gemacht? Es ging ihr spürbar besser, beinahe sobald sie Phoenix erreicht hatte. Sie ist glücklich, und sie ist gut angepaßt, und sie wollte mir nicht sagen, was Sie für sie getan haben." Sie war eine Frau von 50 Jahren, die sich ihr Leben lang gewünscht hatte, Höcker zu haben, und ich sagte zu ihr: „Holen Sie sich welche." (Erickson lacht) Das war die ganze Therapie, die sie brauchte.

Zeig: Hatten Sie dafür irgendwelche Anhaltspunkte?

16 Siehe Anmerkung 13. Erickson bezieht sich auf den dort genannten Doppelsinn, der auch in der im Deutschen geläufigen Wendung „schwach auf der Brust sein" erkennbar ist.

17 Im Original: *Flat-assed broke*. Dieser vulgäre Ausdruck ist noch weniger gut ins Deutsche zu übersetzen als der in Anmerkung 13 genannte. *Flat broke* bedeutet einfach:„ völlig pleite sein", hier also etwa wörtlich: „Der Arsch war völlig flach."

Erickson: Dieses rigide, unnatürliche Verhalten, und diese Bluse, die viel zu eng war. Warum also es ihr nicht zurückgeben auf der Ebene, auf der ich zu ihr sagte: „Ich bin ein Mann, Sie sind eine Frau. Und als einem Mann steht es mir zu ..." Es war mein Recht! Ich habe nicht danach gefragt, ob es ihr zustand oder ob sie etwas für sich tun sollte. Ich habe es rein zum Gegenstand meines Rechts gemacht. Sie tat meinem Recht genüge, und während sie das tat, sorgte sie auch widerspruchslos und diskussionslos für ihre Rechte.
Zeig: Und auf eine schmerzliche, verschrobene Art.
Erickson: Und auf meine Art. Drei Jahre Therapie. Ich formulierte es als mein Recht. Wie soll man dem widersprechen und sagen, es sei falsch. Es ist unwiderlegbar. Und weil es unwiderlegbar war, konnte sie es auch nicht bekämpfen. Und so tat sie hilflos das Richtige für sich selbst. Die Leute wollen wirklich das, was für sie richtig ist, selbst tun, sie wollen es nicht andere für sich tun lassen. (Erickson lacht) Ich hätte mir jahrelang den Mund fusselig reden können, um ihr zu sagen, sie solle Prothesen tragen. Und sie hätte mit mir darüber streiten können. Ich sagte, es sei mein Recht. Es war nicht mein Recht zu wissen, ob es Prothesen waren oder nicht, ich hatte nur ein Anrecht darauf, ein paar Höcker zu sehen. (Erickson lacht)
Zeig: Und Sie haben das in einer Weise vorgebracht, daß sie in der Falle saß und nicht anders konnte als etwas Gutes für sich zu tun.
Erickson: Allerdings etwas Gutes für sie, das getarnt war als mein Recht.
Zeig: Ah, mhm.
Erickson: Warum sollte man nicht auf diese Art Therapie machen, anstatt nur höflich um das Problem herumzutanzen.

Ich glaube, es ist besser, wenn ich jetzt ins Haus gehe. (Ende der Sitzung)

Dritter Tag, 5. Dezember 1973

Wie im Text bereits vermerkt, sind mehrere Fälle, die Erickson am 5. Dezember 1973 mit mir besprochen hat, schon in anderen Büchern abgedruckt. Einige Fälle wurden schon zusammengefaßt. Da es jedoch zusätzliche interessante Ausführungen gibt und weil es interessant ist, Ericksons Vorgehen zu studieren, berichte ich einige Fälle auch hier noch einmal.

Frau Erickson brachte Dr. Erickson herein. Erickson beginnt seine Behandlung von John (siehe Ende des ersten Kapitels in diesem Buch, Seite 41) zu besprechen, der Erickson an diesem Tag einen Brief gegeben hatte, in dem er einige seiner Gefühle bezüglich Erickson und seiner Therapie bei ihm beschrieb.

Erickson: Nun, ich bin in seinem Leben eine gottähnliche Gestalt gewesen. Er hat jetzt erkannt, daß ich ein Mensch bin. Es hat mir zu schaffen gemacht, daß ich für ihn wie ein Gott war. Ich habe beständig versucht, ihn zu der Einsicht zu bringen, daß ich ein Mensch bin, ohne ihm direkt zu sagen, daß er das einsehen solle. Jetzt denke ich, daß es mir gelungen ist, ihm das zu vermitteln. Ich denke, daß die Dame des Hauses (Frau Erickson) meine Nachfolgerin ist.

Frau Erickson: Dr. Erickson ist vor etwa zwei Jahren akut erkrankt und überwand die Krankheit ziemlich schnell, doch ich habe wirklich überlegt, ob es nicht fatal gewesen wäre, wenn der arme John zum damaligen Zeitpunkt in eine Nervenheilanstalt gegangen wäre. Ich glaube, dieser Brief sollte mir sagen, daß John dabei ist zu begreifen, daß seine Lebenserwartung wahrscheinlich um einiges höher ist als die von Dr. Erickson. John wird weiterhin auf der gleichen Basis wie bisher hier herüber kommen, jedenfalls hoffe ich, daß er das tut (wenn Dr. Erickson stirbt).

Erickson: Und wenn du das Zeitliche segnest, denke ich, falls Roxie noch hier in der Nachbarschaft ist …

Frau Erickson: Ach, ich denke, er würde jedes der Kinder als Ersatz akzeptieren, obwohl ich nicht glaube, daß er sich dann verpflichtet fühlte, jeden Tag hier herüber zu kommen.
Ich gehe jetzt besser wieder nach drüben. (Frau Erickson geht)

Zeig: Haben Sie absichtlich Fehler gemacht oder sonst etwas getan, um ihm zu zeigen, daß Sie auch nur ein Mensch sind?

Erickson: Ich habe keine Fehler gemacht. Ich habe für Barney einen Brief an den Hund eines Freundes in Puerto Rico geschrieben, der Hund hieß Muffin Woo Woo. Ich habe Briefe an Muffin und an Fritz und Jenny, die Hunde meines Sohnes, geschrieben. Ich habe eine ganze Serie von mehr als 40 Limericks für Barney geschrieben. Weißt du, wir hatten einen Basset-Hund, der 13 Jahre bei uns war und jetzt auf dem großen Friedhof dort drüben liegt, und der schreibt Briefe an die „Erdmutter, Frau Erickson[18]".

18 Erickson läßt die „Geist-Tiere", für die er Briefe schreibt, noch lebende Personen immer mit dem Beiwort *Earth* („Erde") benennen, um sie als noch auf der Erde lebend zu kennzeichnen. (Anm .d. Ü.)

Zeig: Das verstehe ich nicht.
Erickson: Er ist auf dem großen Friedhof dort drüben – er ist der Geist Roger, und er schreibt Briefe. Sie sind unterschrieben mit „Geist Roger".
Zeig: Wer schreibt sie für ihn?
Erickson: Ich mache das. (Zeig und Erickson lachen)
Erickson: Und alle meine Kinder wurden mit Geschichten vom Weißbäuchlein großgezogen. „Es war einmal ein kleiner Frosch mit einem grünen Rücken und einem weißen Bäuchlein. Weil er ein weißes Bäuchlein und einen grünen Rücken hatte, nannte man ihn Weißbäuchlein." Meine Kinder waren allesamt Individualisten, und jedes von ihnen verlangte eine andere Abenteuerreihe von Weißbäuchlein. So habe ich also Geschichten erfunden, die auf die Bedürfnisse kleiner Kinder zugeschnitten sind.

Als dann meine blauäugige Tochter in der Phase war, in der ihre Kinder nach Geschichten verlangten, sagte sie zu mir: „Ich kann keine Geschichten erfinden. Warum tust du das nicht?" Seither schreibe ich also Weißbäuchlein-Geschichten, und meine Sekretärin tippt sie mit mehrfachen Durchschlägen ab. Sie werden dann an alle Enkelkinder verschickt. Zum Beispiel fährt Weißbäuchlein in einer Zeitmaschine zurück in die Vergangenheit, und es entdeckt dort auf einem Stück Land, das mit Brombeeren bepflanzt ist, zwei kleine Jungen, die sich zanken - Bert und Lance (Ericksons älteste Söhne). Und Weiß-bäuchlein erzählt jede Sünde, die meine Kinder in ihrer Jugend begangen haben.

Jetzt schreibt auch „Geist Roger" eine Familiengeschichte. Mein Sohn Robert beschäftigte sich von frühester Kindheit an vor allem mit Schlössern. Er hat in seinem Haus eine Alarmglocke eingebaut, weil es in Phoenix so viele Einbruchdiebstähle gibt. Eines Nachmittags ging der Alarm los und hat die ganze Nachbarschaft in Aufregung versetzt. Eine Frau rief uns an, und Betty rief die Polizei und wartete vor Roberts Wohnung auf sie. Es waren keine Einbrecher zu sehen. Die Alarmglocke läutete; die Polizei durchsuchte das Haus. Es fehlte nichts. Man entdeckte jedoch, daß Robert unbedacht zugelassen hatte, daß man die Türabsperrungen mit einer Kreditkarte öffnen konnte.

Geist Roger schreibt nun über den neulich angekommenen Geist Pigeon und den Großen Gurrenden Grünschnabel da drüben. Und Geist Pigeon berichtet von dem lauten Alarm in der Desert Lane 1270 (fiktive Adresse) und schildert alles über Earth[19] Roberts Dummheit, mit der er eine Kreditkarten-Türabsperrung installiert hatte, die jedes Kind öffnen konnte. Wenn man den Kindern alle diese Dinge humorvoll erzählt, haben sie wirklich Freude daran. Wie du siehst, gefällt es anderen wirklich, solche Geschichten zu lesen, wenn man sie humorvoll erzählt.

Und jüngst sprach Geist Roger in einem Brief davon, daß er einige Geist-Hunde getroffen habe, die vor langer Zeit, als sie noch Erd-Hunde waren, in einem Grubenlager in der Sierra Nevada lebten. Die Hunde unterhielten sich über die Feier, die in einem Grubenlager anläßlich der Geburt eines kleinen Jungen stattfand. Dieser Junge war ich.

Meine Enkelkinder wissen, wann ich das erste Mal verhauen wurde. Ich krabbelte noch, und meine Mutter nahm mich mit hinunter ins Tal zur Hütte der Familie Cameron. Ich sah, wie Frau Cameron etwas in ein Loch steckte. Es war bezaubernd, hell und faszinierend. Deshalb krabbelte ich hinüber zu einem Stück Papier, das in der Feuerstelle lag, und Frau Cameron begann mir den Hintern zu versohlen. Ich krabbelte unter den Stuhl, wo meine Mutter saß. Sie war sehr aufgebracht. Ich kann mich noch daran erinnern: Diese große, kräftige Frau, die ich von meinem Platz unter dem Stuhl aus sah, und dieses eigenartige helle, tanzende Ding, das sie Feuer nannten.

Zeig: Ihr Gedächtnis ist außerordentlich.

Erickson: Auf dem College las ich etwas über das Gedächtnis. Da kam mir eine Erinnerung. Ich schrieb sie vollständig auf. Dann überprüfte ich sie, indem ich meine Mutter und dann auch meinen Vater getrennt danach fragte und stellte fest, daß es bestimmte Verfälschungen im Gedächtnis gibt. Ich richtete mich zu jener Zeit gerade auf und wollte mich am Kinderbett festhalten. Aber ich hatte kein Kinderbett. Ich mußte mich hinlegen. Man zeigte mir einen Weihnachtsbaum, und da waren zwei Dinge, die ich wirklich nicht verstand, und die gleich aussahen. Es waren Katzen. Und da war ein Mann mit viel Haaren im Gesicht.

Welches Weihnachten war das? Mein Vater und meine Mutter haben es schließlich herausgefunden. Meine Vater wurde es so leid,

19 Siehe Anmerkung 16 (Anm. d. Ü.)

ein Baby zu haben, das aufwachte, nach seinem Backenbart griff und sich daran hochzog, daß er im Februar 1904 seinen Bart abrasierte. Es war also Weihnachten 1903. Meine Eltern brauchten lange, um herauszubekommen, wann es war, als sie den Handkarren nahmen und einige Katzen zur Hütte der Camerons brachten. Ich schrie vor Wut. Sie konnten mich nicht verstehen, und ich konnte ihre Dummheit nicht verstehen. Ich wollte neben diesem Sack voller Katzen sitzen und mitkommen. Ich war zwei Jahre alt. Und dann erinnere ich mich natürlich, daß wir nach Wisconsin gezogen sind, als ich drei Jahre alt war.

Die Nachbarn bedauerten mich sehr. Ich hatte eine zwei Jahre jüngere Schwester, die schon mit einem Jahr zu sprechen begann. Und die Nachbarn hatten Mitleid mit meiner Mutter, denn ich war in ihren Augen „geistig zurückgeblieben", weil ich erst mit vier Jahren sprechen lernte. Meine Mutter gab den Nachbarn jeweils zur Antwort: „Der Junge ist zu beschäftigt." Jetzt schreibt Geist Roger das alles auf.

Ich glaube, meine Mutter war 28, als mein Vater eine Bergwerksgrube in Nevada hatte. Mein Vater, der auch der Vorarbeiter in der Grube war, bat sie zu kommen. Sie brachte meine ältere Schwester mit nach Nevada. Meine Mutter war von ihrer Mutter mit der Maxime großgezogen worden: „Geh' nie mehr als 10 Meilen weg von dem Ort, an dem du aufgewachsen bist, denn wenn du das tust, wirst du sterben." Meine Großmutter sprach aus Erfahrung. Meine Mutter ging den ganzen Weg nach Nevada.

Als sie dort ankam, mußte sie die Pension für die Bergleute führen. Alle sechs Monate kamen Vorratslieferungen auf 20 Mauleseln. Nun, wieviel Salz bestellt man – wieviel Backpulver, wieviel Pfeffer, wieviel Mehl, wieviel gepökeltes Schweinefleisch – wieviel von allem bestellt man, wenn man eine Pension für 20 oder 30 Bergleute führt. Und mit 28 mußte meine Mutter das ausrechnen. Damit hatte ich die Geschichte von Earth Clara und Earth Albert. Es sind solche Dinge, die ich schreibe.

Zeig: (Betrachtet ein Bild, das über dem Aktenschrank hinter Ericksons Schreibtisch hängt) Sind das Ihre Eltern?

Erickson: Mhm. Es ist ein Bild von ihrem 65. Hochzeitstag.

Ein Psychiatrie-Professor aus Südamerika kam zu mir in Psychotherapie. (Dieser Fall wird berichtet und besprochen in Rosen, 1982a,

S. 66, und in Erickson & Rossi, 1977, S. 43.) Ich kannte ihn dem Namen nach und durch das Ansehen, das er genoß. Er war viel brillianter als ich – viel besser ausgebildet, viel belesener. Und einer der arrogantesten Männer der Welt, der sehr stolz auf sein kastilisches Blut war. Arrogant und stolz. Er wollte Psychotherapie. Er hatte einer Stiftung eingeredet, seine Therapie bei mir zu finanzieren. Ich fragte mich, wie in aller Welt ich mit diesem Mann umgehen sollte – der so arrogant, stolz, viel gescheiter, viel besser ausgebildet und viel belesener als ich war. Was würdest du machen?
Zeig: Ich weiß es nicht.
Erickson: Ich wußte, daß ich mir irgendetwas ausdenken würde. Ich überließ es meinem Unbewußten. Ich weiß, daß mein Unbewußtes klüger ist als ich. Also kam er und stellte sich vor. Ich notierte seinen Namen, sein Alter – alle Fakten. Und dann sagte ich: „Sprechen wir über Ihr Problem." Wir hatten einen Termin für 14 Uhr vereinbart. Das erste Gespräch dauerte zwei Stunden. Ich fragte ihn nach seinem Problem. Als ich wieder auf die Uhr sah, war es 16 Uhr. Und der Stuhl war leer. Ich öffnete die Mappe aus Manilapapier. Ich sah, daß ich darin viele Notizen gemacht hatte. Ich war in eine Trance gefallen. Vierzehn Sitzungen später sprang er auf und sagte: „Dr. Erickson, Sie sind in einer Trance." Das weckte mich.
Zeig: (lacht)
Erickson: Ich sagte: „Ja, ich bin in einer Trance. Ich wußte, daß Sie intelligenter, belesener und besser ausgebildet sind als ich. Und da ich auch weiß, wie arrogant Sie sind, benutzte ich mein Unbewußtes, um mit Ihnen Therapie zu machen. Denn niemand kann die Weisheit meines Unbewußten überlisten." Er nahm das nicht mit besonderem Wohlwollen auf. Von da an führte ich die Gespräche in bewußtem Zustand weiter.

Eines Tages sah er sich das Bild meiner Eltern an und sagte: „Sind das Ihre Eltern?" Ich sagte: „Ja." Er sagte: „Welchen Beruf hatte Ihr Vater?" Ich sagte: „Er ist ein Farmer, im Ruhestand." Er sagte mit Abscheu: „Oh, Bauern." Ich sagte: „So ist es – Bauern. Und so weit ich weiß, ist nicht auszuschließen, daß das Wikingerblut der Bastarde meiner Vorfahren in Ihren Adern fließt."
Zeig: (lacht)
Erickson: Und er kannte seine Geschichte. Er wußte alles über die Wikinger, daß sie die Küsten Europas – von England, Schottland,

Wales, Irland und vom Mittelmeer – überfielen, plünderten und ausraubten. Er wurde mir gegenüber nie mehr sarkastisch.

Zeig: Mhm.

Erickson: Die Bastarde meiner Wikinger-Vorfahren. (lacht) Er wußte Bescheid und ich wußte Bescheid. Man sollte lernen, sich in jeder Situation auf sein Unbewußtes zu verlassen. Die meisten Menschen verlassen sich auf ihr Bewußtsein, und sie können dann nur über das verfügen, was ihrem Bewußtsein direkt zugänglich ist. Wenn man seinem Unbewußten vertraut, hat man einen großen Schatz an Lernerfahrungen.

Zeig: Ich verstehe nicht ganz, wie man das macht oder was das wirklich heißt.

Erickson: Nun, „Ihre Eltern waren Bauern" ist eine Beleidigung.

Zeig: Und Sie haben darauf bewußt reagiert.

Erickson: Mein Unbewußtes hat auf der Grundlage einer früheren Lesart eine Antwort heraufbefördert. Ich gebe dir in weiteres Beispiel. Dr. L. kam nach Detroit, als ich noch in Michigan war. Er übernahm einen Job beim Gerichtshof für Einzelrichter (Recorder's Court). Eines der ersten Dingen, die er tat, war, zur Psychologischen Abteilung der Wayne State University zu gehen und sie darauf aufmerksam zu machen, daß er eine Qualifikation als Dr. phil. und Dr. med. habe. Der Direktor der Abteilung war schon etwas älter, und nun meinte er, sie sollten den doch wirklich in den Ruhestand versetzen und ihn, Dr. L., zum Leiter der Abteilung machen.

Dann ging er zur Medizinischen Fakultät und erklärte dem Dekan, er sei Dr. phil. und Dr. med., und er habe psychiatrische Erfahrung. Der Dekan sollte mich (Erickson) aus der Fakultät ausschließen, und dann würde er freundlicherweise meinen Platz einnehmen.

Er ging in die Praxen verschiedener Psychiater in Detroit und beklagte sich bei Patienten im Wartezimmer, sie sollten doch wirklich zu einem guten Psychiater (nämlich zu ihm) gehen.

Als er zum ersten Mal in sein Büro kam, sah er sich die Frau, die seine Sekretärin werden sollte, von oben bis unten an und sagte: „Fräulein X, sie sind ziemlich hausbacken. Sie sind Mitte 30 und waren nie verheiratet. Sie sind vorzeitig ergraut. Sie schielen, und sie haben ein wenig Übergewicht. Aber es macht mir nichts aus, sie eine Zeitlang als Mätresse zu haben." Das war Dr. L. Sie war so wütend, daß sie kündigte.

Dann brach der Zweite Weltkrieg aus. Er schrieb einen 17seitigen maschinengeschriebenen Brief an die Armee, in dem er erklärte, warum man ihn zum General ernennen sollte mit der Aufgabe, sich um die geistige Gesundheit der anderen Generäle zu kümmern. Die Armee schrieb zurück: „Gegenwärtig haben wir für einen Mann mit Ihrem Fähigkeiten keine Verwendung." (Erickson lacht)

Dr. L. war in seinem Büro natürlich nicht beliebt. Ein Untergebener nahm einen Durchschlag von Dr. L's Originalbrief und das Antwortschreiben der Armee und schickte beides an eine Hearst-Zeitung, die auf Dr. L. schon nicht gut zu sprechen war. Die Zeitung erschien mit der Schlagzeile: „Die Armee hat keine Verwendung für Dr. L."

Inzwischen war seine Sekretärin meine Sekretärin geworden. Als die Zeitung in den Straßen verteilt wurde, las meine Sekretärin die Überschrift und sagte zu mir: „Lassen Sie uns den kleinen Dr. L. anrufen (er war korpulent) und Krokodilstränen weinen." Ich sagte: „Sie können ihn anrufen, wenn Sie wollen, denn wenn ich ihn schlage, ist es eine tödliche Wunde. Ich weiß noch nicht wann und wie, aber ich überlasse es meinem Unbewußten, sich damit zu befassen. Dann wird der kleine Dr. L schon merken, daß er getroffen wurde.

Das war im späten Juli oder frühen August, ich weiß es nicht mehr genau. Im November ging ich zu einer Medizinertagung. Ich hielt mich gerade in einem Nebenraum auf und trank Punsch, zusammen mit vielen anderen Ärzten, die sich vor der Tagung miteinander unterhielten. Der kleine Dr. L. kam herein und sagte: „Hallo, Milt – was weißt du zu berichten?" Und ich sagte: „Ich weiß nur, was ich in der Zeitung gelesen habe" – die berühmte Bemerkung von Will Rogers.

Zeig: Mhm.

Erickson: Man hätte sich keine bessere Antwort vorstellen können. Man konnte hören, wie sie alle ihre Gläser auf den Tisch fallen ließen. Die anderen Ärzte rannten ans Telefon; die Hearst-Zeitung brachte eine Geschichte heraus: „Erickson sagt zu Dr. L., er wisse nur, was er in der Zeitung gelesen habe." Und Dr. L. zog nach Florida.

Bewußt hätte ich mir keine Antwort ausdenken können, die so schneidend gewesen wäre wie diese. Und er lieferte die Eröffnung. Mein Unbewußtes arbeitete, und es war bereit, alles zu benutzen. In meinem Unbewußten gibt es viele Dinge, von denen ich keine Ahnung habe. Das ist die Art, wie das Unbewußte funktioniert. Ich erinnerte mich plötzlich an Will Rogers berühmte Bemerkung, und das genügte, um Dr. L. in Michigan wirklich zu treffen.

Aber John beizubringen, daß ich ein Mensch bin, war ein langsamer Prozeß. Da und dort sage ich so kleine Dinge: Frau Erickson nannte ich die „Herrin des Hauses". Ich bin „Der alte Kauz". Und Barney schreibt Briefe über seine Gefechte mit dem Alten Kauz. Und Muffin Woo-Woo in Puerto Rico schreibt an Barney über den Alten Kauz. Fritz und Jenny schreiben über den Alten Kauz.

(Erickson sagt mit sanfterer Stimme) Mach dir also klar, daß du ein unbewußtes Denken hast, dann mußt du dir um nichts Sorgen machen. Und verlaß dich auf dein Unbewußtes, das die richtige Antwort liefert, die richtige Bewegung zur rechten Zeit.

Ich unterrichtete ein Team von Gewehrschützen der Armee über Treffsicherheit. (Eine gekürzte Fassung dieses Falles ist abgedruckt in Rosen, 1982a, S. 107.) Ich hatte nicht viel persönliche Erfahrung. Ich mußte nur zweimal ein Gewehr abfeuern, das war als Kind auf der Farm. Der Trainer desr Gewerschützen hatte etwas über mich gelesen und machte auf einer Reise Halt in Phoenix. Er stellte mich dem Team vor und wollte wissen, ob ich Hypnose anwenden konnte, weil bei einem Schützenwettbewerb Anspannung ein Problem ist. Man muß 40 Runden feuern, und wenn man zum ersten Mal ins Schwarze trifft, dann denkt man: Werde ich ein drittes, viertes, fünftes, sechstes, siebtes Mal ins Schwarze treffen?" Wenn man zum 30. Treffer gelangt, ist man ziemlich stark angespannt. Er griff dieses Problem mit mir auf. Ich sagte: „Ja, ich kann das Team trainieren." Ich rief eine Person herein, die ich hypnotisieren konnte, und machte eine Demonstration; das Team war sich einig, daß ich etwas von meiner Sache verstand. Ich ging nach Fort Benning in Georgia, doch die Armee war nicht sicher, ob ich etwas von meiner Sache verstand. Sie ließen zwei Männer herein, die seit zwei Jahren versuchten, ins Team aufgenommen zu werden. Sagen wir, bei einem möglichen Höchstwert von 100 Punkten erreichten sie nur 40, und die niedrigste Punktzahl, mit der man noch aufgenommen wurde, war 60. Sie ließen also diese zwei, die nur 40 Punkte erreichten, herein, damit ich sie trainierte.

Ich trainierte das Team. Es ging zu einem internationalen Wettkampf nach Moskau und schlug die Russen zum ersten Mal. Und die beiden „Versager", welche die Armee ins Team eingeschleust hatte, plazierten sich. Denn ich hatte ihnen folgendes beigebracht: „Sorgt zuerst dafür, daß ihr an euren Fußsohlen ein angenehmes Gefühl habt, dann in euren Knien, in euren Oberschenkeln, euren Hüften, eurem Oberkörper, in euren Armen und in euren Schultern. Dann bringt ihr euren Arm dazu, daß er bequem am Gewehrschaft anliegt; und der Gewehrkolben liegt ganz bequem auf eurer Schulter. Dann genießt ihr es, eure Wangen am Gewehrschaft zu spüren. Und ihr könnt den Gewehrlauf mühelos vor und zurück, nach oben und unten bewegen, auf das Ziel. Wenn alles sich völlig bequem anfühlt, drückt ihr ganz ruhig auf den Abzug. So habe ich sie trainiert. Ich gab ihnen Raum, das auf ihre je eigene Weise abzuändern.

Einer von ihnen, der schließlich nationaler Schützenmeister wurde, nahm eine persönliche Abänderung vor. Als letztes sorgte er dafür, daß seine Zähne genau aufeinander lagen. Als seine Zähne sich richtig anfühlten, drückte er auf den Abzug. (Erickson lacht) Sein Spitzname ist Blinky.

Blinky kam vor wenigen Monaten zufällig hier vorbei. Nachdem er das Armeeteam verlassen hatte, versuchte er, die nationalen Schützenmeisterschaften zu gewinnen. Als er im Armeeteam war, sprach er mit mir über seine Zukunft. Ich erklärte ihm, daß die Treffsicherheit notwendigerweise altersabhängig, d.h. mit zunehmendem Alter begrenzt sei, und daß er doch wirklich noch weitere 50 Jahre leben sollte. Der Schützenverein von Winchester stellte ihn ein, um den Verkauf von Winchestergewehren anzukurbeln. Ich sagte zu ihm: „Das hat keine Zukunft. Ein anderer Schützenmeister wird kommen.“ Ich dachte, er sollte einen sinnvollen Beruf haben. Er ist jetzt Tierarzt. Er kam kurz vorbei, um mich zu besuchen. Er nahm in Phoenix an einem Tierärztekongreß teil.

Er war im Stadtrat, er war Bürgermeister, Ratsherr – und ich weiß nicht, was noch alles – in seiner Heimatstadt. Er ist dort ein ganz beliebter Mann. Er hat die dazu nötige Persönlichkeit. Er kam hierher und erzählte von Erinnerungen an die Zeit in der Armee – die Meisterschaften – und von seinen Erfahrungen als Tierarzt. Es war alles so gelaufen, wie ich es erwartet hatte.

Ein anderes Mitglied des Schützenteams wird wahrscheinlich ein Amtsträger in der Amerikanischen Gesellschaft für Klinische Hypnose.

Denn wenn man weiß, daß man ein Unterbewußtsein hat, dann verläßt man sich darauf. Einer meiner Patienten, der Jurist ist, kam zu mir und sagte: „Morgen früh, muß ich nach Tucson fahren und die Anwaltsprüfung machen. Ich bin schon fünf Mal durchgefallen. Ich komme aus Wisconsin. Es gefällt mir nicht, dort zu leben; auch meiner Frau gefällt es nicht. Wir möchten nach Arizona ziehen und eine Familie gründen." Er sagte: „Können Sie mich hypnotisieren und mich durch die Anwaltsprüfung bringen?"

(Das Telefon läutet, und Erickson nimmt den Hörer ab. Es ist ein Ferngespräch.) (Zu dem Mann am Telefon) Ich bin seit 1965 im Rollstuhl. Ich habe nicht viel Kraft. Ihr Sohn würde eine große Anstrengung verlangen, und ich bin dem körperlich nicht gewachsen. (Erickson legt den Hörer wieder auf.)

(Zu Zeig) Das war ein Mann in New York, der einen 16jährigen Sohn hat, der seit seinem 12. Lebensjahr drogen- und alkoholabhängig ist. Die Mutter hat den Jungen verstoßen; der Vater und die Mutter haben jahrelang miteinander gekämpft. Der Vater hat sich vor kurzem von der Mutter scheiden lassen. Der Junge ist ein tragischer Fall. Es gibt keine Hoffnung für ihn. Jetzt versucht der Vater, dem Jungen zu helfen. Er hat seinen Sohn zu einer Menge Psychiatern gebracht – Freudianer, Jungianer und Reichianer – im Versuch, den Jungen in Ordnung zu bringen.

Ich schätze theoretische Formulierungen nicht. Denn theoretische Formulierungen - was bedeuten sie schon? Gibt es etwas Absurderes als einen Europäer, der in Europa aufgewachsen ist und ausgebildet wurde, und der in die Vereinigten Staaten kommt und versucht, die Vergangenheit eines Amerikaners zu verstehen?

Ich denke da zum Beispiel an ein Erlebnis, das ich in Worcester, Massachusetts, hatte. Ein ausgebildeter russisch-deutscher Psychologe, der in Wundts Labor arbeitete, kam nach Worcester, um sich mit der amerikanischen Psychologie vertraut zu machen. Ich fand ihn interessant. Er hat ausgezeichnete Forschung gemacht. Eines Abends machte er den Vorschlag, wir könnten nach San Francisco fahren und dort essen gehen. Von Worcester, Massachusetts, nach San Francisco an dem Abend zum Abendessen. (Erickson lacht) Welche Vorstellung hatte er von den Vereinigten Staaten?

(Es klopft an der Tür. Ein Patient kommt herein. Wir nehmen die Sitzung später wieder auf.)

Erickson: Wo war ich stehen geblieben?
Zeig: Sie hatten begonnen über den Gebrauch des Unbewußten zu

sprechen. Sie erzählten eine Anekdote von einem Juristen, der nach Tucson gehen mußte, um die Anwaltsprüfung zu machen.

Da über diesen Fall in Zeig, 1980a (S. 58) berichtet ist, wird er hier nur in einer Zusammenfassung wiedergegeben. Ericksons Technik war hier direkt und unkompliziert. Er sagte dem Juristen, er solle auf der Fahrt nach Tucson die Landschaft genießen und „sich glücklich fühlen, daß er eine derartige Landschaft in Zukunft immer haben werde". Auf dem Rückweg sollte er die Gegend unter umgekehrtem Gesichtspunkt genießen.

Bei der Prüfung werde er die Fragen lesen, und keine davon werde Sinn haben. Dann werde er die erste Frage ein zweites Mal lesen, und „ein kleines Rinnsal von Information" werde aus seiner Feder fließen. Nachdem dann das Rinnsal getrocknet sei, werde er zur nächsten Frage gehen.

Erickson erfuhr nicht sofort, ob seine Intervention funktioniert hatte. Ein Jahr später jedoch kam eine Frau kurz vor der Entbindung zu ihm, die von ihm hypnotische Techniken für die Geburt lernen wollte. Es war die Frau des Anwalts. Ericksons Therapie mit der Frau bestand in der hypnotischen Suggestion, daß der untere Teil ihres Körpers dem Geburtshelfer gehöre, und der obere Teil gehöre ihr. Während der Wehen und der Entbindung wäre sie neugierig, welches Geschlecht das Kind haben, welchen Namen sie ihm geben und wie es sein würde, das Kind zu stillen usw.

Jahre später, nach der Geburt des dritten Kindes, kam der Rechtsanwalt wieder und konsultierte Erickson wegen Rückenschmerzen, die mit Hypnotherapie erfolgreich behandelt wurden.

Erickson spricht weiter über das Unbewußte:

Erickson: Nun, das Unbewßte ist viel weiser, als du weißt. (Erickson verändert die Modulation seiner Stimme) Du wirst an einem heißen Sommertag sehr durstig und du holst dir etwas zu trinken, und du weißt, daß es ein gutes Getränk ist. Du weißt es, lange bevor das Wasser den Blutstrom erreicht hat. Wenn du an einem kalten Wintertag sehr durstig wirst, machst du dir auch etwas Gutes zu trinken. Und du weißt, daß es ein gutes Getränk ist, lange bevor das Wasser absorbiert ist. Du hast nicht gezählt, wie oft du einen Schluck genommen hast, aber es besteht ein großer Unterschied zwischen der Anzahl der Schlücke, mit denen man im Sommer ein Getränk zu sich nimmt und der Anzahl der Schlücke, mit denen man im Winter ein Getränk zu sich nimmt.

Als ich zum ersten Mal nach Arizona kam, bat ich meine Frau, das Essen überhaupt nicht zu salzen. Der Salzbedarf des Körpers ist in der heißen Wüste viel höher als in Michigan. Wir ließen die Kinder ihr Essen salzen. Ich notierte mir, wie oft sie den Salzstreuer schüttelten, soviel Mal im Sommer, soviel Mal im Winter. Und wie wissen kleine Kinder, wie sie ihren Salzbedarf decken können? Wenn das Essen nicht genügend gesalzen war, schmeckte es nicht.

Aus Minnesota, Michigan, Wisconsin und anderen Orten im Osten kommen die Leute nach Arizona. Erwachsene leiden manchmal schrecklich unter der Hitze, weil sie hier ihr Essen weiterhin nach ihrer östlichen Gewohnheit salzen. In der Wüste muß man seine Salzzufuhr erhöhen. Ich wußte das. Vielen von meinen Patienten mußte ich sagen: „Salzen Sie Ihre Nahrung ein wenig."

Das Unbewußte weiß, wieviel Salz, wie viele Schluck Wasser man braucht, während das bewußte Denken davon nicht die blasseste Ahnung hat.

Zeig: Mehr Schlücke im Sommer.

Erickson: Mehr Flüssigkeit. Denn, siehst du, bei 45°C transpiriert man frei, und der Schweiß verdampft sofort wegen der geringen Luftfeuchtigkeit von elf Prozent, zehn Prozent, acht Prozent oder 13 Prozent. Wenn man sich am Autositz anlehnt, schwitzt man. Aber sobald man sich aufrichtet, ist das Hemd in weniger als einer Minute wieder vollkommen trocken. Das bedeutet, das man besser viel Flüssigkeit zu sich nimmt. Man kann aber den Körper nicht mit Flüssigkeit überladen, ohne Natrium auszuschwemmen. Um das zu verhindern, muß man nur die Salzzufuhr erhöhen.

Und wie verändert man seine Atmung, wenn man ruhig dasitzt und dann die Fäuste ballt? Man verändert seine Atmung tatsächlich. Und wie steht es mit dem Blutdruck? Ein sogenannter Lügendetektor zeigt, wie sich der Blutdruck und die Atmung verändern, allein wenn jemand mit einem spricht. Das Unbewußte hat dieses Wissen aus häufiger Erfahrung.

Man fährt zum Beispiel in einem geschlossenen Auto und eine Biene schlägt gegen die Windschutzscheibe. Bewußt weiß man, daß einen die Biene nicht ins Gesicht fliegt, und trotzdem blinzelt man und weicht plötzlich zurück. Man kann das nicht kontrollieren. Das

Unbewußte sagt, wenn man ein Objekt auf sich zukommen sieht und es direkt vor sich hat, muß man sich ducken.

Zeig: Mhm.

Erickson: Und das Unbewußte ist in vielfacher Hinsicht auf körperliche Bedürfnisse programmiert. Wenn man den Körper reagieren läßt, kann man das nutzen.

Gestern bekam ich einen Brief von einer Frau, die geschieden ist, und die einen ehemaligen Strafgefangenen, mit dem ich erfolgreich gearbeitet habe, heiraten will. Schwierigkeiten machen nur ihre Kinder. Sie können nicht verstehen, weshalb der Mann nicht „bitte" sagen kann. Er ist in einer Familie aufgewachsen, in der „bitte" ein Fremdwort war. Er hat viele Jahre im Gefängnis und in der Jugendstrafanstalt zugebracht, wo das Wort „bitte" nicht zu hören war. Man hörte dort nur mit Nachdruck gegebene Befehle und hatte zu springen. Lange Zeit kannte er das Wort „bitte" überhaupt nicht. Wenn er jetzt sagt: „Reich' mir die Butter", dann heißt das „Reich' mir die Butter". Es heißt nicht: „Bitte, reich' mir die Butter." „Mach die Tür zu!" In dieser Sprache redet er mit den Kindern, und sie verstehen einfach nicht, warum ihm das Wort „bitte" nicht über die Lippen kommt. Frau Erickson und ich haben heute morgen über dieses Problem geredet. Ich muß diese Kinder sehen und es ihnen erklären.

Ich hatte eine ältere Schwester und eine jüngere Schwester, die mir meine Kindheit unerträglich machten. Sie nahmen mir immer wieder Sachen weg, die mir gehörten, und ließen mich sagen: „Bitte, du Hübsche, bitte; du Hübsche, du Hübsche, bitte!" Sie ließen mich sagen: „Hübsche, Hübsche, Hübsche, Hübsche, bitte – bitte, bitte, bitte." Ich lernte dieses Wort „bitte" immer mehr hassen. Und alle meine Kinder wollten wissen: Warum sagt Daddy nicht „bitte"? Ich bemerke es meistens, wenn ich „bitte" hätte sagen sollen. Ich sage es aber praktisch nie. Ich bin sonst höflich, aber ich sage vor allem nicht „bitte", weil ich gegen dieses verdammte Wort konditioniert wurde. Da der Ton meiner Stimme höflich ist, verletzt es andere nicht zu sehr.

Dieser ehemalige Strafgefangene hat einen schroffen Ton in der Stimme, weil er nichts anderes gekannt hat. Er kam zu mir, um sich Rat zu holen. (Dieser Fall wird mit erläuternden Zusätzen berichtet in Zeig 1980a, S. 216.) Ich beriet ihn gut. Er sagte: „Wissen Sie was, Sie können sich das an den Hut stecken." So redet man nicht mit einer anderen Person. Aber nachdem er im Sommer fast 20 km bei über 40°C nach Hause gegangen war, kam er zurück und fragte: „Was war das nochmal, was Sie mir da gesagt haben?" (Erickson lacht) Darauf habe ich ihm noch einmal gesagt: „Ich werde Ihnen folgende Hilfe geben: In meinem Hinterhof gibt es eine Matratze und eine Decke. Ein überhängendes Dach beschützt Sie dort vor dem Regen. Sie können an die hintere Türe kommen; wir geben Ihnen dann kalte gebackene Bohnen, mit denen Sie sich ernähren können. Im Hinterhof gibt es auch einen Wasserhahn für Ihr Trinkwasser. Sie können dort bleiben und darüber nachdenken, ob Sie darüber hinwegkommen wollen, ein Säufer zu sein. Wenn Sie wollen, daß ich Ihre Stiefel an mich nehme, damit Sie nicht weglaufen, müssen Sie mich darum bitten."

Er verbrachte fünf Tage und Nächte im Hinterhof. Dann ging er und suchte sich einen Job. Er schloß sich den Anonymen Alkoholikern an und geht zweimal pro Woche zu ihren Versammlungen. Er nahm seine Freundin mit dorthin. Sie haben vor, am Valentinstag zu heiraten.

Als ich nun mit meiner Frau über mein eigenes Versäumnis, „bitte" zu sagen, sprach, kam ich auf die Frage bezüglich meines Sohnes Robert zu sprechen. Du hast ihn kennengelernt, nicht wahr?

Zeig: Nein, Roxie und ich sind zu ihm gefahren, aber er war nicht da, und ich habe ihn auch sonst noch nicht kennengelernt.

Erickson: Robert kann manchmal im Umgang mit seiner Familie sehr brüsk sein. Warum? Er war im Umgang der Angenehmste von allen acht Kindern. Freundlich, sanft. Und er war ein Einzelgänger. Als Siebenjähriger ist er von einem Lastwagen überfahren worden. Ich identifizierte ihn im Guten-Samariter-Krankenhaus. Ich fragte: „Wie groß ist der Schaden?" Die Ärzte im Notfallraum sagten: „Zwei gebrochene Oberschenkel, ein gebrochenes Becken, Quetschungen am Körper, Schädelbruch und eine Gehirnerschütterung. Wir haben ihn bis jetzt noch nicht auf innere Verletzungen untersucht." Ich fragte: „Wie ist die Prognose?" Sie sagten: „Wenn er nach 48 Stunden noch lebt, hat er eine Überlebenschance."

Ich kam nach Hause, rief die Familie zusammen und sagte: „Wir alle kennen Robert. Wenn er etwas macht, dann macht er es gut. Er hatte gerade einen Unfall. Beide Oberschenkel sind gebrochen; sein Becken ist gebrochen, er erlitt eine Gehirnerschütterung, innere Verletzungen hat er keine. Wenn Robert 48 Stunden überlebt, hat er eine Chance, davonzukommen. Wir werden ihm erlauben, die Sache gut zu machen. Es ist daher wirklich unhöflich zu weinen. Ihr könnt jetzt nichts tun. Geht wieder an Eure Arbeit im Haus oder draußen ums

Haus. Es wäre nicht höflich, zu wenig zu schlafen, weil wir unsere Arbeit tun können, und Robert wird seine Arbeit tun. Ihr könnt unbesorgt zu Bett gehen. Denn Robert wird das Seine tun."

Wir gingen alle schlafen, als wäre nichts geschehen. Robert durchlebte eine schreckliche Zeit. Er mußte sich ungeheuer anstrengen. Als er aus dem Krankenhaus nach Hause kam, war er furchtbar aufgeregt. Er lag in einem Gipsbett, und der Krankenträger brachte ihn herein und legte ihn auf die Couch. Der Träger ließ beinahe die Trage fallen, als er hörte, was Robert sagte. „Ich bin so froh, daß ich solche Eltern habe wie Euch. Bei all den anderen armen Kindern kamen die Eltern jeden Nachmittag, und das brachte die Kinder zum Weinen. Und dann kamen sie auch noch am Abend und machten sie weinen. An Sonntagen war es besonders schrecklich, da weinten die Kinder den ganzen Tag. Und ihr seid nicht einmal gekommen, mich zu besuchen." Ich sagte: „Nein, wir wollten, daß du gesund wirst und es dir gut geht. Wir haben aber im Krankenhaus angerufen und sind hingegangen und haben dich durch die Glasscheibe der Schwesternstation gesehen, nur konntest du uns nicht sehen. Und die Geschenke, die wir dir geschickt haben, ließen wir dir durch die Krankenschwestern bringen."

Während ich als Assistenzarzt im Krankenhaus arbeitete, habe ich an Besuchstagen Puls, Blutdruck und Atemfrequenz von Patienten gemessen, und zwar bevor, während und nachdem sie Besuch hatten. Besucher können, ohne es zu wollen, die Genesung von vielen ihrer Angehörigen empfindlich stören.

Zeig: Dann ist Nichtstun manchmal die wichtigste …

Erickson: (überschneidend) Die wichtigste Sache der Welt. Als Betty und ich in Chicago waren, blieb Kristi bei Freunden. Dort ritt sie auf einem Esel. Sie war zehn Jahre alt. Der Esel lief unter einen Orangenbaum und warf sie ab, so daß sie auf den Boden stürzte. Dabei brach sie sich den Ellbogen. Ihre Freunde brachten sie rasch zum Hausarzt, der anfing Blut zu schwitzen, weil er das Kind eines Kollegen behandeln mußte. Das Gelenk war gebrochen. Es war ein komplizierter Bruch. Es war viel Arbeit, ihn richtig zusammenzufügen und den Gips anzulegen. Als schließlich alles gut gelungen war, machte der Arzt einen großen Fehler. Er klopfte Kristi auf die Schulter und sagte: „Hab keine Angst, Kleine, das wird schon wieder gut." Sie sagte: „Natürlich wird es wieder gut. Es ist ein guter Ellbogen!" Das ist die Einstellung, die ein Kind haben sollte.

Robert wurde wirklich auf die Probe gestellt. Er mußte eine gewaltige Anstrengung machen, und manchmal zeigt sich das noch in der Haltung seiner Familie gegenüber. Seine Frau Kathy ist jetzt schwanger, und er ist der besorgteste Mensch der Welt. Er ist da ganz anders als sonst, er zeigt seine Intensität.

Er lag auf der Couch, als ihm der Gips abgenommen wurde. Man kann sich gar nicht vorstellen, wie das ist, aus dem Gips zu kommen, nachdem man von Dezember bis März darin gelegen hatte. Er drehte sich zur Seite, schaute zum Fußboden und sagte: „Daddy, weißt du, daß es bis zum Fußboden genau so weit ist wie bis zur Decke?" Man verliert völlig das Gefühl für räumliche Entfernungen, wenn man so viele Monate immer auf dem Rücken liegt und nur den Abstand vom Bett bis zur Decke sieht. Als er zum Boden schaute, schien der genauso weit weg zu sein. Als er schließlich Mut faßte, stand er auf und ging in die Küche. Wenn man monatelang nicht gelaufen bist, hat man viel physische Erinnerungen verloren, deshalb ging ich mit ihm durch das Zimmer. Ich wußte, was geschehen würde. Als erstes vergißt man, daß man die Hüften beugen muß. Er beugte sie doppelt und stürzte schwer zu Boden. Ich sagte: „Ich glaube nicht, daß du den Boden sehr beschädigt hast, Robert. Ich denke, der Boden nimmt es dir nicht übel."

Ich war gespannt, wann er es wagen würde, die Treppe vor dem Haus hinunterzugehen. Die vordere Treppe hinunterzugehen war eine schreckliche Aufgabe, die Angst einflößte – etwa wie der Versuch, vom Grand Canyon hinunterzuspringen. Er ging hinaus auf die Veranda und setzte sich aufs Geländer. Er schaute hinunter auf den Boden und dann wieder auf den Boden der Veranda. Ich sagte nichts. Er war er ja, der diese Treppe hinuntergehen mußte.

Eines Tages lief er die Treppe hinunter, setzte sich auf sein Dreirad und fuhr los. Der Unfall hatte sich an der Ecke der Cyprus und Third Avenue ereignet. Ich war gespannt, wann er diese Straße überqueren würde und was ich dann tun sollte. Er radelte hinunter zur Third Avenue, schaute die Straße hinauf und hinunter, um den Verkehr einzuschätzen, schaute zur anderen Straßenseite hinüber, schätzte den Verkehr von beiden Seiten ein und kam zurück. Es war ganz schrecklich für ihn, aber er tat es.

Es gab noch etwas, von dem er nicht wußte, daß ich davon wußte. Seine Mutter brachte ihn zum Zahnarzt. Der Zahnarzt hatte seine

Praxis im zweiten Stock. Das Treppenhaus war mit Holzstufen gemacht; man konnte durch die Stufen hindurch hinunter auf den Boden schauen. Er fing an, die Treppe hinaufzugehen und sagte: „Geh' du voraus, ich treffe dich oben in der Zahnarztpraxis." Er ging ganz allein hinauf. Das muß eine äußerst beängstigende Erfahrung gewesen sein, das kann ich dir versichern. Als er die Zahnarztpraxis wieder verließ, sagte er: „Mama, geh' du schon und hole das Auto. Ich treffe dich da und da an der Straßenecke." Er ging allein die Treppe hinunter und zwang sich, ganz normal zu laufen. Kannst du dir vorstellen, was das für eine schreckliche Erfahrung war und wieviel Selbstkontrolle es dazu brauchte?

Als ich noch ein kleines Kind war und wir auf unserer Farm lebten, erhängte sich in zwei bis drei Kilometern Entfernung ein Mann im Wald. Alle Farmer in der Nähe sagten, daß sich sein Geist dort aufhielte. Sie machten lieber einen Umweg von fünf Kilometern, als die Straße zu nehmen, die durch diesen Wald führte; sie fuhren um ihn herum.

Nun jagten mir meine Spielkameraden einen bösen Schrecken ein, als sie mir sagten: „Wenn du denselben Traum dreimal hintereinander träumst, wird er wahr." Ich träumte drei Nächte hintereinander von einem Tiger, der versuchte mich zu erwischen. Ich hatte dann wirklich Angst, der Tiger könnte aus der Dunkelheit kommen und mich angreifen. Als ich von diesem Geist erfuhr, wartete ich eine dunkle, stürmische Vollmondnacht ab. Ich ging langsam zwei bis drei Kilometer weit durch den Wald. Dann drehte ich um und ging langsam zurück und brachte dabei die Blätter zum Rascheln, die an den äußeren Zweigen der Bäume hingen. Ich hörte wie kleine Tiere – Mäuse und Stinktiere und so weiter - schnell wegliefen. Ich wußte nun, was es heißt, sich durchzuringen. Seither habe ich nie mehr vor etwas große Furcht empfunden.

Zeig: Das bedeutet also, daß man manche Dinge selbst tun muß.

Erickson: (überschneidend) ... selbst tun muß. Aber es läßt ein konditioniertes Verhaltensmuster mit einer großen Intensität zurück.

Wenn ich mit einem Patienten arbeite, bin ich fraglos intensiv. Das ist wichtig für den Patienten. In meiner medizinischen Ausbildung wurde das Fach Psychiatrie durch einen Chirurgen vertreten. Er erzählte planlos von seinen Erfahrungen in der Chirurgie. Er hielt eine Prüfung ab, indem er mehrere Flaschen Whisky und einige Gläser mitbrachte und sagte: „Hier ist die Prüfung, Jungs."

Als ich Mitglied der medizinischen Fakultät von Michigan wurde, sagte ich in meiner ersten Vorlesung: „Sie als Studenten wissen alle, daß jeder Hochschullehrer meint, sein Kurs sei der wichtigste Kurs. Das ist lächerlich. Ich gehöre nicht zu diesen Hochschullehrern. Ich meine nicht, daß mein Kurs der wichtige Kurs ist; ich weiß, daß er es ist." (Zeig und Erickson lachen.)

Ich habe ihnen wirklich einen Schock versetzt, als ich sagte: „Ich weiß, daß er es ist." Dann gab ich ihnen eine Leseliste. Und für die, die sich wirklich für Psychiatrie interessierten, gab es eine zweite Leseliste. Nach der ersten Sitzung unterschrieben viele Studenten eine Petition an den Dekan, er möge mich aus der Fakultät hinauswerfen. Der Dekan sprach mit mir darüber. Ich sagte: „Ich mache nicht gern halbe Sachen. Ich nehme meine Lehrverpflichtung ernst." Der Dekan sagte: „Was soll ich Ihrer Meinung nach damit machen?" Erickson sagte: „Geben Sie das mir. Ich kümmere mich darum." Ungefähr sechs Wochen später, als die Studenten mich mochten und auch gerne den Kurs besuchten, befestigte ich eines Morgens, als die Studenten hereinkamen, die Petition an der Tafel. Ich verlor nie ein Wort darüber. Und niemand stellte irgendeine Frage dazu. Was konnten sie machen? (Erickson lacht)

Die Studenten des letzten Studienjahres gaben bei ihrer Graduierungsfeier immer eine Parodie oder eine Satire zum besten. Sie nahmen sich vier Professoren aufs Korn. Einen von ihnen mochten sie alle überhaupt nicht. Einmal im Jahr gab es eine solche Satire. Da stellten sie einen alten Nachttopf auf den Tisch und alle gingen in einer Reihe hintereinander daran vorbei und sagten: „Guten Morgen, Dr. X." (Erickson lacht)

Nun gab es da den Dr. Rachel. Rachel war der Internist, und er hatte eine ungewöhnliche Fähigkeit. Sechs Studenten konnten sich um ihn scharen und ihm gleichzeitig eine Frage stellen, und er beantwortete dann alle sechs Fragen. Er konnte alle sechs gleichzeitigen Fragen getrennt hören. Er wurde natürlich in die Parodie einbezogen. Die Fragen, die an den Mann gerichtet wurden, der ihn imitierte, waren komplex und lang. Und er rezitierte nacheinander die richtigen Antworten auf diese ausführlichen Fragen.

Dann war da Pete Jaspers. Ich gebe dir ein Beispiel zu Pete Jaspers. Ich war bei der Einberufungsbehörde. Ich untersuchte einen Einberufenen und schrieb ein großes „U" auf seine Formulare, womit ich ihn als untauglich zurückwies. Der Einberufene war ein gutaussehender junger Mann, gut entwickelt und muskulös. Als er an Pete Jaspers Untersuchungsraum vorbeikam, sah Jaspers ihn an und erblickte das rote „U". Er sagte: „Welcher verdammte Narr hat einen solchen Mann für untauglich erklärt? Setzen Sie sich!" Der Einberufene setzte sich. Jaspers untersuchte ihn sehr sorgfältig und schrieb ein zweites rotes „U" auf sein Formular. Er kam herüber zu meinem Untersuchungsraum und sagte: „Wissen Sie, ich bin auch so ein verdammter Narr." (Erickson lacht)

Er hatte einen Lehrauftrag in Neurologie für die Studenten an meinem Krankenhaus, und da fragte er Joe, einen sehr gescheiten Burschen: „Was ist die richtige Behandlung für –" und dann nannte er eine obskure neurologische Krankheit. Joe gab die Behandlungsanweisung korrekt wieder. Und Jaspers sagte: „Du kluger Idiot, von welchem verdammten Narren hast du diese falsche Information?" Joe sagte: „Ich habe einen Artikel darüber gelesen." Er nannte den Titel, veröffentlicht von Dr. Peter Jaspers. Jaspers sagte: „Ich habe seitdem etwas dazugelernt." (Erickson lacht) Eine perfekte Antwort. Er kam immer dran bei den Parodien und Satiren.

Und sie nahmen auch mich dran. Ich trug eine große violette Fliege, hatte mehrere Manuskripte in meiner Hand und sagte den berühmten Satz: „Ich habe hier eine kleine Literaturliste für den Kurs." Dann entrollten sie ein Papier von ungefähr sechs Metern Länge. „Und für die, die sich ein wenig für Psychiatrie interessieren ..." Dafür gab es eine zweite Rolle. „Und für die, die sich ganz entschieden für Psychiatrie interessieren..." Dafür gab es eine dritte Rolle. (Erickson lacht) Auf der ersten Liste standen 40 Bücher, auf der zweiten 20 und auf der dritten ungefähr 50.

Als nächstes erzählt Erickson die Geschichte von Anne (berichtet in Rosen, 1982a, S. 231). Sie war eine der besten Medizinstudentinnen, kam jedoch chronisch zu spät. Die Leute an der medizinischen Fakultät waren gespannt, wie Erickson damit umgehen würde. Am ersten Tag ihrer Einschreibung für Ericksons Seminar begrüßte er sie mit einer tiefen Verbeugung, als sie zu spät kam. Die ganze Fakultät, Studierende und Mitglieder des Lehrkörpers, verbeugten sich an diesem Tag vor Anne. Danach war sie pünktlich.

Erickson zeigte nur „Hochachtung", doch diese Intervention veränderte Annes Verhaltensmuster, während andere erfolglos geblieben waren.

Zeig: Ich möchte Sie etwas fragen. Sie haben eine außergewöhnliche Fähigkeit, auf minimale Hinweise in den Worten und Bewegungen anderer Personen zu achten. Auch ich möchte gern einige von diesen Fertigkeiten bei mir entwickeln. Können Sie mir dazu ein paar Hinweise geben?

Erickson: Wann immer du etwas beobachtest, halte es auf einem Papier fest und schreibe das Datum dazu. Schließe die Notiz ein. Wenn du einen positiven oder negativen Beleg hast, dann hole die Notiz wieder hervor und lese noch einmal deine ursprüngliche Beobachtung. Wenn du sagst: „Ich glaube, diese junge Frau hat eine Affäre", schreibe das auf. Es dauert vielleicht drei Monate, bis du einen Beweis dafür erhältst. Du kannst dich nicht erinnern, ob du schriebst: „Sie hat eine Liebesaffäre." Vielleicht hast du geschrieben: „Ich glaube, sie hat die und die Vorstellungen." Oder: „Ich glaube, sie verliebt sich gerade." Du erinnerst dich nicht mehr, was du vor drei Monaten geschrieben hast, also gehst du zurück zu der verschlossenen Schublade und schaust nach, was du als ursprüngliche Beobachtung aufgeschrieben hast. Auf diese Weise lernst du, welche von deinen Beobachtungen richtig waren.

Zeig: Mhm.

Erickson: Und du wirst ungeheuer viel lernen. Monate später entdeckst du etwas und sagst: „Ach ja, das habe ich schon vor Monaten bemerkt." Es kann aber sein, daß das gar nicht stimmt. Vielleicht stimmt es auch, vielleicht nicht. Vielleicht hast du an etwas anderes gedacht. Denn du kannst dich nicht einmal genau erinnern, welcher Auffassung du letzte Woche warst. Aber wenn du das jeweils aufschreibst und deine Notizen benutzt, überprüfst du deine Fähigkeit.
An dieser Stelle erzählt Erickson von einem Fall (berichtet in Rosen, 1982a, S. 182), wie er einen Transvestiten diagnostizierte, indem er bemerkte, daß sie, als sie einen Fussel von ihrem Ärmel bürstete, ihren Ellbogen nicht so außenherum drehte, wie Frauen das gewöhnlich tun.

Erickson: Als meine Töchter ungefähr elf, zwölf Jahre alt waren, wußte ich, wie groß ihre Brüste sein würden, wenn sie erwachsen sind. Denn der menschliche Körper sorgt vor für kommende Ereignisse, und er sorgt gründlich vor. In den ersten zwei Wochen nach der Empfängnis gibt es massive Veränderungen im Calciumhaushalt der

Skelettknochen. Die Empfängnis ist fast nur mikroskopisch wahrnehmbar, aber der Körper weiß, was vor sich geht.

Also eine meiner Töchter, die etwa zehn Jahre alt war, streckte einmal ihre Hand zum Radio, um etwas von ihm zu nehmen. Ich bemerkte, wie sie ihren Ellbogen nach außen drehte. Deshalb bat ich meine Frau unsere Tochter beim Baden zu beobachten, hineinzuschauen und zu sehen, ob an den Brustwarzen meiner Tochter irgendeine Veränderung festzustellen war. Betty sagte zu mir: „Die Brustwarzen beginnen gerade, sich zu entwickeln."

Ich dachte, ich sollte ihr sagen, daß sie sehr kleine Brüste bekommen würde. Die Außendrehung ihres Ellbogens war nur sehr klein. Ich erklärte ihr, daß kleine Brüste zufriedenstellend seien. Wenn man älter wird, hängen sie nicht bis auf den Schoß herab. Und man muß sie nie über die Schulter werfen, wenn man sich unter ihnen waschen will.

Und eines Tages sagte ich zu ihr, daß ich ihr noch eine Erklärung schuldete. Wenn sie einmal heiraten und ein Baby stillen werde, werde sie mittelgroße Brüste haben, die sich nach dem Entwöhnen des Babys wieder auf die kleine Größe zurückbilden werden. Sie war Babysitterin bei einem Säugling, und ich hatte gesehen, wie ihr Ellbogen sich weiter nach außen drehte. Jetzt hat sie ihre eigenen Babies gestillt. Sie hat wieder kleine Brüste bekommen, und ich wußte das schon, als sie 10 Jahre alt war. Und als sie 12 war, wußte ich, daß sie mittelgroße Brüste bekommen würde, wenn sie schwanger würde, und daß sie sich wieder zurückbilden würden. Jetzt glaubt sie mir immer, wenn ich ihr etwas bezüglich Anatomie oder Physiologie sage.

Zeig: Das kann ich verstehen.

Erickson: Wie viele Leute gibt es, die andere beim Gehen beobachten oder die beobachten, wie andere ihre Arme, ihre Hände oder ihre Ellbogen bewegen?

Bei der Selektionsbehörde wartete eine lange Reihe von Einberufenen. Sie drängten sich vor den Untersuchungsräumen, was die psychiatrische Untersuchung schwierig machte. Keiner der Rekruten wollte, daß ein anderer heimlich seine Untersuchung belauschen konnte, deshalb sagte ich zu ihnen: „Also Jungs, stellt Euch in einer Reihe auf." Einer von ihnen ging deprimiert ans Ende der Reihe. Ich sagte zu ihm: „Sie, Busfahrer, kommen Sie herein." Und dieser Kerl kam herein. Er sagte: „Wie wußten Sie, daß ich Busfahrer bin?" Ich sagte: „Wie lange schreien Sie schon: „Geht nach hinten, geht nach hinten, geht nach hinten?“ (Erickson lacht) Er sagte: „Ich schreie das schon so lange, aber keiner tut es. Als Sie sagten: ‚Stellen Sie sich in einer Reihe auf! Gehen Sie nach hinten!‘ wollte ich verzweifelt, daß die Leute nach hinten gingen.“ (Erickson lacht) Es ist nur gesunder Menschenverstand.

Während meines Medizinstudiums habe ich meinen Lebensunterhalt verdient, indem ich für die Insassen der Besserungs- und Strafanstalten von Wisconsin – Insassen der Strafanstalt im Verwaltungsbezirk von Milwaukee eingeschlossen – psychologische Untersuchungen durchführte. Ich weiß viel über Kriminalität. 14 Jahre lang war ich Gutachter an den Gerichten in Detroit. Daher wußte ich, daß ich Pete sagen konnte: „Sie wollen Hilfe. Sie sind ein Betrunkener. Sie sind ein ehemaliger Schwindler. Sie haben für Alkohol gearbeitet, und sie haben bei ihrer Freundin wie ein Schmarotzer gewohnt und sich von ihr ernähren lassen. Sie wurde dessen überdrüssig und hat Sie hinausgeworfen. Jetzt wollen Sie Hilfe. In meinem Hinterhof ist eine Matratze. Bleiben Sie hier, so lange es nötig ist. Ich beschaffe Ihnen eine Decke. Im Hinterhof gibt es auch einen Wasserhahn, und Sie können kalte gebackene Bohnen haben, wenn Sie zur Hintertür kommen.“ „Sie wissen, wohin Sie sich das stecken können“, sagte er und ging. Er ging kilometerweit in der heißen Sonne zu seiner Freundin, die zu ihm sagte: „Verschwinde hier. Ich habe die Nase voll von dir und will dich nicht mehr sehen.“ Daher kam er zu mir zurück.

Einmal kam ein Mann in mein Büro in Michigan. (Vergleiche die hier wiedergegebene Fassung dieses Falles mit der gefeierten Version, die in Wilk, 1985, S. 216 berichtet wird.) Er sagte: „Ich bin 42 Jahre alt. Ich habe viele Rekorde im Fliegen erzielt. Im Alter von 12 Jahren habe ich angefangen zu trinken. Ich habe gerade eine dreimonatige Saufphase hinter mir.“ Ich fragte ihn: „Was haben Sie vorher getan?“ „Nun, ich war dabei, mich von einer anderen dreimonatigen Saufphase auszunüchtern. Ich bin zu Ihnen gekommen, weil Sie skandinavischer Herkunft sind. Das bin ich auch. Und ein Quadratschädel muß gegenüber einem anderen Quadratschädel kein Blatt vor den Mund nehmen. Quadratschädel können von einem anderen Quadratschädel etwas annehmen.“

(Zu Zeig gewandt) Du kennst diesen Ausdruck – Quadratschädel – oder? „Erickson“ ist skandinavisch. Ein Skandinavier ist ein „Quadratschädel“.

Ich sagte zu ihm: „Nun also, Sie waren 30 Jahre lang Alkoholiker. Sie halten einige Rekorde im Fliegen.“ Er sagte: „Ja, ich bin das 22. Mitglied des Caterpillar Clubs.“

(Zu Zeig) Weißt du, was das ist? Das bedeutet, daß man, wenn man in einem Flugzeug ist, seinem Piloten sagt, er solle abspringen. Wenn er sicher abspringt, springt man auch selber ab. Und wenn man das überlebt, wird man Mitglied im Caterpillar Club. Das war in seiner frühen Zeit, als er noch nicht zwanzig war.

Er sagte: „Ich habe ein Album, in dem ich die Geschichten über meine Flugrekorde gesammelt habe.“ Ich sah es mir an. Er war ein Freund von General „Hap“ Arnold von der U.S. Air Force im Zweiten Weltkrieg. Er flog genauso schnell wie Hap Arnold. Er hatte einen frühen transkontinentalen Flug gemacht. Ich weiß nicht, wie viele Wettbewerbe er gewonnen hatte. Und jetzt lebte er auf Kosten seiner Eltern und kam gerade aus einer dreimonatigen Saufphase, der eine weitere dreimonatige Saufphase vorausgegangen war.

Ich sagte: „So, zunächst einmal, das ist nicht Ihr Sammelalbum. Sie sind nichts weiter als ein Betrunkener. Sie sind ein Schmarotzer von guten Leuten, von Ihren guten Eltern und Ihrer guten Frau. Sie sind ein Schnorrer. Sie betteln, Sie klauen, und Sie behaupten, der Besitzer dieses Albums zu sein. Der Mann, der diese Rekorde aufgestellt hat, war ein Mann, und Sie sind gewiß kein Mann.“ Dann gab ich ihm mehrere Stunden lang einen detaillierten Überblick über das, was er war.

Ich fragte ihn, wie er sich gewöhnlich betrank, denn Trinker haben ein Muster. Er sagte: „Ich bestelle zwei große Gläser Bier, für jede Hand eines. Ich schütte sie mir in den Hals, und dann mache ich weiter mit einem Schluck Whisky zum Nachspülen.“ Erickson sagte: „Wenn Sie von hier fortgehen und Manns genug sind, dann gehen Sie hinunter zu Ihrem Wagen. Fahren Sie die Livernois Avenue hinunter. Halten Sie am Mittleren Ring an. Gehen Sie in die Millstadt-Schenke. Bestellen Sie dort zwei große Gläser Bier.“ Er war wütend. Was ich sagte, war schrecklich unangenehm. Er verließ das Büro und lief dröhnend die Treppe hinunter.

Er sagte mir später, daß er an der Schenke angehalten habe und dort zwei Gläser Bier bestellt und sie in die Hände genommen habe. Dann sei ihm plötzlich klar geworden: „Ich mache genau das, was dieser Scheißkerl gesagt hat, daß ich es tun würde.“ Er sagte: „Also setzte ich die zwei Gläser wieder ab, und seither habe ich keinen Alkohol mehr getrunken. Ich habe nicht einmal diese zwei Gläser Bier getrunken. Ich habe sie nur bezahlt und bin einfach gegangen." Ich antwortete: „Und deswegen meinen Sie, Sie trügen einen Heiligenschein? Sie haben ganz schön gemogelt. Sie haben die ganze Woche über Marihuana geraucht." Er sagte: „Woher wissen Sie das?" Ich sagte: „Ich kenne Alkoholiker." Danach habe ich ihm ohne Umschweife gesagt, was er ist. Und er wußte, daß ich recht hatte. Das war am 26. September 1942.

Noch am selben Tag ging er ins Stadtzentrum von Detroit und schrieb sich für eine Turnhalle ein. Er trainierte dort jeden Tag, um sich körperlich in gute Form zu bringen. Im November durfte er zur Air Force zurückkehren; fliegen durfte er jedoch noch nicht. Er war ein Hauptmann, doch er gehörte zum Bodenpersonal. Er war ein guter Soldat. Er rief mich manchmal vom Luftstützpunkt aus an und sagte: „Ich werde schwach." Einmal rief er mich an und sagte: „Ich habe hier eine Flache Rum bekommen. Was mache ich damit?" Ich sagte: „Bringen Sie sie mir herüber in mein Haus. Ich liefere die Gläser und das Eis. Wir betrinken uns dann gemeinsam." Er kam herüber. Ich hatte zwei Gläser mit Eis darin. Ich füllte mein Glas, und ich füllte seines. Ich begann zu trinken. Er sagte: „Sie gottverdammter lausiger Scheißkerl! Sie würden sich wirklich mit mir betrinken!" Ich sagte: „Ist die Flasche Rum nicht dazu da?" Er sagte: „Gott verdamme Sie!" und ging.

Ein anderes Mal kam er herüber und sagte: „Sie haben einmal zu mir gesagt, Sie würden jederzeit mit mir mitkommen, wenn ich zum Saufen gehen wollte. Ich habe meinen Wagen dabei." Ich sagte: „Prima." Ich rief Betty und sagte ihr, sie solle nicht auf mich warten und sich keine Sorgen machen. Ich sagte: „In welche Bar?" Er sagte es mir. Ich sagte: „Prima." Sie war in East Dearborn. Ich fühlte mich wohl, als wir im Auto drei Kilometer, fünf Kilometer, sechs Kilometer fuhren. Wir unterhielten uns über gewöhnliche Dinge.

Schließlich sagte er: „Sie Scheißkerl, Sie meinten es ernst, als sie sagten, Sie würden mit mir in eine Bar gehen und sich betrinken." Ich sagte: „Ja. Ich denke, ich kann Sie unter den Tisch saufen. Wir werden es ja herausfinden." Er sagte: „Gott verdamme Sie. Verdamme Sie. Verdamme Sie. Sie werden es nicht herausfinden." Er kehrte um und fuhr nach Hause zurück.

Er wurde in den Rang eines Majors erhoben. Eines Abends kam er bei mir vorbei. Er begrüßte mich: „Guten Abend." Und ich sagte: „Guten Abend, Major." Er sagte: „Diese Wette habe ich verloren. Ich hatte gewettet, daß Sie es nicht sofort bemerken."

Er nahm uns immer mit zur Offiziersmesse in der Stadt. Und immer bestellte er einen schönen Drink für Betty und einen schönen Drink für mich. Für sich bestellte er Orangensaft oder Milch. Er durfte wieder fliegen und wurde zum Pentagon geschickt, wo er ein besonderer Pilot für Vertreter des Pentagon und Mitglieder des Kongresses wurde.

Hin und wieder rief er mich aus Washington an und sagte: „Ich glaube, ich muß wieder einmal Ihre Stimme hören." Und wir unterhielten uns dann über verschiedene Dinge. Es war vielleicht eine Woche, vielleicht auch drei Wochen später, daß er mich wieder anrief. Am 26. September 1942 hatte er zum letzten Mal Alkohol getrunken. Er kam zu uns zu Besuch, ich glaube, es war 1963, zusammen mit seiner Frau und seinem Kind. Er führte uns aus zum Essen und bestellte für Betty und mich einen Drink. Er hat immer noch nichts Alkoholisches getrunken.

Als er kam, sagte er: „Ich bin ein Quadratschädel, so wie Sie." Er wollte, daß ich ihm gegenüber kein Blatt vor den Mund nahm. Ich kann das, kein Blatt vor den Mund nehmen. Ich versprach ihm, mich jederzeit mit ihm zu betrinken, wenn er sich betrinken wollte. Als er mich in dieser Hinsicht beim Wort nahm, kniff er. Auf dem ganzen Heimweg lachte ich ihn aus, weil er gekniffen hatte. Ich habe ihn nicht gelobt; ich machte mich über ihn lustig, weil er gekniffen hatte.

Als Hap Arnold einmal aus Europa zurückkam, besuchte er zusammen mit Hap Arnold und einigen hohen Offizieren (er war damals ein Oberstleutnant) die Offiziersmesse. Bob wurde ans Telefon gerufen. In seiner Abwesenheit goß Hap Arnold Alkohol in seine Coca-Cola. Bob kam zurück und nahm einen Schluck von dieser Coca-Cola, ehe er merkte, daß sie mit Alkohol gemischt war. Obwohl er seine Uniform trug, und obwohl Hap Arnold ein General war, drehte er sich zu ihm um und sagte: „Du lausiger Scheißkerl," und er machte wirklich ein Donnerwetter. Und Hap Arnold wurde klar, daß er etwas absolut Unverzeihliches getan hatte. Man gießt keinem trockenen Alkoholiker Alkohol ins Getränk. Hap Arnold nahm die scharfe Kritik an und entschuldigte sich. Und man verflucht keine Generäle. (Erickson lacht) Aber Hap Arnold war ein guter Mann und hatte keine Angst, sich der Wahrheit zu stellen. Man kann mit einem Untergebenen in der Armee alles machen, nur nicht seine absoluten Rechte verletzen. Sogar General Patton erkannte, daß man keinen Privatmann schlagen darf, und daß man sich bei einem Privatmann entschuldigt. In das Getränk eines trockenen Alkoholikers Alkohol zu gießen, ist vielleicht noch schlimmer als einen Privatmann zu schlagen. Es ist etwas Unverzeihliches. Und als er mit Hap Arnold fertig war, besorgte er sich Wasserstoffsuperoxyd und machte damit eine Mundwäsche. Dann putzte er sich die Zähne. Es war schrecklich. Er hatte eine schlechte Erfahrung gemacht, als er Detroit verließ, um zum Pentagon zu gehen. Sein Geschwader gab ein Abschiedsbankett für ihn, wo Kuchen mit Rumgeschmack serviert wurde. Er nahm einen Bissen und bemerkte den Rumgeschmack, und er ekelte sich. Später sagte er zu mir: „Es war die Hölle, als ich mir die Zähne putzte und gurgelte, um diesen Geschmack aus dem Mund zu bekommen."

Hätte ich eine relativ orthodoxe Methode der Alkoholikerbehandlung gewählt, wo wäre ich da hingekommen? Man muß die Patienten dort abholen, wo sie stehen. Man muß die Sprache benutzen, die sie verstehen, und man darf keine Angst haben, das zu tun.

Man trifft oft auf Patienten, die wollen daß man ihnen die Meinung sagt. Aber sie schaffen es nicht, das selbst zu tun. Dann sagt man es eben für sie. Ich denke da an eine Patientin im staatlichen Krankenhaus, die alles erbrach. Sie erbrach sich immer. Der Direktor der Klinik sagte: „Sie wird sich noch zu Tode hungern trotz Ernährung mit dem Schlauch. Können Sie etwas tun?" Ich sagte: „Nach oben sind keine Grenzen gesetzt?" Er sagte: „Nach oben sind keine Grenzen gesetzt."

Ich ging zu der Frau und sagte zu ihr, daß ich ihr jetzt mit dem Schlauch Essen einflössen werde, und wenn nötig, auch noch ein zweites Mal. Ich wollte damit ereichen, daß die erste mit dem Schlauch verabreichte Mahlzeit ihr beibringen würde, das Essen im Magen zu behalten. Ich setzte sie in einen Sessel und band sie fest. Das machte ihr nichts aus, sie fühlte sich wohl damit. Ihre Hände wurden an den Armlehnen des Sessels fixiert, und die Krankenschwester hielt eine Schüssel für sie bereit, in die sie sich erbrechen konnte. Ich goß die Schlauchnahrung hinunter. Sie erbrach sie wieder. Ich schüttete alles aus der Schüssel zurück in den Schlauch. Sie beförderte einen Teil davon wieder heraus. Ich schüttete es zurück. Sie lernte, es drinzubehalten.

Zeig: Das glaube ich.
Erickson: Die Krankenschwestern hatten von mir die Nase voll; sie wollten wirklich, daß ich gefeuert werde. Ich zog ihren Zorn dem Sterben der Patientin vor. Ich bediente mich einer einfachen Maßnahme.

Der letzte Fall, den Erickson an diesem Tag mit mir besprach, ist der Fall von Herbert, einem hospitalisierten Schizophrenen, dem Erickson strategische Aufgaben gab, um ihn zu konfrontieren und ihn dazu zu bringen, seine Wahnvorstellungen zu überwinden. Da der Fall bereits bei Haley (1973, S. 287) und Rosen (1982a, S. 202) berichtet wird, verzichte ich hier auf seine Darstellung.

Kommentar

Ich möchte etwas mitteilen von den Reaktionen, die sich bei mir einstellten, als ich das Transkript meiner Sitzungen mit Erickson las. Es waren persönliche Reaktionen, die mich bewegten, und professionelle Reaktionen, die in jeder Hinsicht noch genauso verblüffend und fesselnd waren wie 1973, als ich Erickson zum ersten Mal begegnete. Zuerst werde ich einige subjektive Reaktionen schildern.

Mein offenkundiger Grund, zu Erickson zu kommen, war mein Wunsch, bei ihm zu studieren; andere Anliegen für meinen Besuch hatte ich für mich gedanklich noch nicht konkret geklärt. Ohne daß das jedoch direkt ausgesprochen wurde, arbeitete Erickson klar daran, mich auf der persönlichen Ebene zu beeinflussen. Ich habe ihm meine Probleme nicht dargelegt oder ihn deswegen um Hilfe gebeten – manche Probleme nahm ich nicht einmal wahr. Erickson bekam mit, in welchen Bereichen ich persönliche Schwierigkeiten hatte, und er schickte sich an, mir bei ihrer Überwindung zu helfen. Es gefiel mir, daß er versuchte mir zu helfen, Blockaden zu überwinden, die mich persönlich und beruflich einschränkten.

Ich erinnere mich noch lebhaft, wie mich das Erlebnis, bei Erickson zu sein, emotional berührte. Am zweiten Tag meines Besuches sah ich, welche Anstrengung es ihn kostete, sich von seinem Rollstuhl auf seinen Bürostuhl zu setzen. Dann fing er unter offensichtlichen Schmerzen an mit mir zu reden mit dem Ziel, mich zu lehren, wie ich als Person und Therapeut erfolgreicher sein könnte.

Ich erinnere mich, daß es mich mächtig bewegte, daß er seine begrenzte Energie selbstlos dafür einsetzte, mir zu helfen.

Keine starke Persönlichkeit, der ich zuvor begegnet war, hatte solch eine bewegenden Einfluß auf mich. Mit Erickson war es etwas Außergewöhnliches: Seine tiefgehende Wirkung war eine Folge seiner feinen Sensibilität, seiner Achtung vor dem Individuum, seiner Intensität, seinem Schwung, seiner Einzigartigkeit und seiner Lebensfreude angesichts widriger Umstände. Ich sah, wie er sich anstrengte, das Beste aus sich herauszuholen, und das inspirierte mich, dasselbe tun zu wollen.

Während der Sitzungen versuchte ich, Handlungsmuster herauszufinden und Ericksons Methode bewußt zu kommentieren. Manchmal störte ich damit jedoch seinen Prozeß. Er hatte seine Ziele im Kopf und arbeitete, ohne sich viel mit mir zu unterhalten. Ich war überrascht (und sogar ein wenig erleichtert) von seiner aktiven Gesprächsgestaltung; er verlangte nicht viel von mir. Ich war jedoch nicht bloß passiv; während der Sitzungen war ich ständig herausgefordert, zu verstehen und zu verarbeiten, was Erickson tat, und es waren meine Bemühungen, die den Veränderungen Schwung verliehen.

Als inzwischen erfahrener Therapeut und durch die weiteren Jahre, in denen ich Ericksons Methoden studiert habe, habe ich seine Techniken fachlich fundiert genauer untersucht. Eine bestimmte Technik stach besonders hervor: Manche von Ericksons Anekdoten lullten mich ein. Dann hatte es den Anschein, daß Erickson Suggestionen einschob, wenn ich in einem reaktionsbereiteren Zustand war. Diese Technik der „absichtlichen Belanglosigkeit", um das Bewußtsein einzulullen, verdient eine genauere Erforschung.

Erickson versuchte auch mir zu helfen, sowohl persönlich als auch beruflich meine Lernfähigkeit für Hypnose zu verbessern. Bei seinen Induktionen mit mir benutzte er nur natürliche Techniken. Er wandte keine formalen Hypnoseinduktionen an; es bestand kein Bedarf. Zur damaligen Zeit hätte ich mich vor einer formalen Hypnose wahrscheinlich gefürchtet und hätte mich ihr widersetzt. Erickson hat anscheinend die richtige Technik angewandt und dadurch meine Reaktionsbereitschaft gesteigert.

Das vorliegende Transkript zeigt Erickson, wie er als Lehrer und als Therapeut war. Da das ganze Transkript präsentiert wird, kann man Ericksons Vorgehen studieren. Viele Autoren analysieren

Momentaufnahmen von Interventionen; seine Wirksamkeit und sein Erfolg wurzelten jedoch in der Art, wie er den fortlaufenden Prozeß genutzt hat. Es würde jedoch den Rahmen dieses Buches sprengen, Einsichten in den Prozeß der Ericksonschen Therapie darzulegen.

Anhang A

Meine Lebensgeschichte

von Diane Chow

Dank einer gewissen Nachlässigkeit seitens meiner Mutter wurde ich geboren. Ich war ein Zwillingskind, und als mein Vater sah, daß es zwei von uns gab, erbot er sich, mich zu ertränken, meine Mutter hingegen kam sich sehr wichtig vor. Ich habe mich oft gefragt, warum ich als Zwilling willkommen gewesen sein sollte, wenn ein Baby doch gar nicht gewollt war.

Mein Vater kaufte meiner Mutter ein diamantenes Schmuckstück im Lavallière-Stil und ein großes Klavier zum Feiern. Niemand hat je Klavierspielen gelernt, aber der Klavierhocker war praktisch, weil er für mich genau die richtige Höhe hatte, um als Zweijährige meine Backenzähne hineinzubohren. Mein Bruder stahl das diamantene Lavallière-Schmuckstück zusammen mit allen Sparmarken aus dem Krieg und wertlosen Zehncent-Ersparnissen.

Wir waren nicht arm. Meine Mutter erzählte mir, daß die Leute oft vor unserem Haus standen und fluchten, weil wir so viel Kohle hatten, daß wir sie gar nicht alle im Keller unterbringen konnten. Andere Leute froren. Das muß ebenfalls dazu beigetragen haben, daß meine Mutter sich sehr wichtig vorkam – ; wenn Leute sie fragten, ob sie Kohle haben dürften, gab sie sie ihnen, wenn sie das geziemende Maß an Dankbarkeit zeigten.

Meine Mutter war sehr hübsch. Meine früheste Erinnerung ist, daß ich meine Hand ausstreckte, um ihr Kleid zu berühren, als sie und Vater zu einer Tanzveranstaltung des Country Club gingen.

Mein Vater war groß und schlank und humorvoll, doch die einzige Verpflichtung, die er uns Kindern gegenüber verspürte war die, uns genügend Geld zu geben, um uns bei Laune zu halten. Ich weiß nicht, als was für eine Art von Alkoholiker man Vater bezeichnen würde. Er arbeitete sechs Monate lang fleißig und unterwarf sich sanft dem herrischen Regiment meiner Mutter, und dann plötzlich ...[1]

Sie haben das Krankenhaus vorgeschlagen. Ich wollte nicht – doch ich wußte, daß ich dorthin gehen würde. Ich dachte zurück – an die Aufnahmestation – schnoddrige Pfleger – Angst, wegzugehen – müde – ich schämte mich, über körperliche Schmerzen zu klagen, die mich plagten – weil man mich ausgelacht hatte, sogar als ich im Krankenhaus eine Blinddarmentzündung bekam, und weil man mir gesagt hatte, es sei „alles nur in meinem Kopf" – alles in Pontiac ist „nur in deinem Kopf".

Den Rest wissen Sie. Ich wünschte, ich hätte den Mut, zuerst zu sterben und dann Ihr Gesicht zu sehen und alles aus mir herauszuschreien. Ich dachte, Sie müssen glauben, daß ich gesund werden könnte, sonst würden Sie mir nicht Ihre Zeit widmen. Ich bin hierher gekommen, bevor ich es mir anders überlegen konnte. Ich will gesund werden. Ich fürchte nur, ich werde Sie scheitern lassen. Ich bin nicht sehr mutig. Ich weiß, daß mein Geist unter der Oberfläche überhaupt nichts Schönes ist. Ich werde wahrscheinlich alles tun, um Sie davon abzuhalten, das zu erkennen.

Das ist alles. Ich habe es rasch geschrieben, so, wie es mir einfiel. Es ist kein Meisterstück, und die Schrift ist schlecht. Es brachte mir jedoch einen entzündeten Arm und einen steifen Nacken ein, und mein Kopf ist sehr müde.

Ich kann meine Lebensgeschichte nicht abschließen, weil ich noch nicht tot bin. Ich bin nicht einmal sicher, ob ich noch sterben möchte – aber – oh, wie ich es hasse, am Morgen aufzustehen!"

1 So endet die erste Seite von Dianes Autobiographie. Der nächste Abschnitt gibt die Seite 37 ihrer mit Schreibmaschine getippten Lebensgeschichte wieder.

Anhang B

Eva Parton

Die Patientin machte die Aussage: „Stellen Sie mir einfach Fragen, und ich werde sie beantworten." Sie wurde gefragt, wie alt sie sei. „Sagen Sie mir nicht, daß Sie das nicht wüßten. Ich bin 32 Jahre alt, oder man nimmt an, ich sei 32 Jahre alt. Ich wurde am 16. Juli 1912 in Herclian, Missouri, geboren. Es ist eine Kleinstadt – Kleinstadtgeschwätz, das über den hinteren Zaun ging wie Spülwasser, wie schmutziges Spülwasser, das man für die Schweine hinausschüttet. Zweibeinige Hündinnen und Schlangen in Menschengestalt. Es gibt viele Leute, die ich nicht mag. Eine von ihnen ist die Dame, die mich großgezogen hat. Ich verehrte den Mann, der mich großzog. Er war weiß wie eine Lilie, und sein Haar war rabenschwarz – wie Edgar Allen Poe sagt – schwarz wie ein Rabe in der Nacht. Seine Augen waren gelb wie Leoparden, aber er war ein Leopard, der nie seine Farbflecken änderte. Er war weiß, und seine Mutter war dunkel. Er hatte einen älteren Bruder, der die Familie beherrschte, und er steckte seine Frau in eine Anstalt für Geistesgestörte. Sie hat 34 Jahre ihres Lebens dort verbracht. Sie befindet sich jetzt an einem anderen Ort, wo sie Gummizellen haben, damit man sich an den Wänden nicht den Schädel einschlägt. Sie wurde vor 18 Jahren in seine Obhut entlassen, und der schmutzige, lausige Scheißkerl hat sie geschwängert. Sie wurde dann in die Anstalt zurückgebracht, und ihr kleiner Junge ist jetzt 18 Jahre alt. Sie ist seither immer dort gewesen.

Meine Schwägerin, Norma Kowalski, die Frau meines Halbbruders, Jakob Kowalski, der in der Brailestraße Nummer12345 in Detroit wohnt – mein Halbbruder sagte mir, daß meine Tante sich an alles erinnern könne. Als ich am 4. Juli mit meinem Sohn Ralph, der sieben Jahre alt ist, nach Missouri ging – sagte mein Bruder Paul – ich glaube er war es, der bei der Polizei anrief, man möge mich bei der Greyhound-Bushaltestelle aufsammeln – er sagte, ich sei reif für die Psychiatrische Klinik. Als ich meinen Bruder Paul am Fenster des Fahrkartenschalters sah, ging ich hinunter zur Damentoiletten und nahm Ralph mit mir mit. Wir warteten, bis der Bus nach St. Louis aufgerufen wurde – bis der letzte Bus nach St. Louis aufgerufen wurde. Danach hatte ich meine Freundin angerufen, die in der Pilgrimstraße in Detroit lebt – ihr Mann macht erstklassige Umzüge in der Nachbarschaft von Indian Village – für die besten Leute – sie ist meine beste Freundin – wir haben 1932 zusammen in einem Hotel gearbeitet. Sie ist für mich wie eine Schwester. 1933 war ich ihre Brautjungfer..."

„Ich war in dem Hotel drei oder vier Jahre lang Bedienung und Hosteß. An manchen Tagen war ich gern dort, an manchen Tagen war ich nicht gern dort. Ungefähr dreimal bin ich von dort fortgegangen. Als der Mann mich ansah, als hätte ich keine Kleider an, machte mich das verlegen, aber ich bin nicht mehr so verlegen wie zu der Zeit, als ich noch nicht verheiratet war. Das erste Mal bin ich wegen einem deutschen Kellner gegangen. Ich hatte mich in ihn verliebt. Ich war 21. Er war ein verheirateter Mann, aber er hatte seinen Trauring abgenommen, und ich hatte gedacht, er lebe allein. Er verabredete sich mit mir, und meine Freundin fand heraus, daß er verheiratet war, und sie sagte es mir. Ich glaubte es nicht, weil ich nicht denken konnte, daß jemand einem Mädchen, das noch nie verheiratet war, einen so lausigen, gemeinen Streich spielen würde. Deshalb ging ich zu Pam, der Kassiererin, und fragte sie, ob er verheiratet sei. Sie sagte, ja, sie wisse es sicher, und seine Frau sei schwanger. Ich hatte für jenen Abend eine Verabredung mit ihm, und da habe ich Peter, einen der Bediensteten vom Zimmer-Service hinauf zu Hyman in den fünften Stock geschickt, wo er das Essen servierte, und ließ ihm ausrichten, daß ich die Verabredung nicht einhalten werde. Dann ging ich für diese Nacht in Barbaras Zimmer. Sie war die Kassiererin im fünfzehnten Stock. Ich blieb die ganze Nacht über bei ihr und habe die ganze Nacht nicht geschlafen. So war das, als ich das erste Mal dort wegging – wegen dem deutschen Kellner..."

„Nachdem dieses Baby geboren war, sind wir wieder miteinander ausgegangen. Ich wollte ihn küssen, um zu sehen, wie es sich anfühlte. Ich wußte schon, wie es sich anfühlte, wenn ich ihn nicht küßte, aber ich wollte sehen, ob es genauso gut war, wenn ich ihn küßte. Es war gut, und ich ging mit ihm noch mehrere Male aus, aber wir schliefen nie miteinander. Er brachte seine kleine Tochter zu mir, als sie neun Monate alt war. Sie hieß Mary. Sie ging sonst nie zu Fremden, aber bei mir blieb sie den ganzen Morgen über..."

„Wir gingen nach Belle Isle und machten Fotos von ihr. Während ich Bilder machte, machte ich auch einen Schnappschuß von Bill, einem Freund von einer der Bedienungen. Als Hyman diese Bilder bei der Firma J.L. Hudson entwickeln ließ, da war auch das Photo von Bill bei den anderen, und Hyman geriet völlig aus der Fassung. Deshalb fragte er mich aus und ich sagte: „Du hast ja jedes Recht, mich auszufragen – wenn du ein verheirateter Mann bist. Dieser Mann ist Doris Devlins Freund, und ich habe dieses Foto gemacht, als sie frei hatte, und nun hoffe ich, daß du zufrieden bist..."

„Er wollte, daß ich mit ihm fortginge nach Chicago, und er wollte seine Frau verlassen, aber ich sagte nein, es wäre vielleicht eine lustige Liebe, aber ich liebte ihn zu sehr, und ich wußte, daß er eines Tages meiner überdrüssig werden und zu seiner Frau und seiner kleinen Tochter zurückkehren würde, weil man annimmt, daß Blut – man nimmt es an – dicker ist als Wasser. Wenn ich schlau gewesen wäre, hätte ich die Gelegenheit ergriffen und wäre nach Chicago gegangen, um dort mit ihm zu leben, aber ich war erst 21, und ich wußte nicht viel über diese Dinge des Lebens. Ich hatte nie mit meiner Mutter geredet, weil es mich verwirrte, mit ihr zu reden. Ich habe mich nie vor meiner Mutter ausgezogen, dagegen konnte ich mich vor meinem Vater und meinen Brüdern ausziehen und fand nichts dabei. Gegenüber meiner Mutter hatte ich komische Gefühle. Einmal zog sie vor mir ihre Kleider aus und ging aus dem Zimmer..."

„Während dieser Zeit wurde ich bedingt nach Eloise entlassen. Als meine Mutter sagte, mein Vater sei gestorben, sagte ich nur: „Du bist eine gottverdammte Lügnerin. Mein Vater wird nie tot sein." Und als es mir besser ging, hatte ich nie das Gefühl, daß mein Vater tot war. Was man im Herzen bewahrt, sind die eigenen Ideen, ungeachtet dessen, was andere Leute denken – und gleichgültig, welche Visionen man ihrer Meinung nach hat oder was für Stimmen man hört. Ich bin nicht so verdammt sprunghaft, wie manche Leute meinen. Die Leute, mit denen ich lebe, sind es – wie mein Vater zu sagen pflegte: „Leg' dich hin mit einem Fliegenschwarm, und du wirst mit Fliegen aufstehen." Ich hörte ihn oft solche Dinge sagen. Meine Mutter sagte immer: „Der Lauscher an der Wand hört seine eigene Schand." Ich hatte eine Großmutter, die viel mit meinem Vater redete, und ich hörte den beiden zu. Sie war schwarzer und irischer Abstammung. Ich bin irisch und englisch und walisisch und indianisch und deutsch und ich weiß nicht, was sonst noch alles. Wie mein Bruder immer zu sagen pflegte: „Wir sind indirekt verbunden mit den Lloyds von London", allerdings redete er immer einen Haufen Mist so groß wie ... von hier bis nach St. Louis. Als er in die Highschool ging, habe ich ihm immer alle Hausaufgaben gemacht – er brauchte nie zu lernen. Ich mußte bestimmte Fächer lernen. Ich war sehr gut im Turnen, in Musik und in Englisch, und ich mochte Geschichte und den Orientierungsunterricht über verschiedene Berufe. Aus Biologie habe ich mir nicht viel gemacht – ich mochte es nicht, irgendwelche Sachen aufzuschneiden. Ich habe nicht gern Schmetterlinge gesammelt und präpariert – in der Grundschule haben wir das gemacht – aber mein Bruder Paul hatte Biologie gern. Er hat gern Dinge gequält – er war auf eine Art wie mein Mann. Mein Mann sah gern zu, wenn Menschen gequält wurden – er hatte Spaß daran, zu sehen, wie sie reagieren. Meine Mutter sagte, er sei verrückt – aber er war nicht verrückt. Er hatte einen glänzenden Verstand wie mein Bruder Paul, und mein Mann und ich wären heute noch zusammen, wenn da nicht Margaret Ross gewesen wäre – die dreckige Hure. Ich sage immer, es gibt anständige Huren und es gibt dreckige Huren,und eine anständige Hure ist eine anständige Hure, und eine dreckige Hure ist eine dreckige Hure. In der Bibel heißt es, eine Hure sei eine, die ihren Körper verkaufe, aber ich habe nie meinen Körper verkauft, doch ich habe vor, das zu tun, wenn ich hier herauskomme, weil ich es müde bin, für das, was ich von dieser Welt bekomme, so verdammt hart zu arbeiten. Ich werde nie mehr arbeiten."

Anhang C

Millie Parton

„Zunächst einmal bin ich nicht als Patientin hier. Ich wurde vor zwei Tagen von meiner Tante und von meinem Onkel hierher gebracht. Ich bin ziemlich sicher, daß meine Tante gute Absichten hatte. Sie dachte, ich bräuchte irgendeine Behandlung. Aber was für eine das sein soll, davon habe ich nicht die leiseste Ahnung. Sie hatten mich nach Bellevue in New York City gebracht, als ich dort war. Während der letzten drei Jahre war ich immer wieder drinnen und draußen. Eigentlich meist draußen, weil mein Mann während der ganzen Zeit beim Militär war, deshalb kam ich nach Hause und wohnte bei meiner Tante und bei meinem Onkel, bis er in Chicago aus dem Militärdienst entlassen wurde.

Ich liebe meine Tante und meinen Onkel sehr. Ich bin sicher, daß sie gute Absichten haben, wie ich bereits sagte. Mein Onkel Walter ist deutscher Abstammung. Meine Mutter hieß Bonnie Skate. Sie war eine von drei Mädchen. Rae ist die Jüngste, und die Mittlere ist June. Sie hatte eine Tochter – nein, zwei Töchter, glaube ich – ich bin nicht sicher. Sie hatte eine Tochter, jedenfalls war das so bei June, sie hieß Chris. Und Rae hat keine Kinder. Ich bin Bonnies Tochter, und meine Mutter starb bei meiner Geburt. Ich wurde im Palmer Krankenhaus in Detroit, Michigan, geboren.

Mein Onkel hat mich großgezogen, und er war sehr gut zu mir. Ich war dort glücklich, bis ich erwachsen wurde. Dann – nun, ich denke, jeder kommt einmal in das Alter, wo er sein eigenes Zuhause haben will. Daran ist nichts Falsches oder Unnatürliches, oder? Aber sie waren mir gegenüber sehr besitzergreifend und wollten mich aus mir unbekannten Gründen nicht mit John zusammensein lassen. Sie hatten ihn nie gesehen, zumindest glaubte ich nicht, daß sie den

Jungen einmal kennengelernt haben. Aber später, als ich nach Hause kam, fand ich heraus, daß sie ihn doch kennengelernt hatten. Sie hatten versucht, uns auseinanderzubringen, und das wollte ich mir nicht gefallen lassen – verstehen Sie?

Ich bin nie rechtsgültig adoptiert worden. Meine Geburtsurkunde ist hier beim Gesundheitsamt von Detroit, und darauf steht „Baby Parton". Ich habe bisher herausgefunden, daß ich eigentlich „Caroline" heiße, aber ich werde Millie genannt. Caroline ist mein mittlerer Name, verstehen Sie? Aber während aller meiner geschäftlichen Verbindungen habe ich unter dem Namen Millie gearbeitet. Ich habe von meinem 17. Lebensjahr an immer gearbeitet, und ich habe den Namen meines Pflegevaters benutzt, der Buntig heißt; das ist ein deutscher Name. Warum daran etwas Falsches sein soll, wenn man einen deutschen Namen führt, weiß ich nicht. Doch es scheint so, daß jedes Mal, wenn in diesem Land Krieg herrscht, Leuten mit deutschen Namen das Leben zur Hölle gemacht wird. Ich wüßte wirklich gern, warum das so ist! Und vor drei Jahren, als der Krieg begann, hatte ich in New York Ärger wegen meines Namens. Deshalb hat John ihn für mich geändert, und wir nannten uns Herr und Frau John T. Phillips. John ist mir vertrauter als Jack, mein Mann, wenn es Ihnen nichts ausmacht. Er ist wunderbar. Er ist im medizinischen Corps. Er war, sollte ich sagen, aber inzwischen ist er, da bin ich sicher, dort wieder eingesetzt.

Er wurde als ein N.P. entlassen. Sie wissen natürlich, was das bedeutet. Warum, weiß ich nicht, denn er ist kein Psychoneurotiker und war nie einer. Die Armee behielt ihn offensichtlich zwölf Wochen lang im Krankenhaus von Chicago, oder sonst jemand hat es getan, und ich habe nicht die blasseste Ahnung, wer es war. Meine Pflegeeltern hatten etwas damit zu tun – oder mein Onkel. Bob Herman, ein Rechtsanwalt beim Gericht in Detroit. Er hatte viel mit dieser Sache zu tun. Er hat mich nie gemocht, nicht einmal, als ich noch ein Kind war, und auch Chris war draußen in der Welt. Ich weiß nicht, was er gemacht hat – jedenfalls nichts, wovon ich sicher weiß. Ich meine – wissen Sie, man muß Beweise haben, bevor man Leute wegen etwas anklagen kann. Ich weiß es einfach nicht – aber ich sage Ihnen folgendes: Irgendwo stimmt hier etwas nicht!

Ich bat ihn um Hilfe, als ich in Bellevue war. Ich fragte den Richter, ob ich meinen Onkel sehen dürfe, und der Richter erlaubte es mir. Aber ich habe ihn seither nicht mehr gesehen. Und ich bat darum, Leutnant Fox von den WACs der Armee bei der Rekrutenstation der

Armee zu sehen, und ich ging dorthin und trat dort ein und habe mich seit dem 28. September unerlaubt von der Truppe entfernt. Und der Richter sagte mir, ich könne Leutnant Fox sehen, und wissen Sie, was geschah? Sie schickten mich nach Bellevue und nach Rockland State in Orangeburg, New York. Der Richter hat das getan!

Ich kam trotzdem nach Hause. Meine Tante kam herunter und holte mich ab, und wir blieben zwei Nächte in einem Hotel in Brooklyn, wo ich noch nie zuvor in meinem Leben gewesen war, und dann kehrten wir nach Detroit zurück. Und das war ungefähr – lassen Sie mich überlegen – welcher Tag ist heute – Freitag? Wir kamen zurück vor – am Sonntag sind es zwei Wochen. Und sie haben mich seither praktisch die ganze Zeit über im Haus festgehalten. Ich verstehe jetzt, warum. Sie wollten nicht, daß ich mit John Kontakt aufnehme. Tatsächlich kam es zu einer ziemlichen Auseinandersetzung. Ich meine, wir hatten in der Wohnung einen richtigen – wie soll ich es nennen – einen richtigen Kampf deswegen, der zweifellos belauscht wurde. Deshalb ließen sie mich hierher bringen. Wenn irgendjemand eine Behandlung braucht, so ist das meine Tante. Es geht ihr nicht gut, seit der Menopause ist sie eigentlich immer krank gewesen. Sie hat Krampfadern im linken Bein, die immer geschwollen sind, und sie hat lange Zeit schlimmen Ärger mit ihrem Rücken gehabt. Sie hat einen krummen Rücken – Sie wissen, was ich meine – etwa so? (Hier gestikuliert die Patientin mit ihrer Hand.) Ich habe keinen solchen Rücken, meiner ist gerade wie ein Pfeil – so wie der von meiner Großmutter. Sie aber braucht eine Behandlung, aber ich möchte nicht, daß sie die an einem Ort wie dem hier bekommt. Nun, es mag ja sein, daß der Krankenhausteil davon hier gut ist. Ich weiß es nicht. Ich bin noch nie zuvor hier gewesen. Aber es wäre mir lieber, wenn sie nach Ann Arbor gebracht würde. Ich bin dort einmal zwei Tage lang gewesen. Das ist alles, was ich Ihnen sagen kann.

(An diesem Punkt schlug man der Patientin vor, daß sie von dem Vorfall mit dem Eisbehälter, der sich in ihrer Wohnung ereignet hatte, berichten sollte.) Oh, ich berichte Ihnen gern davon. Es war schrecklich. Sie wissen, wie ich nach Bellevue in New York gekommen bin. Das ist noch nicht sehr lang her. Jedenfalls bin ich am 23. Juli 1944 dorthin zurückgegangen, weil Jack aus der Armee entlassen worden war, und er ging von Chicago nach New York, und ich wollte natürlich mit ihm zusammensein. Er wohnte zuerst im Manhattan Hotel. Ich ging direkt dorthin und blieb dauernd dort – außer zwei Wochen, die ich im Madison Hotel verbracht habe. Jack und ich hatten eine Woche lang in diesem Hotel gelebt, als wir frisch verheiratet waren. Davor hatten wir in der Bank Street im Village gewohnt, dann zogen wir richtig hinauf nach Manhattan und gingen ins Madison. Natürlich erinnerte ich mich an dieses Hotel und ging dorthin zurück, weil es billiger war. Es war auf der East Side. Ich war nicht sehr scharf darauf. Deshalb zog ich mich zurück und ging doch wieder ins Manhattan. Danach ging ich wieder nach Hause, weil Betty, ein Mädchen, das ich in Paddock kennengelernt hatte, mir meine Brieftasche weggenommen hat, in der ich die einzigen Fotos von Jack aufbewahrte, die ich hatte. Ich bin nicht sicher, daß sie es war, aber dort waren nur vier von uns in dem Teil, Betty und ich und zwei Soldaten. Einer der Soldaten hieß Robert Smith. Er hatte sich unerlaubt von seiner Truppe entfernt und war eine Zeitlang bei mir und wir lebten zusammen, und er verpaßte sein Schiff. Er kam vor ein Kriegsgericht und verlor seinen Sold – zwölf Dollar pro Woche, glaube ich, oder etwas in der Größenordnung. Sie wissen, was die in der Armee tun. Ich konnte überhaupt nichts dafür, daß er sein Schiff versäumte. Er wollte gehen, aber er wollte mich auch nicht verlassen. Ich habe nicht die blasseste Ahnung, warum nicht. Ich werde das auch nicht sagen, weil er mich bat, ihn zu heiraten, und ich solle ein liebes Mädchen sein, bis er zurückkomme und all solche Geschichten, aber ich war ja immerhin mit John verheiratet. Er schrieb an mich ins Madison unter dem Namen Smith. Er redete mich als seine Frau an, Frau R. Smith.

Danach ging ich ins Manhattan zurück und blieb wieder dort, weil mir die East Side völlig gleichgültig geworden war. Auf der West Side ist es wirklich schöner. Das Hotel ist ungefähr drei Straßen vom Central Park entfernt, ich glaube, rechterhand. Nun, jedenfalls weiß ich, daß es drei Straßen vom Park entfernt ist, in der 57. Straße. Es ist ungefähr die breiteste Straße in Manhatten. Nun, und eines Tages sprach ich mit John am Telefon. Er arbeitete in Werften in Manhattan, und wenn er in der einstündigen Mittagspause ein wenig Zeit hatte, rief er mich an. Eines Tages sagte er ich solle eine Wohnung suchen. Er sagte: „Es ist ein bißchen teuer dort, meinst du nicht auch, Liebling?" Also begann ich eine Wohnung zu suchen. Erinnern Sie sich an den Tag, als der Hurrikan tobte? An jenem Tag suchte ich eine Wohnung – für den Psychiater der Armeeluftwaffe, Leutnant Reed, der für den folgenden Sonntag den Besuch seiner Frau und seines Kindes erwartete..."

Literatur

Bateson, G. a. J. Ruesch (1951): Communication: The Social Matrix of Psychiatry. New York (W. W. Norton). [dt. (1995): Kommunikation. Die soziale Matrix der Psychiatrie. Heidelberg (Carl-Auer-Systeme).]

Beahrs, J.O. (1971): The Hypnosis Psychotherapy of Milton H. Erickson. *American Journal of Clinical Hypnosis*, 14, 73-90.

Berne, E. (1966): Principles of Group Treatment. New York (Grove Press).

Corley, J.B. (1982): Ericksonian Techniques with General Medical Problems. In J.K. Zeig (Ed.): Ericksonian Approaches to Hypnosis and Psychotherapy . New York. (Brunner/Mazel), 287-291.

Dammann, C.A. (1982): Family Therapy: Erickson's Contribution. In J.K. Zeig (Ed.): Ericksonian Approaches of Hypnosis and Psychotherapy. New York (Brunner/Mazel), 193-200.

Erickson, M. H. (1944): The Method Employed to Formulate a Complex Story for the Induction of an Experimental Neurosis in a Hypnotic Subject. *Journal of General Psychology*, 31, 191-212. [dt. Übersetzung (in Vorbereitung): Milton H. Erickson: Gesammelte Schriften, Bd. 1 - 6. Heidelberg (Carl-Auer-Systeme).]

Erickson, M.H. (1966): The Interspersal Technique for Symptom, Correction and Pain Control. *American Journal of Clinical Hypnosis*, 3, 198-209. [dt. Übersetzung (in Vorbereitung): Milton H. Erickson: Gesammelte Schriften, Bd. 1 - 6. Heidelberg (Carl-Auer-Systeme).]

Erickson, M.H. (1973): A Field Investigation by Hypnosis of Sound Loci Importance in Human Behavior. *American Journal of Clinical Hypnosis*, 16, 92-109. [dt. Übersetzung (in Vorbereitung): Milton H. Erickson: Gesammelte Schriften, Bd. 1 - 6. Heidelberg (Carl-Auer-Systeme).]

Erickson,, M.H., J. Haley, & J. Weakland (1959): A Transcript of a Trance Induction and Commentary. *American Journal of Clinical Hypnosis*, 2, 49-84. [dt. Übersetzung (in Vorbereitung): Milton H. Erickson: Gesammelte Schriften, Bd. 1 - 6. Heidelberg (Carl-Auer-Systeme).]

Erickson, M.H. & E.L. Rossi(1974): Varieties of Hypnotic Amnesia. *American Journal of Clinical Hypnosis*, 4, 225-239. [dt. Übersetzung (in Vorbereitung): Milton H. Erickson: Gesammelte Schriften, Bd. 1 - 6. Heidelberg (Carl-Auer-Systeme).]

Erickson, M.H. & E. Rossi (1977): The Autohypnotic Experiences of Milton H. Erickson. *American Journal of Clinical Hypnosis*, 20, 36-54. [dt. Übersetzung (in Vorbereitung): Milton H. Erickson: Gesammelte Schriften, Bd. 1 - 6. Heidelberg (Carl-Auer-Systeme).]

Haley, J. (Ed.) (1967): Advanced Techniques of Hypnosis and Therapy. Selected Papers of Milton H. Erickson, M.D. New York (Grune & Stratton).

Haley, J. (1973): Uncommon Therapy, The Psychiatric Techniques of Milton H. Erickson, M.D. New York (W.W. Norton.) [dt. (1978): Die Psychotherapie Milton H. Ericksons. München (Pfeiffer).]

Haley, J. (1980): Leaving Home. New York (McGraw-Hill).

Haley, J. (1982): The Contribution to Therapy of Milton H. Erickson, M.D. In J.K. Zeig (Ed.), Ericksonian Approaches to Hypnosis and Psychotherapy. New York (Brunner/Mazel) 5-25.

Haley, J. (1984): Ordeal Therapy. San Francisco: Jossey-Bass. [dt. (1989): Ordeal-Therapie. Ungewöhnliche Wege der Verhaltensänderung. Salzhausen (Iskopress).]

Haley, J. & J. Weakland (1985): Remembering Erickson. In J.K. Zeig (Ed.): Ericksonian Psychotherapy, Vol. I: Structures, New York (Brunner/Mazel), 585-604.

Hammond, D.C. (1984): Myths about Erickson and Ericksonian Hypnosis. *American Journal of Clinical Hypnosis*, 26, 236-245.

Karpman,.B. (1968): Script Drama Analysis. *Transactional Analysis Bulletin*, 26, 39-45.

Lankton, C. H. (1985): Generative Change: Beyond Symptomatic Relief. In J. K. Zeig (Ed.): Ericksonian Psychotherapy . Vol. I: Structures, S. 137 - 170, New York (Brunner & Mazel). [dt. in: Hypnose und Kognition, 1985, Bd. 2, 1, S. 42 - 67.]

Lankton, S. & C. Lankton (1983), The Answer Within: A Clinical Framework of Ericksonian Hypnotherapy. New York (Brunner/ Mazel).

Lankton, S., C. Lankton, & M. Brown, (1981) Psychological Level Communication and Transactional Analysis. *Transactional Analysis Journal*, 11, 287-299.

Leveton, A.F. (1982): Family Therapy as Play: The Contribution of Milton H. Erickson, M.D. In J.K. Zeig (Ed.), Ericksonian Approaches to Hypnosis and Psychotherapy. New York: (Brunner/Mazel), 201-213.

Lustig, H.S. (1985) The Enigma of Erickson's Therapeutic Paradoxes. In J.K. Zeig (Ed): Ericksonian Psychotherapy, Vol. II: Clinical Applications . New York (Brunner/Mazel), 244-251.

Madanes, C. (1985): Finding a Humorous Alternative. In J.K. Zeig (Ed.), Ericksonian Psychotherapy, Vol. II: Clinical Applications. New York (Brunner/Mazel), 24-43 .

Mead, M. (1977): The Originality of Milton Erickson. *American Journal of Clinical Hypnosis*, 20, 4-5.

Nemetschek, P. (1982): 1201 E. Hayward: Milton H. Erickson, M.D. In J.K. Zeig (Ed.), Ericksonian Approaches to Hypnosis and Psychotherapy. New York (Brunner/Mazel), 430-443.

Pearson, R. E. (1982): Erickson and the Lonely Physician. In J.K. (Ed.), Ericksonian Approaches to Hypnosis and Psychotherapy. New York (Brunner/Mazel), 422-429.

Rodger, B.P. (1982): Ericksonian Approaches in Anesthesiology. In J.K. Zeig (Ed.), Ericksonian Approaches to Hypnosis and Psychotherapy. New York (Brunner/Mazel), 317-329.

Rosen, S. (1982a): My Voice Will Go with You: The Teaching Tales of Milton Erickson. New York W.W. Norton. [dt. (1990): Die Lehrgeschichten von Milton H. Erickson. Salzhausen (Iskopress).]

Rosen, S. (1982b): The Values and Philosophy of Milton H. Erickson. In J.K. Zeig (Ed.): Ericksonian Approaches to Hypnosis and Psychotherapy. New York (Brunner/Mazel), 462-476.

Rossi, E. & M. Ryan (Eds.) (1985): Life Reframing in Hypnosis: The Seminars, Workshops, and Lectures of Milton H. Erickson (Vol.II). New York (Irvington).

Rossi, E., M. Ryan & F. Sharp (Eds.) (1983): Healing in Hypnosis: The Seminars, Workshops, and Lectures of Milton H. Erickson (Vol. I). New York (Irvington).

Schoen, S. (1983): NPL: An Overview, with Commentaries. *The Psychotherapy Newsletter*, 1, 16-26.

Secter, I. (1982): Seminars with Erickson: The Early Years. In J.K. Zeig (Ed.): Ericksonian Approaches to Hypnosis and Psychotherapy. New York Brunner/Mazel), 447-454.
Thompson, K. (1982): The Curiosity of Milton H. Erickson, M.D. In J.K. Zeig (Ed.): Ericksonian Approaches to Hypnosis and Psychotherapy. New York (Brunner/Mazel), 413-421.
Van Dyck, R. (1982): How to use Ericksonian Approaches When You Are not Milton H. Erickson. In J.K. Zeig (Ed.): Ericksonian Approaches to Hypnosis and Psychotherapy. New York (Brunner/Mazel), 5-25.
Watzlawick, P. (1982): Ericksonian's Contribution to the Interactional View of Psychotherapy. In J.K. Zeig (Ed.), Ericksonian Approaches to Hypnosis and Psychotherapy. New York (Brunner/Mazel), 147-154.
Watzlawick, P. (1985): Hypnotherapy Without Trance. In J.K. Zeig (Ed.): Ericksonian Psychotherapy, Vol. I: Structures. New York (Brunner/Mazel), 5-14.
Wilk, J. (1985): Ericksonian Therapeutic Patterns: A pattern Which Connects. In J.K. Zeig (Ed.): Ericksonian Psychotherapy, Vol. II: Clinical Applications. New York (Brunner/Mazel), 210-233.
Yapko, M. (1985): The Ericksonian Hook: Values in Ericksonian Approaches. In J.K. Zeig (Ed.): Ericksonian Psychotherapy, Vol. I: Structures. New York (Brunner/Mazel), 266-281.
Zeig, J.K. (1974): Hypnotherapy Techniques with Psychotic inpatients. *American Journal of Clinical Hypnosis*, 17, 59-69.
Zeig, J.K. (Ed.), (1980a): A Teaching Seminar with Milton H. Erickson. New York, (Brunner/Mazel). [dt. (1992): Meine Stimme begleitet Sie überall hin. Ein Lehrseminar von Milton H. Erickson (5. Aufl.). Stuttgart (Klett-Cotta).]
Zeig, J.K. (1980b): Symptom prescription and Ericksonian principles of hypnosis and psychotherapy. *American Journal of Clinical Hypnosis*, 23, 16-22.
Zeig, J.K. (1982): Ericksonian Approaches to Promote Abstinence from Cigarette Smoking. Ericksonian Approaches to Hypnosis and Psychotherapy. New York (Brunner/Mazel).
Zeig, J.K. (1985a): The Clinical Use of Amnesia: Ericksonian Methods. In J.K. Zeig (Ed.): Ericksonian Psychotherapy, Vol. I: Structures . New York (Brunner/Mazel), 317-337.

Zeig, J.K. (Ed.)(1985b): Ethical Issues in Ericksonian Hypnosis: Informed Consent and Training Standards. In Zeig (Ed.): Ericksonian Psychotherapy, Vol. I: Structures. New York (Brunner/Mazel), 459-473.

Zeig, J.K. (Ed., Introduction and Commentary) (1985c): The Case of Barbie: An Ericksonian Approach to the Treatment of Anorexia Nervosa. *Transactional Analysis Journal*, 15, 85-92.

Carl-Auer-Systeme Verlag

Carl-Auer-Systeme Verlag

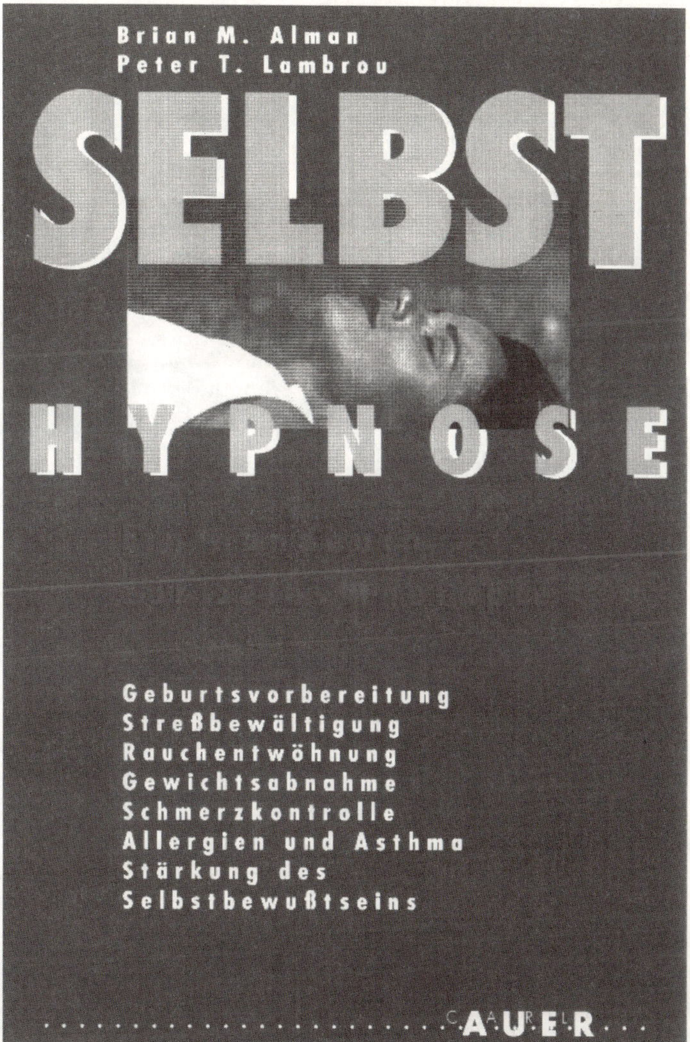

Selbsthypnose
Das Handbuch zur Selbstbehandlung
Brian M. Alman/Peter T. Lambrou
428 Seiten, Kt.
DM 44.–/öS 344,-/sFr 45,-
ISBN 3-927809-34-9

Carl-Auer-Systeme Verlag

Therapeutische Trance
Das Prinzip Kooperation in der
Ericksonschen Hypnotherapie
Stephen Gilligan
2. Aufl. 1995, 434 Seiten, kartoniert,
DM 58,–/öS 453,-/sFr 59,-
ISBN 3-927809-05-5

Erickson in Europa
Europäische Ansätze der
Ericksonschen Hypnose
und Psychotherapie
Burkhard Peter/Gunther Schmidt (Hrsg.)
1992, 405 Seiten, kartoniert,
DM 58,–/öS 453,-/sFr 59,-
ISBN 3-927809-15-2

Die Pupille des Bettnässers
Hypnotherapeutische Arbeit
mit Kindern und Jugendlichen
Siegfried Mrochen/Karl-Ludwig Holtz/
Bernhard Trenkle (Hrsg.)
1993, 368 Seiten, kartoniert,
DM 52,–/öS 406,-/sFr 53,-
ISBN 3-927809-20-9

Carl-Auer-Systeme Verlag

Carl-Auer-Systeme Verlag
Carl-Auer-Systeme Verlag

Das Ha-Handbuch der Psychotherapie
Bernhard Trenkle
208 Seiten, Geb.
DM 28,-/öS 218,-/sFr 29,-
ISBN 3-927809-32-2

Dieses Buch enthält nichts als Spaß,
und das ganz im Ernst.
Witze illustrieren Grundbegriffe der Psycho-, Hypno- und Familientherapie. So erfährt man in diesem Buch unter anderem, wie Mara Selvini auf das zirkuläre Fragen kam, und welches Geschehnis Erickson auf die Ordeal-Technik brachte.
Schwein zur Steckdose: „Na Kumpel, wer hat dich denn eingemauert ?" (*Teil und Ganzes*)
Ausruf des Architekten: „Ach, da fällt mir etwas ein!" (*Mehrebenenkommunikation*).

Bernhard Trenkle
ist Diplompsychologe und Diplom-Wirschaftsingenieur. Er lebt und arbeitet in Rottweil. Als Lehrtherapeut und Vorstand der Milton-Erickson-Gesellschaft für klinische Hypnose (M.E.G.) leitet er das Milton-Erickson-Institut in Rottweil.

Carl-Auer-Systeme Verlag
Kußmaulstr. 10 • 69120 Heidelberg
Tel. 06221/406412 • Fax 06221/406422